高等学校风景园林与环境设计专业推荐教材

园林景观设计

Landscape Design

张 炜 范 玥 刘启泓 主编

中国建筑工业出版社

AEA

EAL

LAA

EAE

LA

+

EA

本书编委会

主　　编：张　炜　范　玥　刘启泓

副 主 编：张文婷　包　敏　王维娜　白雨尘　刘旭超　张江波

参编人员：白　骅　吴　焱　张红军　杨西文　王晓雄　马西娜　王嘉萌
葛贞贞　高　杉　赵广英　苏　佳　邢　晓　孙　勃　陈　迎
吕伯峰　曾　娟　任　楠　魏建峰　崔瑞玲　赵晶晶　何　伟
刁　艳　王　冰　郑　凡　邵滢璐　张靖雪　李会会

前 言　　Introduction

风景园林是在一定地域内根据功能要求综合利用科学技术和艺术手段保护、修复或营造的环境空间。为人类提供一个适宜居住、环境美好且能够满足各种活动需求的空间环境是园林景观设计的最终目标。人类在发展的过程中有过对自然环境改造的各种尝试，现在的自然环境已经深深打上人类活动的烙印。人类对环境的影响和改变并非盲目和无序的，通过对园林景观的设计创造出优美的自然环境、和谐的人文景观是实现人类改造环境，并与环境和谐相处的有效途径。

随着当代城市规模的迅速发展，人们回归自然的渴望使当今的风景园林建设拥有了更丰厚的内涵，逐渐从注重外在景观转向提升城市生态功能，在不同尺度上为百姓提供生态、美观、宜居的生活活动空间，从而成为营造“美丽中国”的主力军。建设“美丽中国”、发展生态文明是风景园林行业面临的新的发展机遇，同时也为风景园林规划设计搭建了更宽阔的舞台。提高园林景观系统的生态功能，建立完善的生态系统，是现代化发展的战略方向，也是生活环境发展达到良性循环的必然趋势。

《园林景观设计》由西安思源学院城市建设学院环境设计系、建筑学系有关教师组成的西安思源学院城市景观与建筑设计教学团队和西安思源学院绿色建造（BIM）技术科研创新团队经过多年的努力编写而成，其中精心收录了多个优秀的园林景观设计作品。编者主要从理论到实践，通过大量景观实际案例分析解读，较为准确地反映了各个项目的设计理念、景观特色等，诠释了景观与环境的完美结合。该书适用于作为大学本科景观设计专业教材，并对从事规划设计、建筑设计和科研教育单位掌握景观设计发展趋向，学习新的设计理念和优秀设计方法等，能起到一定的参考和借鉴作用，同时也为景观设计师提供了学习和交流的平台。

本书在编写过程中得到了长安大学建筑学院风景园林系老师和研究生的大力支持和帮助，在此表示感谢。由于我们水平有限，不足之处在所难免，恳请各位读者指正。

西安思源学院城市建设学院

2019年7月

目 录　　Contents

01

Introduction to Landscape Design

第1章

园林景观设计导论

章节导读

园林景观艺术是由地形地貌、水体、建筑、道路、植物以及动物等要素构成的人工环境，具有保护与改善城市的自然环境、调节城市小气候、维持生态平衡、增加城市景观审美性的综合功能。园林景观设计力求运用各种设计要素创造出自然、优美、宜人的生活游憩环境系统。本章主要介绍园林景观基本概念及分类、现代园林景观的特点以及园林景观设计的生态性特征，形成对园林景观的初步认知。

1.1 园林景观概述

园林景观艺术是一种人类再造的第二自然，它是具有观赏审美价值的环境。把山、石、花草树木、水、建筑通过一定的艺术和技术手段，创作形成美的自然环境。具体地讲，就是在一定的地域范围内，运用园林艺术和工程技术手段，通过改造地形、种植植物、营造建筑和布置园路等途径创造美的自然环境和生活、游憩境域的过程。通过园林景观设计，使环境具有日常使用功能、美学欣赏价值以及生态性，能够展现出设计者个人的审美观念，并在一定程度上体现出当时人类文明的发展程度和价值取向。

1.1.1 园林景观概念

著名园林专家孙筱祥教授对园林的定义是：“园林是由地形地貌与水体、建筑构筑物和道路、植物和动物等素材，根据功能要求、经济技术条件和艺术布局等方面综合而成的统一体。”这个定义全面详尽地提出了园林的构成要素，也道出了园林的基本构成要素。

1.1.2 园林景观的分类

园林景观分为三大类：规则式园林、自然式园林和混合式园林。

规则式园林，又称整形式、建筑式、几何式、对称式园林，整个园林及景观空间表现出人为控制下的几何图案美。园林题材的配合在构图上呈几何体形式，在平面规划上多依据一个中轴线，在整体布局中为前后左右对称。代表为意大利宫殿、法国台地等（图1-1、图1-2）。

自然式园林，又称山水式、风景式或不规则式园林。其特点与规则式园林不同，主要模仿自然景观，景物、景点多以追求自然形态为主，代表为中国的私家园林苏州园林、岭南园林（图1-3、图1-4）。

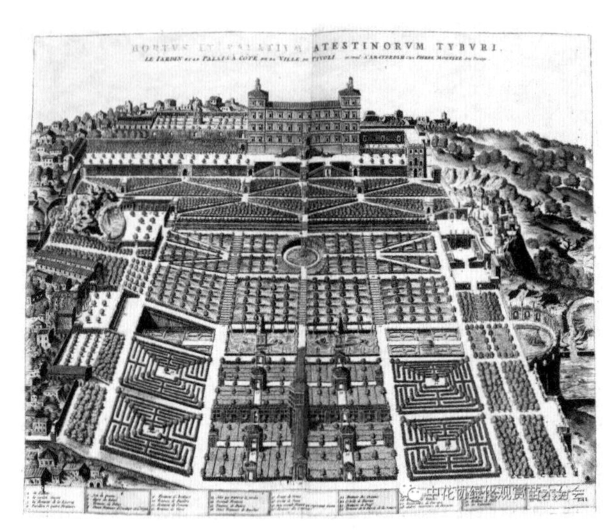

图1-1　意大利埃斯特庄园

图1-2　法国台地

图1-3　唐苑

图1-4　岭南四大园林之梁园

混合式园林，主要指规则式、自然式园林交错组合，全园没有或不形成控制全园的主轴线和副轴线，只有全部景区、建筑以中轴对称布局，或全园没有明显的自然山水骨架，不形成自然格局。现代城市景观环境多为混合式园林。

1.1.3　园林景观设计的目的

园林景观设计可以改善人类生活的空间形态，通过改造山水或者开辟新园等方法给人们提供了一个多层次、多空间的生存环境，利用并改造天然山水地貌或者人为地开辟山水地貌，结合建筑的布局、植物的栽植从而营造出一个供人观赏、游憩、居住的环境。

园林设计的最终目的是保护与改善城市的自然环境，调节城市小气候，维持生态平衡，增加城市景观的审美功能，创造出优美自然的、适宜人们生活游憩的最佳环境系统。

园林从主观上说是反映社会意识形态的空间艺术，因此它在满足人们良好休息与娱乐的物质文明需要的基础上，还要满足精神文明的需要。随着人类文明的不断进步与发展，园林景观艺术因集社会、人文、科学于一体，而不断受到社会的重视。

1.2 现代城市园林景观

城市景观是指城市地域内的景物或景象，是指城市整体布局的空间结构和外观形态，也包括城市区域内各种组成要素的结构组成和外观形态。城市景观是城市空间中由自然地形地貌、建筑物、构筑物、道路、绿地、城市设施、小品等所组成的城市各形态的外在表现，是通过人的感官及思维所获得的审美性空间（图1-5）。

图1-5 日本CoFuFun车站广场

1.2.1 城市景观设计的概念

城市景观设计是环境艺术设计的一个子系统，是建立在现代环境科学研究基础之上的一门艺术设计学科。人类生存的空间环境是与自然环境、人文环境有着千丝万缕联系的社会生活场景。城市是人类聚居最基本、最重要的组成形式，是物质和精神要素的综合反映体。

城市景观设计是以整体城市为内容，立足环境观念，坚持以人为本的原则，探讨和解决城市与自然、城市与社会、城市与文化艺术等各方面的问题；努力协调“人·城市·自然”三者的关系，保证城市环境得到良性的可持续发展，使人类未来的生活更加美好的一门学问（图1-6）。

1.2.2 城市景观要素及其基本类型

（1）城市景观要素

作为一个整体系统，形成城市景观的基本组成单元就称之为城市景观要素。需要强调的是，城市

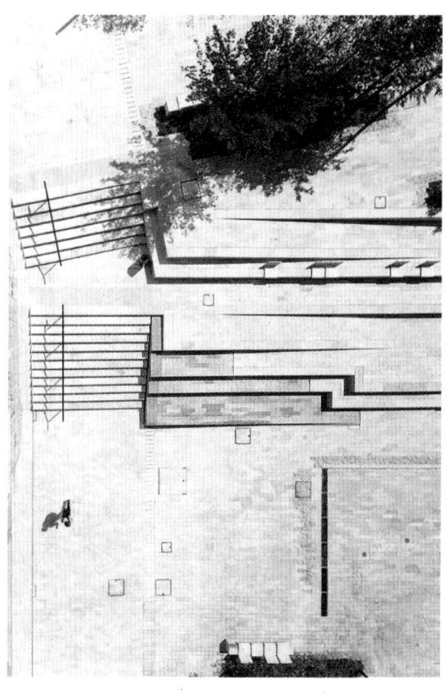

图1-6 法国Malabry新社区广场

景观和城市景观要素的关系是相对的。城市景观在时空的不同维度上具有层次性。根据景观要素在城市中的作用和形态，城市景观要素总的可以分为3类：斑块、廊道和本底。

①斑块（嵌块体）

斑块是指在外貌上与周围地区有所不同的一块非线性地表区域。它在形态上有完整的并能够被观察到的边缘轮廓，形成景观的基本单位。城市景观中的斑块是指城市中广泛分布（镶嵌）的不同功能区。工厂、医院、学校、机关单位、公园等都可以被看作城市中不同规模的斑块体。它们与周围地区的差别既可能是功能上的，也可能是形态上的，还可能是两者兼备（图1-7）。

②廊道（走廊）

廊道是指与两侧基质有所不同的狭长地带；它既可能是一条孤立的带状形态，也可能是某种类型斑块的连接带。城市景观中的廊道可以分为两大类：自然廊道和人工廊道。自然廊道是指天然形成的河流、溪流以及自然形成的植被带等；人工廊道是以交通为目的的铁路、公路、街道等以及人工栽植的林带。廊道的功能有双重性，一方面它可以把城市景观的不同部分分隔开，另一方面又将城市景观某些不同的部分连接起来（图1-8）。

③本底（基质）

本底是范围广、连接度最高，并且在景观功能上起着优势作用的景观要素类型。城市景观中占主体的景观要素是建筑和建筑群体，这是城市景观的独特之处。在城市建筑和建筑群中，城市廊道贯穿其间，既把它们分割开来，又把它们联系起来，这些廊道和建筑群在平面上形成城市景观的主要脉络和肌理，构成了城市的主体景观。所以概括而言，城市景观的本底是由城市道路系统及其周边的建筑与建筑组群所形成的街道和街区构成（图1-9）。

（2）城市景观的类型

城市景观属于典型的人工景观，将不同功能、不同规模、不同层级的景观融合于城市环境之中，共同构成整体的城市景观，展现城市的形象和风貌。为了便于系统归类，我们可把城市景观分为两大类：城市自然景观和城市人文景观。

①城市自然景观

城市自然景观就是城市所在地区的自然环境特征，如气候、地质、地貌、水文、土壤和植被等的特点。这些自然环境的特点将决定城市的布局形态、城

图1-7　斑块（嵌块体）

图1-8　廊道（走廊）

图1-9　本底（基质）

图1-10 城市自然景观

图1-11 城市人文景观

市的规模以及城市工业区的位置等（图1-10）。

②城市人文景观

城市人文景观包括城市文化、社会、城市建筑和艺术环境。对城市文化环境而言，每个城市都有自己的历史传统和文化特色，应尽量保留城市的历史文化风貌，突出城市的自身特点，使城市建设具有地方特色和时代特征（图1-11）。

图1-12 野柳地质公园（中国台湾）

图1-13 因特拉肯小镇（瑞士）

1.3 园林景观的生态设计

从19世纪末开始，园林景观设计开始对自然系统的生态结构进行新认识和定义，并与传统生态学进行了融合和渗透，从而产生了园林景观生态设计，它是生态学中新兴的门类。随着人类改造自然的步伐加快，生态系统相互作用和环境保护与管理已成为人们进行园林景观设计过程中的重要法则，也成为景观生态学的主旨。

1.3.1 生态设计概述

景观生态学将景观定义为：由若干相互作用的生态系统向前组成的异质性区域。狭义的景观是由不同空间单元镶嵌组成的具有明显视觉特性的地理实体。广义的景观是由地貌、植被、土地和人类居住地等组成的地域综合体，是人类生活环境中视觉所触及的地域空间。景观可以是自然景观，包括高地、荒漠、草原等（图1-12、图1-13）；经营景观，如果园、人工林、牧场等（图1-14）；人工景观，主要体现经济、文化及视觉特性的价值（图1-15）；园林景观（图1-16、图1-17）及常见的城市景观等。

景观生态学是研究景观结构、功能和动态以及管理的科学，以整个景观为研究对象，强调空间异质性的维持和发展，生态系统之间的相互作用，大区域生物种群的保护与管理，环境资源的经营管理，以及人类对景观及其组成的影响。

斑块、廊道和基质是景观生态学用来解释景观结构的基本模式，普遍适用于各类景观。斑块是指在地貌上与周围环境明显不同的块状地域单元，如园林景观城市公园、小游园、广场等。廊道是指在地貌上与两侧环境明显不同的线性地域单元，如防护林带、铁路、河流等。基质是指景观中面积最大、连通性最好的均质背景地域，如围绕村庄的农田、广阔的草原等。

因为景观生态学的研究对象为大尺度区域内各种生态系统之间的相互关系，包括景观的组成、结构、功能、动态、规划、管理等，其原理方法对促进景观的优化和可持续发展有着直接的指导作用，

图1-14　薰衣草园

图1-15　美国AOA案例研究主题公园景观设计

图1-16　Cranbourne皇家植物园

图1-17　建仁寺大雄院枯山水

图1-18 市政公园——水园·观月亭（日本静冈）

图1-19 开放公园——思路花语（日本）

因而在园林景观设计领域，景观生态学是非常有力的研究工具（图1-18、图1-19）。

1.3.2 生态与现代景观设计

景观生态学为现代景观设计提供了理论依据，从理论角度可以分为以下几点：

首先，景观生态学要求现代景观设计体现景观的整体性和景观各要素的异质性。景观是由组成景观整体的各要素形成的复杂系统，具有独立的功能特性和明显的视觉特征。一个完善的、健康的景观系统具有功能上的整体性和连续性，只有从整体出发的研究才具有科学意义。景观系统具有自组织性、自相似性、随机性和有序性等特征。异质性是系统或系统属性的变异程度，空间异质性包括空间组成、空间构型、空间相关等内容。

其次，景观生态学要求现代景观设计具有尺度性。尺度标志着对所研究对象细节了解的水平，在景观学的概念中，空间尺度是指所研究景观单位的面积大小或最小单元的空间分辨率。时间尺度是动态变化的时间间隔。因此，景观生态学的研究基本是从几平方公里到几百平方公里、从几年到几百年。

尺度性与持续性有着重要联系，细尺度生态过程可能会导致个别生态系统出现激烈波动，而粗尺度的自然调节过程可提供较大的稳定性。大尺度空间过程包括土地利用和土地覆盖变化、生境破碎化、引入种的散布、区域性气候波动和流域水文变化等。在更大尺度的区域中，景观是互不重复、对比性强、粗粒格局的基本结构单元。

景观和区域都在“人类尺度”上即在人类可辨识的尺度上来分析景观结构，把生态功能置于人类可感受的范围内进行表述，这尤其有利于了解景观建设和管理对生态过程的影响。在时间尺度上，人类世代即几十年的尺度是景观生态学关注的焦点。

最后，景观生态学提出，景观的演化具有不可逆性与人类主导性。由于人类活动的普遍性和深刻性，人类活动对于景观演化起着主导作用，通过对变化方向和速率的调控可实现景观的定向演变和可持续发展。景观系统的演化方式受人类活动的影响，如从自然景观向人工景观转化，该模式成为景观系统的正反馈。因此，在景观的演化过程中，人们应该在创造平衡的同时实现景观的有序化。

1.3.3 生态设计的应用

(1) 园林景观生态与居住区绿地设计

随着时代的发展和人们对生活质量要求的提高，人们对居住区的要求在不断提高，而作为小区内部的园林景观，则成为人们日常生活的组成部分，在人们的生活中扮演着越来越重要的角色。因此，城市居住区园林景观的生态设计是园林景观设计的重要课程；掌握景观生态学与城市居住园林景观设计的关系，成为园林景观设计师的必要技能。

居住区的建设不仅影响着城市的整体风貌，反映城市的发展过程，其景观也是城市景观的主要组成部分。城市居住区景观具有生态功能、空间功能、美学功能和服务功能，其形态构成要素包括建筑、地面、植物、水体、小品等，景观生态建设强调结构对功能的影响，重视景观的生态整体性和空间异质性，因此，要充分发挥景观的各项功能，各构成要素必须和谐统一。

从城市居住区园林景观的功能看，其生态功能包括：改善小气候、保护土壤、阻隔降低噪声、生物栖息等。其美学功能包括：空间构成美（园林中的建筑、植物、水体等）、形态构成美（植物、铺地、小品等）。服务功能包括：亲近自然以得到心理的满足，休闲功能等（图1-20）。

图1-20 澳大利亚·柏涛住宅景观

（2）园林景观生态与城市景观设计

生态规划设计是城市景观设计的核心内容。生态规划设计是一种与自然相作用和相协调的方式。与生态过程相协调，意味着规划设计尊重物种多样性，减少对资源的剥夺，保持影响和水循环，维持植物生境和动物栖息地的质量，以有助于改善人居环境及生态系统的健康。生态规划设计为我们提供了一个统一的框架，帮助我们重新审视对景观、城市、建筑的设计以及人们的日常生活方式和行为。

城市景观与生态规划设计应达到相互融合的境地。城市的景观与生态规划设计反映了人类的一个新的梦想，它伴随着工业化的进程和后工业时代的到来而日益清晰。这个梦想就是自然与文化、设计的环境与生命的环境、美的形式与生态功能的真正全面地融合，它要让公园不再是孤立的城市中的特定用地，而是让其消融，进入千家万户；它要让自然参与设计，让自然伴依每个人的日常生活；让人们重新感知、体验和关怀自然过程和自然的设计。

把生态绿化提升到环境效益高度。城市园林作为一个自然空间，对城市生态的调节与改善起着关键作用。园林绿地中的植物作为城市生态系统中的主要生产者，通过其生理活动的物质循环和能量流动，如光合作用的释放氧气，吸收二氧化碳，蒸腾作用的降温，根系矿化作用净化地下水等，对城市生态系统进行改善与提高，是系统中的其他因子无法代替的。现在需要特别重视的是，在生态理念下，采取有效措施优化城市绿化的环境效益。

结构优化、布局合理的城市绿化系统，可以提高绿地的空间利用率，增加城市的绿化量，使有限的城市绿地发挥最大的生态效益和景观效益。

02

Psychology and Behavior Related to Landscape Environment

第2章

园林景观环境心理学与环境行为学

章节导读

在园林景观环境中，涉及人与环境的各种相互关系。研究人的行为特点及心理特征，使之与园林景观设计相结合，创造出更适宜的生存环境是研究环境心理学和环境行为学的初衷。

2.1 环境心理学

人类一直在探索自身与周围环境，不断解释人与环境的关系，同时也不断利用和改造环境，借以维持和改善自己的生存环境。研究人的行为与人所处的物质环境之间的相互关系，并应用这方面的知识改善园林景观环境，提高人类的生活质量，是环境心理学的基本任务。

2.1.1 环境心理学概述

环境心理学（Environment Psychology）是研究环境与人的行为之间交互关系的一门学科。它是心理学的一个分支学科，着重以心理学的概念、理论和方法来研究人与建筑、人与园林环境之间的交互作用关系。

2.1.2 环境心理学在园林景观设计中的运用

（1）空间旷奥度

空间的旷奥度是空间知觉的重要特点，即空间的开放性与封闭性，旷——开放；奥——封闭。在过于“旷”也就是开阔的空间中，环境缺少私密性，无论哪类人群都处于“被人看”及“看人”的环境中，缺乏心理依托。在过于“奥”的空间环境中生活，人会感觉“闭锁恐惧”。

空间旷奥度会受到以下因素的影响：

①在景观空间尺度不变情况下，若改变景观的分格大小，旷奥度也随之变化，通过空间组织的景观环境，旷奥度更加适宜。

②改变景观中的设施、小品的数量或尺度，空间旷奥度也会变化。在景观空间尺度不变情况下，如果减少设施、小品的数量或缩小其尺度，景观空间就会显得宽敞，反之，则会显得压抑。

③空间旷奥度还随着光线照度的大小、色彩的冷暖、界面质地的粗糙与光洁、温度高低等变化而变化。在景观空间尺度不变的情况下，当景观光线照度高，色彩为冷色调，界面质地光洁，反光射值高，温度偏低，空间显得宽敞，反之则显得压抑。

④空间旷奥度与空间相对尺度有关。当景观高

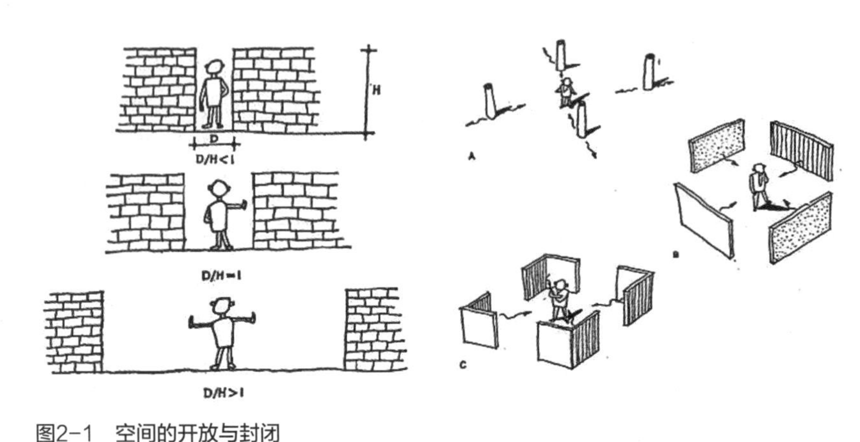

图2-1　空间的开放与封闭

图2-2　鲁宾之杯

度小于人在该空间里的最大视野的垂直高度时，则空间显得压抑；当景观净宽小于最大视野的水平宽度时，则空间显得狭小（图2-1）。

（2）景观设计中如何增加人对环境的“注意”

在多数情况下，如果某种景观元素的个性鲜明，与周围事物反差较大；或者本身面积或体积较大，形状较鲜明、色彩明亮艳丽，则容易吸引人们的注意。因此在景观设计时，为引起人们的注意，提高人们的参与度，应加强环境的刺激量。常用的方法包括：加强环境的合理的刺激强度、加强环境刺激的变化性、采用新异突出的形象刺激。

（3）格式塔心理学

格式塔心理学于1912年兴起于德国，其核心是研究视觉感知及视觉刺激与反应关系的理论。格式塔组织原则中有个特别重要的理论就是图底关系，即图形与背景之间的关系。

一般情况下，图底差别越大，图形就越容易被感知；如果图底关系差别不大，则容易产生反转现象，这会给人造成不稳定感，容易失去图形的意义（图2-2）。

（4）想象

设计需要想象，每一件作品的创造活动都是创造想象的结果。科学研究和科学创作大体上可分为3个阶段：第一个阶段是准备阶段，其中包括问题的提出、假设和研究方法的制订；第二阶段是研究、创作活动的进行阶段，其中包括实验、假设条件的检查和修正；第三阶段是对创作研究成果的分析、综合、概括以及问题的解决，并用各种形式来验证、比较其成果的质量和结论。缺乏创作想象力的设计师，没有创造性的指导思想就不可能创造出优秀的具备风格的作品，最多属于再造想象，再现和模仿他人的设计，跳不出现实已有的设计模式，缺乏个性和创造，其结果必然是大同小异或千篇一律。

（5）领域

阿尔托曼（I.Altman）提出：“领域性是个人或群体为满足某种需要，拥有或占用一个场所或一个区域，并对其加以人格化或防卫的行为模式。”对领域性的认知是人类的天性。

根据领域对个人或群体的影响程度可分为：主要领域、次要领域、公共领域三种类型。主要领域具有使用时间长、控制性强的特点，具有个人或群体独有的特点，如在居住区别墅的前后花园，属于近宅绿地，并为家庭单位所独有，因此具有较强的领域感，如果外人未被允许进入会被认为是入侵行为。次要领域不具有专有性，使用者对其控制性不强，在居住区绿地环境中属于半开放空间，如高层建筑的宅旁绿地，这部分绿地为整栋楼的居民所共用并高频使用的绿地。公共领域则是供任何人所使用的场所，如居住区绿地中的公园、游园等，这部分空间的设计就应当考虑所有居民的需求。

2.2 环境行为学

2.2.1 环境行为学概述

环境行为学的研究是环境心理学在人工环境及社会领域中的应用，在一定环境中，人的心理通过一定行为的反应。研究主要包括人的行为习性、人的行为模式。

（1）人的行为习性

人的行为习性是指人在与环境交互作用的过程中逐步形成了适应环境的本能。有以下几种：

①抄近路

当人们清楚知道目的地和位置时，或是有目的移动时，总是有选择最短路程的倾向。我们经常会看到，有一片草地，即使周围设置了简单路障，由于其位置阻挡人们的近路，结果仍旧被穿越，久而久之就形成了人行便道。这时候我们可以考虑：首先对于不准穿越的捷径要采用隔断措施或设置障碍，如通过微地形、矮墙、绿篱等方式。其次我们应当考虑为什么会出现这种情况，是否存在设计缺陷。因此更加合理、快捷、方便的道路成为道路设计中需要考虑的重要因素之一（图2-3）。

图2-3 抄近路植被破坏

②识途性

动物在受到危险的时候一般会立即折回，即沿原路返回，当人们在不熟悉道路环境中会选择熟悉的路并原路返回，这是人类的“归巢本能”或称为“识途性”。当线路不明确不熟悉时通常到达目的地后会沿原路折回。当人们对环境熟悉后，就会进一步了解环境，来选择更安全、认知度更高、更合理的路线。这就提醒设计师在园林景观空间的出入口处标明疏散口的方向和位置，以确保安全。

③左转弯

人们在公共环境中的运动流线具有逆时针转弯

即左转弯倾向，我们需要根据人们的这样一个行为习惯来组织流线设计，这对入口空间安排以及楼梯位置的确定均有指导意义。

④从众性

从众性是动物的追随本能，人类也有这种“随大流”的习性。这种习性对安全设计有很大影响，当发生异常情况或灾难时，要有正确的导向，明确的标识，避免一人走错，多人尾随。

⑤聚集效应

其类似从众习性，人类有好奇的本能，当某处发生异常情况时，会聚集许多人，这就是聚集效应。

⑥依靠性

根据观察发现，人们总喜欢逗留在柱子、树木、墙壁、门廊或建筑小品的周围，如同我们在餐厅就餐时，习惯选择靠窗、靠墙的位置就座，一般不会选择靠门口或周围没有依靠的位置。我们可以根据人们有依靠性的这一特点在进行景观设计时增加局部尽端，合理增加景观小品，提高使用的心理舒适感。

（2）人的行为模式

①再现模式

再现模式就是通过观察分析，尽可能真实的描绘和再现人在空间里的行为。这种模式主要用于讨论、分析建成环境的意义及人在空间环境里的状态。观察分析人群在商业街里的购物行为，如实地记录顾客的行动轨迹和停留时间以及分布状况，就可以看出商业步行街的布局、店面布置、顾客购物空间和休息空间的大小是否合理，从而进一步改变建成的环境。

②计划模式

计划模式就是根据确定计划的方向和条件，将人在空间环境里可能出现的行为状态表现出来。这种模式主要用于研究分析将要建成环境的可能性、合理性等。

例如广场的设计，应根据确定服务对象、人数、生活方式、经济技术条件等，按照人的行为模式，将广场空间表现出来，由此可以看出建成后的景观公共环境的合理性。

③预测模式

预测模式就是将预测实施的空间状态表现出来，分析人在该环境中行为表现的可能性、合理性等。这种行为模式主要用于分析空间环境利用的可行性。可行性方案设计就是预测模式的研究。

例如公园的设计，就可以根据基地环境、服务半径要求、功能的确立等需求，分析公园有几种可能性，哪一个更加符合人在生活中的行为，更加符合预测的计划要求，为进一步落实计划提供了多种可行性方案比选。

2.2.2 环境行为学在园林景观设计中的应用

（1）行为与空间设计关系

行为与空间设计直接关联，空间是为人的活动提供的场所，需要根据人的活动、行为以及需求来确定空间尺度。空间按照规模和使用可分为大空间、中空间、小空间及局部空间等。

①大空间：主要指景观区域内社区级的空间，如广场、街区、公园等，其特点是要处理好

人际行为的空间关系。在这个空间里，各个人的空间基本是等距离的，空间感比较开放，空间尺度较大。

②中空间：这类空间既不是单一空间，又不是相互没有联系的公共空间，而是由许多人因某种事务的关联而聚合在一起的行为空间，即场所和邻里尺度的空间。这类空间既有开放性也有私密性。确定这类空间尺度，首先要满足个人空间的行为要求，再满足与其相关的公共事务行为的要求。中空间最典型的例子就是住宅景观中的小区公园及小游园。

③小空间：一般指具有较强个人行为的空间，如小型绿地、单体建筑等。这类空间的最大特点是具有较强的私密性，空间的尺度不大，以满足个人的行为活动要求为主。

④局部空间：主要指人体功能尺寸空间，该空间尺度的大小主要取决于人的活动范围。如人在站、立、坐、卧、跪时的活动，其空间大小主要满足人的静态活动要求；如人走、跑、跳、爬时，其空间大小主要满足人的动态活动要求。最常见的就是公共环境中的功能设施，如座椅等。

空间的尺度感与围合物高度*H*、围合空间的水平间距*D*有关（图2-4、表2-1）。

空间的尺度感与维合物高度*H*、维合空间的水平间距*D*的关系

表2-1

D（m）	空间尺度感	适于游憩的规模
D=1~2*H*=10~30m	小空间	少数人安静的活动
D=3*H*=30~45m	中小空间	中小型群众性活动
D=5*H*=50~75m	中小空间	大型群众活动
D=10*H*=100~150m	大空间	城市大型广场活动

图2-4 空间的尺度感

（2）确定行为空间分布

①有规则的行为空间

有规则的行为空间主要表现为前后、左右、上下及指向性等分布状态，多数为公共空间。

前后状态的行为空间：如步行道路、露天演讲台、教室等具有公共行为的空间。在这类空间中，人群基本分为前后两个部分，每一部分又有自己的行为特点，相互影响。空间设计时，首先根据周围环境和各自的行为特点，将两个空间分为形状、大小不同的空间，两个空间的距离则根据两种行为的相关程度和行为表现以及知觉要求来确定。各部分的人群分布要根据行为要求，特别是人际距离来考虑。

左右状态的行为空间：如临街的入口和大门、展览厅、商品陈列厅、画廊等具有公共行为的空间。在这类空间中，人群分布呈水平展开，并多数呈左右分布状态。这类空间分布特点具有连续性。设计时，首先要考虑人的行为流程，确定行为空间秩序，然后再确定空间距离和形态。

上下状态的行为空间：如坡道、踏步台阶、中厅、下沉式广场等具有上下交往行为的空间。在这类空间里，人的行为表现为聚合状态，因此这类空间设计时，关键要解决安全和疏散问题。

指向性状态的行为空间：如道路、廊道、通道等具有显著方向感的空间。人在这类空间中的行为状态指向性很强。故这类空间设计时，特别要注意人的行为习性，空间方向要明确，并具有指导性。

②无规则的行为空间

无规则的行为空间多数为个人行为较强的室外空间，如商业街道、多功能的城市广场等。人在这类空间中的分布状态多数为随意图形。因此这类空间设计时，特别要注意灵活性，能适应人的多种行为要求。

（3）动、静状态下的行为环境

①静态时人的行为模式

20世纪70年代末，首次在波特曼设计的旅馆中庭方案中提到共享空间“人看人”的需要，而在不同群体的行为中会表现出差异，老年人在建筑环境中更多的是“看人看景”不介意被人所看，中青年人是“看人并为人所看”，儿童则更多具有“为人所看”乐于表现的行为特点。

静态时人的行为模式表现为“停驻”，“人看人”是其最主要的娱乐方式。在这种心理倾向影响下，人都希望获得一个“最佳视点”——最佳停驻位置。因此，在景观设计中，确定人的停驻位置要考虑地形的处理、视觉焦点、配套设施等环境的支持。

②边界效应

边界效应最初来源于动物界，是动物用来区分属于自己的领地的隐含的标志性界限，是指区域之间的界限。边界的存在对森林、海滩、树丛等的边缘，都是人们喜欢逗留的区域，是因为在边界的滞留作用中体会到支持作用，并为观察空间提供了最佳条件，而有凹凸变化的边界更能吸引人流（图2-5）。

图2-5 有凹凸感的边界景观设计

图2-6 鲍尔·佛里德伯格儿童游戏场地设计

③动态行为环境典型

动态行为是研究物质及人类的动态行为表现，环境随着时间改变，人类生存环境也是在不断变化的，在不同阶段下的人类群体具有普遍性的行为的环境表现称为动态行为环境典型，对设计具有指导作用。鲍尔·弗里德伯格在儿童游戏场地设计中，受儿童在工地上将木板等建筑材料依次连接成一个个游戏圈的启发，采用了一种将游戏设施连接到一起的设计手法，形成空间的动态效果（图2-6）。

（4）聚散状态下的行为环境

在开放空间中，领域性表现为多种不同的聚集状态。因此，在开放空间的功能设计中，巴克提出了“功能分区”概念：任何场所可以根据每个空间的具体特征分隔成若干亚空间。

亚空间的不同规模和尺度，体现开放空间中不同人群的聚集程度。凯文·林奇在《场地规划》中把25m的空间尺度作为社会环境中最舒适和恰当的尺度，并认为超过110m（又称广场尺度）的空间尺度在良好的开放空间中是罕见的尺度。

（5）各种感官距离

①嗅觉距离

嗅觉能够在一定的范围内感受到不同的气味。只有在小于1m的距离以内才能闻到从别人头发、皮肤和衣服上散发出的较弱的气味，香水或者别的较浓的气味可以在2~3m的远处嗅到。超过这一距离，只有很浓烈的气味，人们才嗅得到。

这种嗅觉特性对人际行为和空间的影响表现在：当一个人闻到他感兴趣的芬芳时，不仅会引起警觉，有时还会接近；如果他闻到一股异味并感到排斥，他将拉大与他人的距离。这就告诉设计师，在公共场所的景观环境设计中，交往空间的元素布置要留有适当的距离，以免出现不愉快的情景。

②听觉距离

听觉具有较大的知觉范围。在7m以内，耳朵是非常灵敏的，在这一距离内交谈没有任何困难。大约在30m的距离，可以听清楚演讲，但不能进行实际的交谈。超过35m则只能听见人的大声叫喊，但很难听清楚在喊些什么。

听觉特性告诉我们，户外空间中私密性较强的交流空间，其尺度不宜超过50m^2；而超过30m以上的距离就无法交流，除非用夸张性肢体语

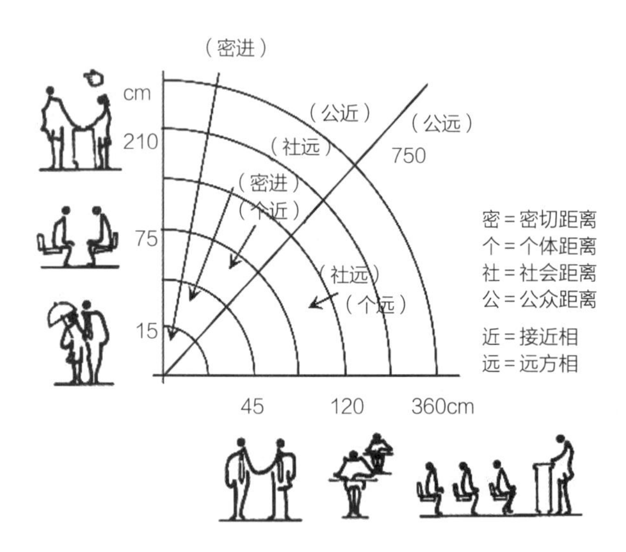

图2-7　人在社会交往中的四种距离

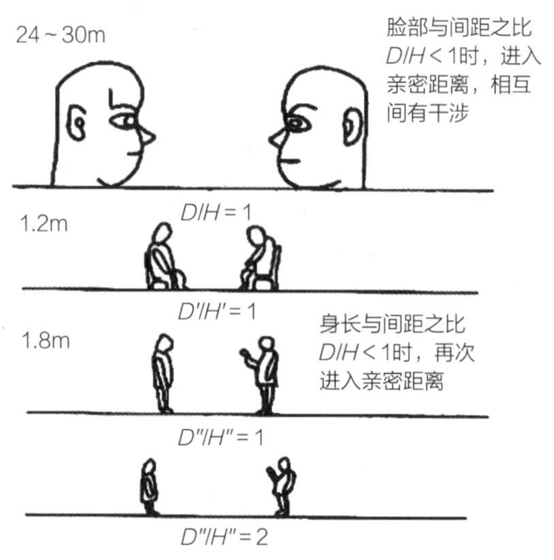

图2-8　视觉距离坐标图示

言，这和芦原义信的室外空间25m×25m的模数基本一致。

③视觉距离

视觉具有相当大的知觉范围。0.5~1km的距离之内，人们根据背景、光照，特别是人群移动等因素，便可以看见和分辨人群，这对道路交通的设计非常重要。在视力正常的情况下，在大约100m远处，能见到人影或具体的个人。在70~100m远处，可以确定一个人的性别、大概年龄或在干什么。这就提醒设计师，70~100m远这一距离会影响观景的效果，最大的景观范围不宜超过70m。在大约30m远处，可以看清每一个人，包括其面部特征、发型和年龄，当距离缩小到20m，则可看清别人的表情。如果距离在1~3m，就可以进行一般的交谈。随着人际空间距离的缩小，人际间的情感交流也在增强（图2-7）。

（6）人在社会交往中的距离

人在社会交往中的距离即亲密距离、个人距离、社交距离、公众距离（图2-8）。

①在0~45cm的范围内称为亲密距离。在这个距离，双方都能清楚地看到对方的面部。这种空间距离只出现在特殊关系的人之间，如父母与子女、夫妻、恋人。对关系亲密的人来说，这个距离可以感受到对方的气味和体温等信息。

②个人距离的范围大约在45~120cm之间。这个距离通常是与朋友交谈或日常同事间接触的空间距离。嗅觉和细微的视觉线索减少，但双方的接触还是有的。

③社交距离大约在1.2~3.6m间。较近的社交距离是1.2~2.1m，多出现在非正式的个人交往中，如谈判和商业接待中多是这种距离。较远的社交距离为2.1~3.6m，一般正式的公务性接触中是这种距离。

④公众距离的范围是在3.6~7.6m间。它属于人际接触中的正式距离。处于该距离的人，可以容易地采取躲避或防卫行为。它多出现在陌生人之间，或正规场合，通常公众距离为单向沟通时采用。

园林景观环境中，正是这些多样的行为构成了丰富而充满生机的生活环境，而园林景观的营造从某种意义上说，就是为了使人们的景观生活更加美好。

03

Design Elements of Landscape Space

第3章

景观空间的设计要素

章节导读

了解园林景观的设计要素是进行设计的基础，将水体、山石、地形、植被、建筑、道路、照明以及历史、文化等要素通过一定的构成要素的组织原则，创造适宜的园林景观环境是本章学习的重点。

3.1 景观空间的构成要素

3.1.1 基本要素的类型

（1）自然要素

自然要素包括水体、山石、地形、植被等。设计者充分利用各要素的独有特性，营造出不同的视觉氛围。自然要素在不同环境景观中的运用表现，形成了各自的景观特色。自然要素所形成的自然氛围，是现代人理想的生态天然景观环境。

（2）文化要素

每个地区、城市都有自身的历史、文化，这使人类生活环境多元化而不是单一化，使人类的历史文化遗产在城市发展进程中更具光彩而不是趋于萎靡甚至消失。

“传统”和“文化遗产”已成为特有的文化内容。在当今城市建设发展中，运用各地方的文化要素建构出别具特色的“地方文化”，是展示园林景观特色的最佳途径。文化要素是体现人类创造力，表现不同民族和不同族群的独特生活方式、社会变迁，以及有助于人类自身反省不可多得的参考资源。在景观设计中，对设计元素的选择及对文化要素的利用，与其说是出于视觉上的考虑，不如说是一种文化上的判断选择（图3-1、图3-2）。

（3）景观要素

景观要素是人们欣赏各类景观的主体内容。人们对园林景观的欣赏总是从它的文化内涵、时代风貌、视觉效果等方面来品评。一般在人的视觉空间中，接触更多的是景观不同的个体内容，这些内容则构成景观要素。无论是在自然美、艺术美，还是意境美的表现中，景观要素的不同组合所创造出的美学特征常常是“写景以情，寓景以情”。在相对近距离的观赏环境中，水、石、植物、小品、地形等景观要素的不同组合触动着观者的情感脉络，能够最直接地把景观概念展示出来。这也引发了设计人员需借助不同的景观要素来设计宜人的景观空间（图3-3）。

图3-1　丽江古城

图3-2　东巴文化

图3-3　居住小区景观——体现不同景观要素在景观设计中的运用

3.1.2　影响基本要素的变量

(1) 位置

空间中有3种基本位置存在方式：水平、垂直和倾斜。空间中处于水平位置的形体看起来稳定、静止、不活动，平行于地平线；垂直即人的直立位置，垂直于地平线，处于垂直的形体长期以来一直用于表达或者表明与天空的关系，同时垂直还代表生长，积极向上的生命力；倾斜位于水平与垂直之间，斜的、倾斜的形体能够创造出动感、活泼的效果，但整体缺乏稳定感。

(2) 方向

一个要素的位置可由特定的方向决定。它可能表现得不稳定，也可能隐喻着运动，这种运动几乎总使人想到方向，如上、下（垂直）或从一侧到另一侧（水平）。要素的形状也可以加强方向感，特别是线或线状形状。在环境景观中，像道路、小径这样的线经常产生方向感，引导观察者注视它们（图3-4）。

设计者对景观要素的认知是形成优秀景观作品的关键。不同的景观艺术风格、内涵都应在对景观要素的品位、体会、触摸、聆听甚至在思索中去感受。人们对景观要素的感悟，更多的是在视觉感受良好的空间中产生的，可以说这是使用者在品读这些景观要素的共同特性。

(3) 尺寸

尺寸是某一形式的长、宽、深的实际量度，这

图3-4 道路不同的方向，直接引起人们行走的方向改变

图3-5 街头景观

些量度可确定形式的比例。尺度则是由它的尺寸与周围其他形式的关系相比较所决定的。大、高或深的形状会使我们印象深刻，它们看上去壮丽、雄伟或令人敬畏。小的东西虽不能给人深刻的印象，但它更接近人的尺寸，显得更为亲切。不同的尺寸在不同环境中形成的尺度不同（图3-5）。

（4）形状

形状即某一特定形式的独特造型或表面轮廓，涉及线的变化和面、体边缘的变化。它是我们识别形式的主要依据，是最重要的变量之一（图3-6）。

（5）间隔

间隔是指要素之间以及要素组成部分之间的间距，是设计整体的必要部分。间隔可以是均等的，或不等的。一个均等的间隔创造一种稳定、规则和正式场合的感觉。不等的间隔可以是随机派生出来的，也可以是根据某种规则生成的，如数学数列，常用于非正式场合（图3-7、图3-8）。

（6）质感

质感是指造型艺术形象在真实表现质地方面引起的审美感受。界面的纹理反映界面基本形式单位的秩序和式样，赋予某一界面视觉以及特殊的触觉特征。所有的质感都是相对的，它们取决于观赏的距离。随着距离的变化，质感会发生极大变化。不同的质感有不同的表达效果，光洁的表面给人以简洁、清纯、干净的感觉；粗糙的质地给人以朴实和大方感。质感引起的感觉是其他形式要素不可替代的，质感具有的视觉和触觉联合作用的性质能造成细致入微的知觉体验。软硬、粗细、滑涩，都是通过接触获得的感觉。因此，质感引起的感觉更为贴近和亲近。界面的质地对人的行为有一定的指示引导作用。地面的质地差别可以提升空间，形成地域划分，特殊的质地总会诱人趋近观赏等（图3-9、图3-10）。

（7）颜色

在各种影响要素的变量中，颜色是最敏感、最富表情的要素。颜色可以在形体上附加大量的信息，使环境的表达具有广泛的可能性和灵活性。

颜色在景观设计表达中有以下作用：

①表现气氛：颜色表现气氛与基调色有很大关系，基调色彩反映色彩的基本倾向。色相对比时，差别越大，色彩越显得鲜艳夺目；相近色并置则显示含蓄、柔和的气氛。纯度对比使色彩鲜艳、纯正。明暗对比可以使环境显得清晰、爽朗。

②装饰美化：颜色在景观设计中灵活运用，

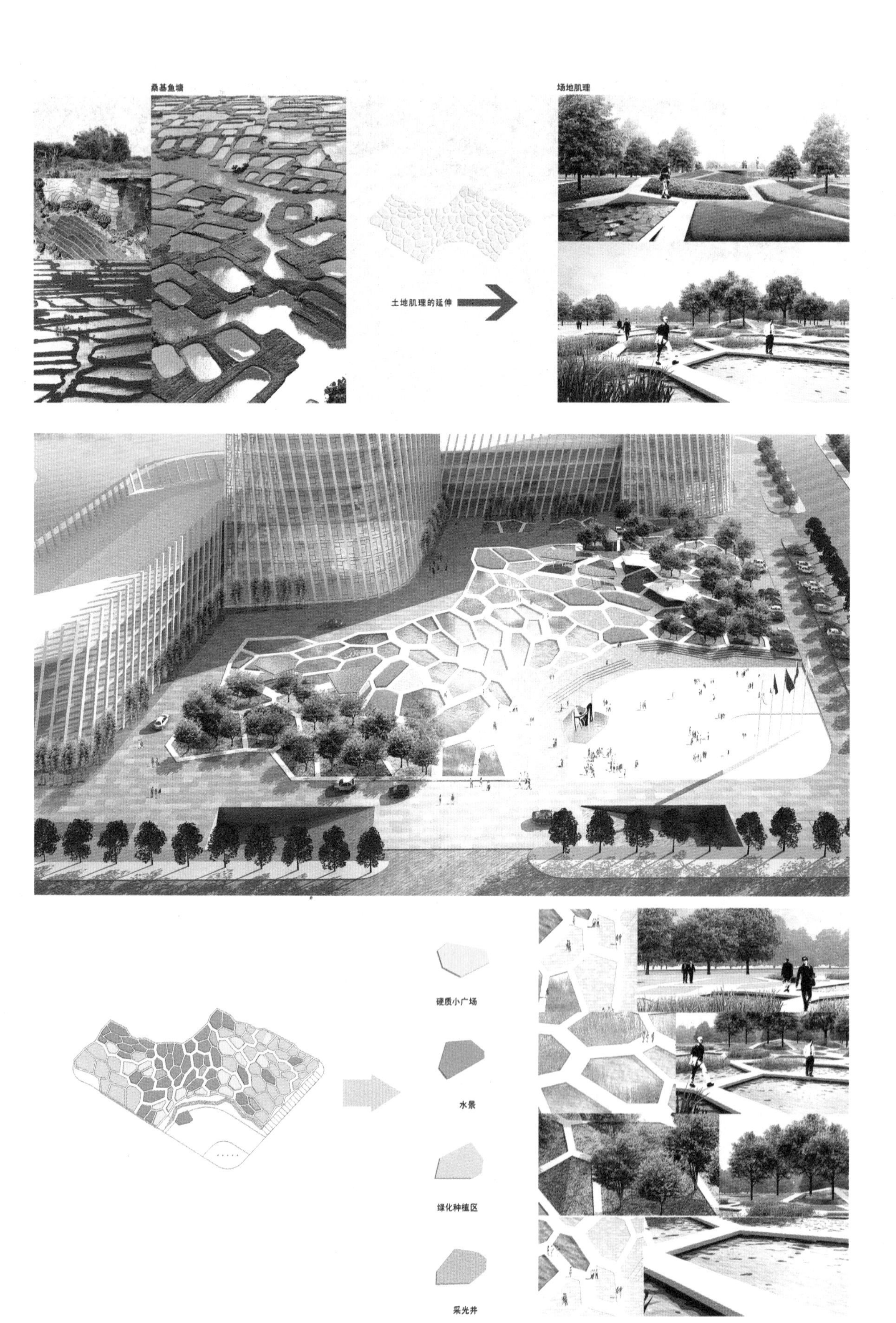

图3-6　美国总部大楼景观

图3-7 间隔距离相等草池

图3-8 间隔距离不等树池

图3-9 不同的材质形成不同的质感肌理

图3-10 广东部分沿海村落的蚝壳外墙表面

图3-11 了了的花园1

图3-12 了了的花园2

可赋予生动的装饰表达，给人们留下深刻印象（图3-11、图3-12）。

③区分识别：颜色具有区分作用。区分可传达多种信息，如区分功能、区分部位、区分材料等。色彩区分可以给人清晰的印象。

④重点强调：对特别的部分或景物施加与其他部分不同的颜色，可使该部分由背景转化为图形，从而得到强调。

⑤表达情感：其中冷暖感、远近感、轻重感在景观设计中具有广泛的实用意义。冷暖感体现在不同的色彩引起不同的温度感觉。一般来说，红色、黄色给人以温暖的感觉，青紫、蓝色给人以寒冷的感觉。颜色也有向前、后退的空间感觉。一般暖色有接近感，冷色有远离感。由于色彩的远近感差别，同一平面上的颜色可以在感觉上拉开距离，形成不同的空间层次。色彩的轻重感主要体现在明度不同上：如感觉轻的色彩称为轻感色，如白、浅绿、浅蓝、浅黄色等；感觉重的色彩称重感色，如藏蓝、黑、棕黑、深红、土黄色等。

3.1.3 构成要素的组织原则

（1）基本原则要求

景观空间构成要素的组织原则最本质的要求是对大自然的回归。一般来说，安排一定要自然，要体现出大自然原始的美，避免过分人工雕琢的痕迹。植物是景观空间构成的第一要素，在其选择上，应多使用当地的乡土树种——生长好，能提供最大的生态服务功能，维护成本又低。

①主题原则

任何景观设计都应有其主题，包括总主题和各分区主题，它是园林景观规划的控制和导引，起到提纲挈领的作用。只有选择一个有思想深度的主题，才能做出真正好的园林景观规划（图3-13）。

②点线面原则

点在景观设计中给人是细小的形象，点可以表现为一座雕塑、一个小品，乃至一棵植物。它是所有空间形态中最简洁的元素，也可说是最灵活的元素。在景观设计中，由于大小、形态、位置的不同而给人不同的心理感受。

线给人的是细长的形象，可分为直线和曲线。直线中则有水平、垂直和斜线。水平线表现为平稳，垂直线表现为耸立，斜线则表现为上升或下滑。曲线则分弧线、波线、S线、自由曲线。曲线运用在景观

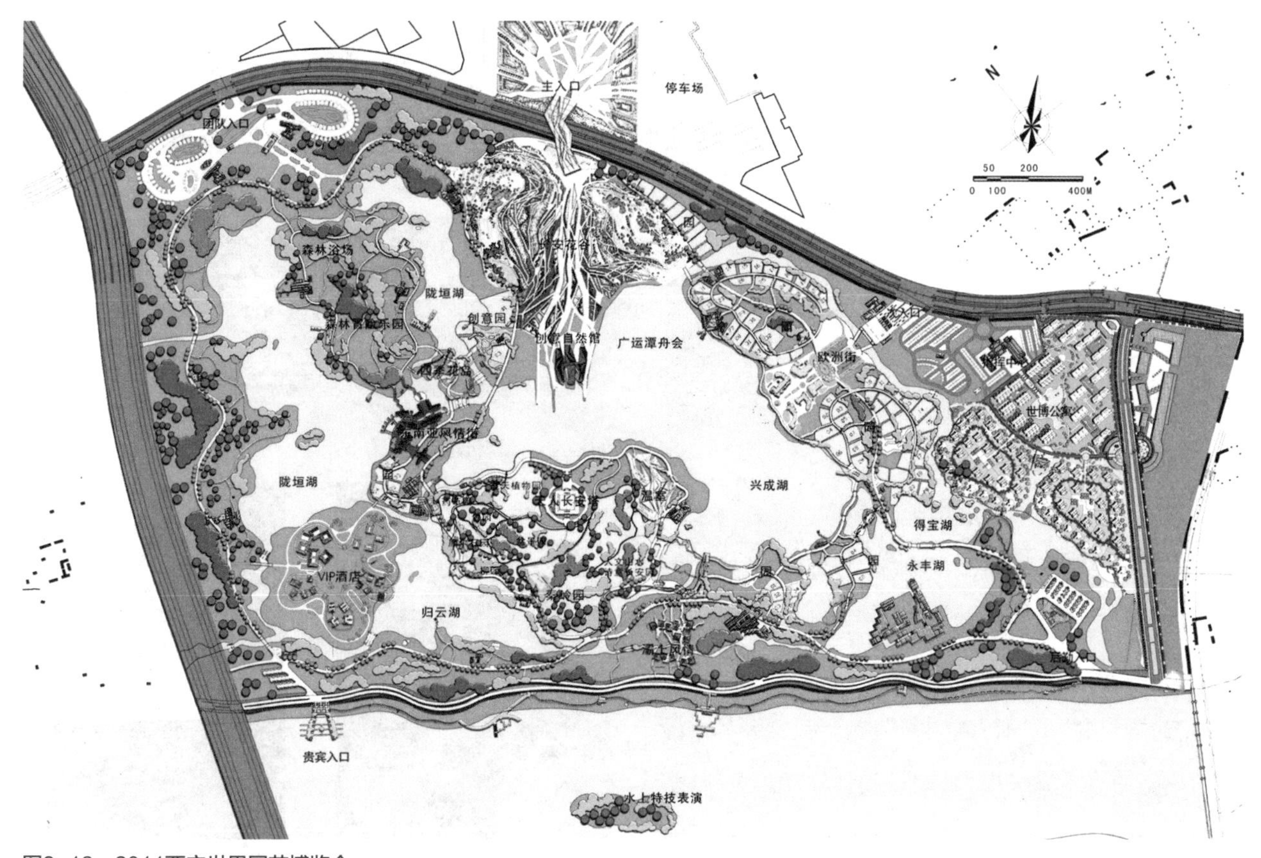

图3-13 2011西安世界园艺博览会

图3-14 点、线、面结合的景观

中都具有动感，使人跳动、不安；弧线给人以富有张力的印象，使人感到流畅、轻盈；波线运用在景观设计中就能给人以自然、亲切、丰富、变化之感。线可以在景观中用来划分区域空间使之成形。

面是线运动后形成的，面有垂直面、水平面、斜面、曲面及各种不规则的有机面。点的移动形成线，点的聚集产生面。点、线、面的关系密切，点若扩大就成面，线若加宽增大也成面。点、线、面又构成景观中的体，从而构成景观的整体（图3-14）。

③均衡原则

景观空间构成要素总体布局中贯彻“尽量尊重自然地形”的原则，这是一种维护和强调差别的做法。但这不等于说不要均衡，即使是在自然地形地貌十分复杂的地段，也要尽量使各部分、各主题、各细部有所响应，避免偏沉和杂乱感。当然，也不是追求绝对化的几何或力学对称，从而给人一种活泼而不是死板的感觉。实现这条原则难度很大，对景观设计人员专业素质要求极高。

④节点原则

节点是由线的交叉而产生的，是网络中聚合视线和辐散视线的地方，最先引起人的注意，留下的印象也最深。因此，处理好节点，则可加强景观空间轴线的清晰明确（图3-15）。

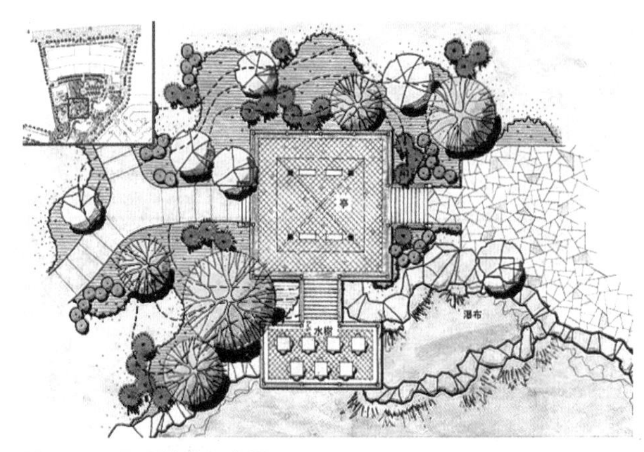

图3-15　景观节点示意图

图3-16　屋顶绿化

图3-17　垂直绿化

（2）生态功能原则

①环境舒适原则

景观空间构成要素的组织原则要以人为本，体现对人的关怀。应主动借助植物以及其他一些生物物种，把生态因子向着使人感觉更舒适自然的方向调整。为此，应考虑更多的生物措施以充分发挥其生态服务功能。如行道树的选择既考虑造就人行道的林荫效果，又考虑为快车道适当留出上空以便受污染的空气上升扩散。再如恰当的墙面和屋顶绿化，起到室内降温的作用；穿插能释放较多负氧离子的针叶树种或既杀菌又有清香气味的桉树类树种，从而使空气清新等（图3-16、图3-17）。

②污染防治原则

一方面是细致而周到地考虑植物可能的环保作用，另一方面使这种作用尽可能发挥到极致。如利用高大乔木叶量大、初级生产力高的特点，使其在对城市中二氧化碳的吸收和氧的释放作出更大的贡献；在面对交通干线的地方设立浓密的起隔音降尘作用的高绿篱；利用针叶树和桉类树种分泌的抗生性物质杀菌净化空气；利用厌氧微生物处理中水和下水，再选用生长快的沼（水）生植物吸收和过滤经厌氧发酵处理过的废水中的悬浮物和能导致富营养化污染的营养离子；在水体中放养鱼类以减少杀虫剂的使用等。

3.2　景观空间的界面要素

3.2.1　地形

（1）地形的表现方法

将地球表面起伏不平的地形表示在平面图上的方法，主要包括等高线法、分层设色法、晕渲法、晕滃法和写景法等（图3-18～图3-20）。在实际应用时，可根据不同用途、不同目的选择不同的方法，或者结合使用，如等高线加分层设色、等高线加晕渲、分层设色加晕渲等。有些特殊地形及地形目标还须用符号法加以补充（表3-1）。

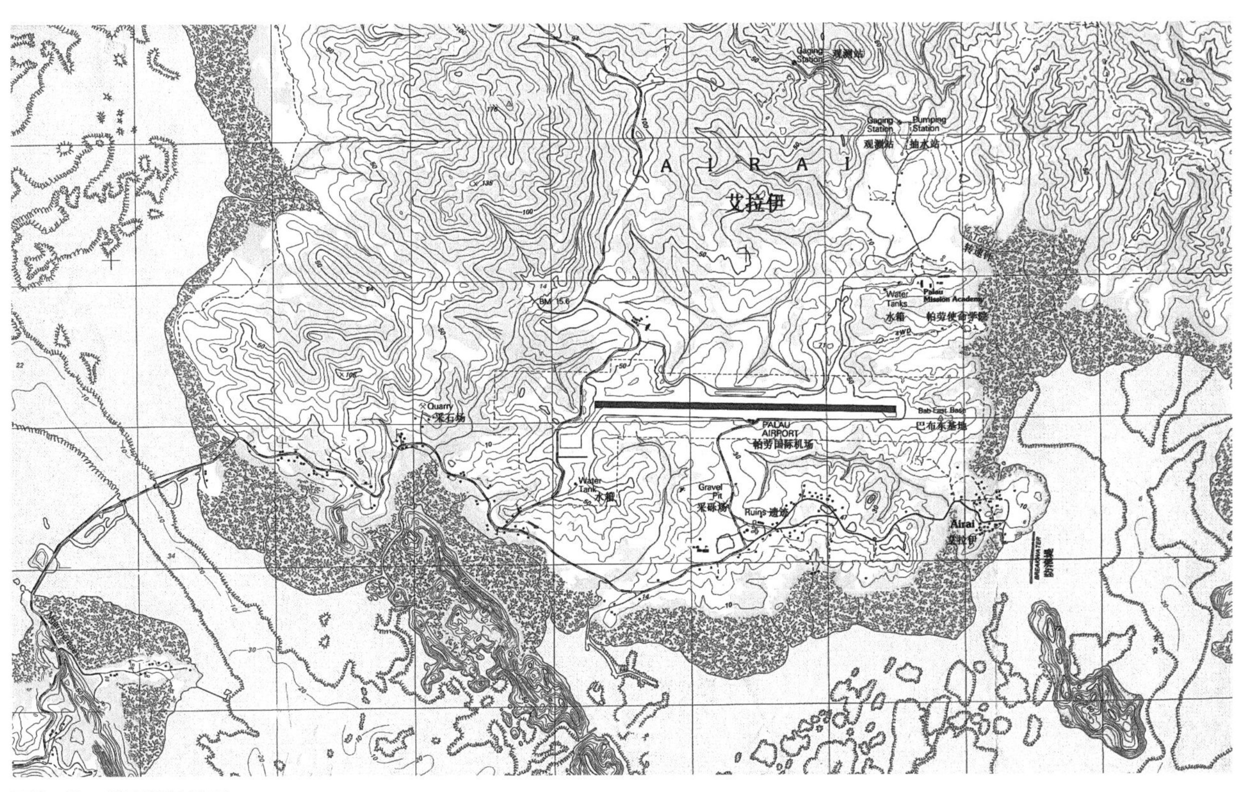

图3-18 等高线法地形

图3-19 分层设色法绘制的天然美景

图3-20 晕渲法地形

地形表达方式对比表 表3－1

地形	描述	优点	缺点	其他
等高线法	地面上相同高度（或水面下相同深度）的各点连线，按一定比例缩小投影在平面上呈现为平滑曲线的方法，又称水平曲线法。它能把高低起伏的地形表示在地图上	等高线的高度是以海平面的平均高度为基准起算，并且以严密的大地测量和地形测量为基础绘制而成。它是科学性最强、实用价值最高的一种地形表示方法	主要缺陷是不够直观。等深线的深度以海平面的平均深度为基准起算	—
分层设色法	根据等高线划分出地形的高程来逐层设置不同的颜色，以色调和色度的逐渐变化，直观地反映高程带数量和特征变化的方法。一般用蓝色表示海洋，绿色表示低平原，用黄、棕、橘红、褐色等表示山地和高原、白色表示雪山冰川。地势越高色越暗或地势越高色越亮，也可由低到高先从明亮变暗，然后向最高层变亮	分层设色各层的颜色既要有差别又要渐变过渡，各层色彩的对比应尽量表示地形的立体感色彩的选择应尽量考虑地理景观及人们的习惯。优点是醒目并有立体感	不能测量，地貌表示欠精细	—

续表

地形	描述	优点	缺点	其他
晕渲法	应用光照原理，以色调的明暗、冷暖对比来表现地形的方法，又称阴影法	它的最大特点是立体感强，在方法上有一定的艺术性。渲染法对各种地形地貌进行立体造型，能得到地形立体显示的直观效果，成为当今应用较多的一种地形表示法	主要缺陷是没有数量概念，在渲染暗影时没有严密的数学规划。费时，工作量大	晕渲通常以毛笔及美术喷笔为工具，用水墨绘制，也可用水彩（或水粉）绘制成彩色晕渲

图3-21　GIS单色地形

图3-22　TIN数字高程地形

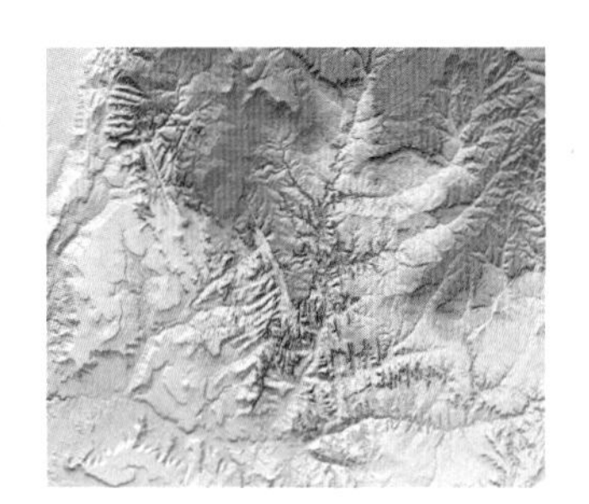
图3-23　GIS数字地形

发展方向：①随着遥感技术的兴起，利用卫星相片进行一定的信息处理，制成的影像地图，逼真地反映了实际地形；②数字地面模型自动绘制等高线、分层设色和晕渲的方法研究和推广将对地形表示法产生深远影响；③根据地貌学的成果，在地表形态特征分析的基础上进行等高线合理概括和晕渲立体造型，以及提高地图色彩和制印技术水平，仍是改进和提高地形表示法的主要途径（图3-21～图3-23）。

（2）地形的设计方法

地形设计的方法有多种：等高线法（含点标高）、断面法、模型法等。以下着重介绍等高线法。

①等高线法

此法在园林设计中使用最多，一般地形测绘图都是用等高线或点标高表示的。在绘有原地形等高线的底图上用设计等高线进行地形改造或创作，在同一张图纸上便可表达原有地形、设计地形状况及景观的平面布置、各部分的高程关系。这大大方便了设计过程中进行方案比较及修改，也便于进一步的土方计算工作。因此，它是一种比较好的设计方法，最适宜于自然山水园的土方计算。应用等高线进行景观的竖向设计时，首先应了解等高线的基本性质。

等高线是一组垂直间距相等、平行于水平面的假想面与自然地貌相交切所得到的交线在平面上的投影。给这组投影线标注上相应的数值，便可用它在图纸上表示地形的高低陡缓、峰峦位置、坡谷走向及溪池的深度等内容（图3-24）。在同一条等高线上的所有的点，其高程都相等。

每一条等高线都是闭合的，由于规划界限或图框的限制，在图纸上不一定每根等高线都能闭合，但实际上它们还是闭合的。

等高线的水平间距的大小，表示地形的缓或陡，如疏则缓，密则陡。等高线的间距相等，表示该坡面的角度相同，如果该组等高线平直，则表示该地形是一处平整过的同一坡度的斜坡。等高线一

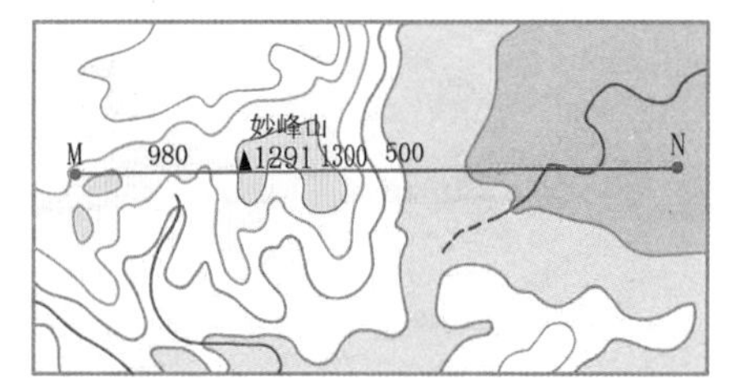

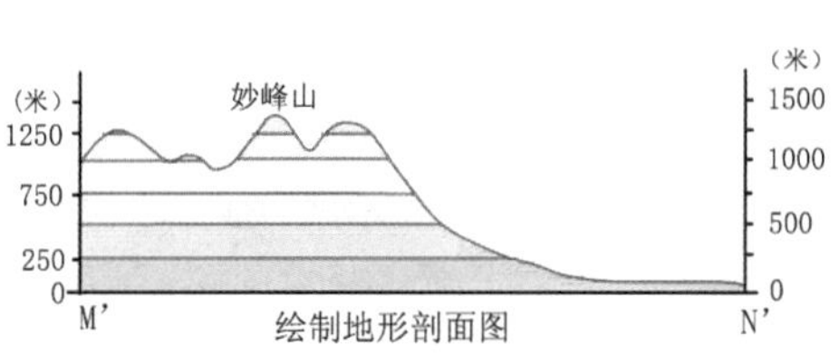

图3-24 等高线原理（悬崖、山丘、湖泊河流平面立体对应关系）

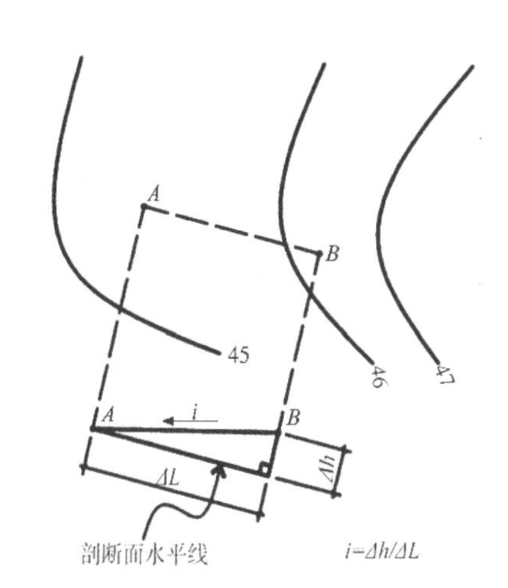

图3-25 放坡示意图
（据已知点A，求取点B的高程）

般不相交或重叠，只有在悬崖处等高线才可能出现相交情况，在某些垂直于地平面的峭壁、地坎或挡土墙、驳岸处等高线才会重合在一起。

等高线在图纸上不能直穿横过河谷、堤岸和道路等。由于以上地形单元或构筑物在高程上高出或低陷于周围地面，所以等高线在接近低于地面的河谷时转向上游延伸，而后穿越河床，再向下游走出河谷。如遇高于地面的堤岸或路堤时等高线则转向下方，横过堤顶再转向上方而后走向另一侧。

用等高线法进行竖向设计，坡度公式用于求等高线外任意点高程，这个方法我们常常用来放坡（图3-25）。

等高公式：$I=h/L$

式中：I——坡度（%）；

h——高差（m）；

L——水平间距（m）

设计等高线在设计中的具体应用：

A.陡坡变缓坡或缓坡改陡坡：等高线间距的疏密表示着地形的陡缓。

B.平垫沟谷：在园林建设过程中，有些沟谷地段须垫平。平垫这类场地的设计，可以用平直的设

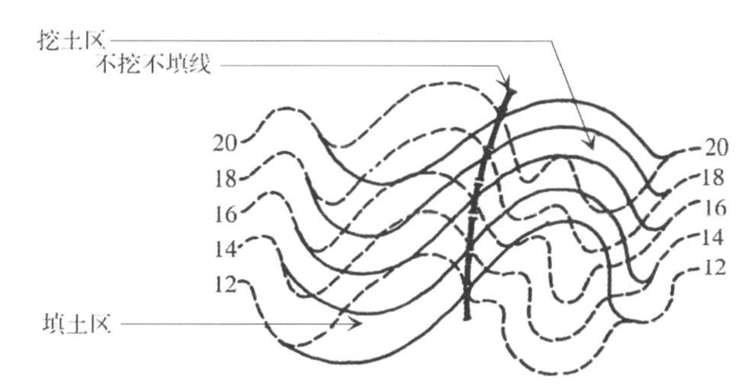

图3-26 设计等高线与现状等高线形成的土方平衡

计等高线和拟平垫部分的同值等连接。其连接点就是不挖不填的点，也叫“零点”。这些相邻点的连线，叫做“零点线”，也就是垫土的范围。如果平垫工程不须按某一指定坡度进行，则设计时只需将拟平垫的范围，在图上大致框出，再以平直的同值等高线连接原地形等高线即可。如要将沟谷部分依指定的坡度平整成场地时，则所设计的设计等高线应互相平行，间距相等。

C.削平山脊：将山脊铲平的设计方法和平垫沟谷的方法相同，只是与设计等高线所切割的原地形等高线方向正好相反（图3-26）。

D.平整场地：园林中的场地包括铺装的广场，

图3-27　断面法

建筑地坪及各种文体活动场地和较平缓的种植地段，如草坪、较宽的种植带等。非铺装场地对坡度要求不那么严格，目的是垫洼平凸，将坡度理顺，而地表坡度则任其自然起伏，排水通畅即可。铺装地面的坡度则要求严格，各种场地因其使用功能不同对坡度的要求也各异。通常为了排水，最小坡度>0.5%，一般集散广场坡度在1%～7%，足球场3%～4%，篮球场2%～5%，排球场2%～5%。这类场地的排水坡度可以是沿长轴的两面坡或沿横轴的两面坡，也可以设计成四面坡、环行坡，这取决于周围环境条件。铺装场地一般都采取规则的坡面（即同一坡度的坡面）。

实际上，大多数道路的路拱为曲线，路面上的等高线也为曲线而不是直线和折线。曲线等高线应按实际勾画。同时，道路设计等高线也会因道路弯曲、弯坡、交叉等情况而发生相应变化。

②断面法

即用许多断面表达设计地形以及原有地形的状况的方法。断面图表示了地形按比例在纵向和横向的变化。此方法可以使视觉形象更明了和更能表达实际形象轮廓，还可以说明地形轮廓。同时，可以说明地形上的地物之间的位置和高差关系，说明植物分布及林木的轮廓与景观以及在垂直空间内地面上不同界面的位置效果（图3-27）。

断面的取法可以选择景观用地具有代表性的轴线方向或者特定位置等。

断面法一般不能全面反映景观用地的地形地貌，通常仅用于要求粗放且地形狭长的地段的表达。

③模型法

模型法用于表现直观形象，具体但制作费工费时，投资也较大。大模型不便搬动，如需要保存，还需专门的放置场所（图3-28）。

（3）地形的类型

就风景区范围而言，地形包括复杂多样的类型，如山谷、高山、丘陵、草原以及平原；从园林

图3-28 模型法

范围来讲，地形包含土丘、台地、斜坡、平地，或因台阶和坡道所引起的水平变化等。

①平坦地形

平坦地形的定义，就是指任何土地的基面应在视觉上与水平面相平行。尽管理论上如此，而实际上在外部环境中，并无这种绝对完全水平的地形统一体。这是因为所有地面上都有不同程度的甚至是难以觉察的坡度。因此，所谓“平坦地形”指的是那些总的看来是“水平”的地面，即使它们有微小的坡度或轻微起伏也都算作“平坦”(图3-29)。其最好的表示方式，即以环形同心的等高线布置围绕所在地面的制高点。

②凸地形

凸地形的表面形式有土丘、丘陵、山峦以及小山峰。凸地形是一种正向实体，同时是一负向的空间，被填充的空间。与平坦地形相比较，凸地形是一种具有动态感和行进感的地形，它是现存地形中，最具抗拒重力同时又代表权力和力量的因素。纵观历史，山头都具有军事上和心理上的重要意义，占据了山头的军队同时也就控制了周围地区(从而也就形成了“山王”的概念)。从情感上来说，上山与下山相比较，前者似乎能产生对某物或某人更强的尊崇感。因此，那些教堂、政府大厦以及其他重要的建筑物，常常耸立在凸地形的顶部，以充分享受这种受“朝拜”的荣耀，它们的权威性也由于其坐落于高处而得到升华。

③山脊

与凸面地形相类似的另一种地形叫脊地。脊地总体上呈线状，与凸面地形相比较，其开头更紧凑、更集中。可以这样说，脊地就是凸面地形“深化”的变体，与凸面地形相类似，脊地可限定户外空间边缘，调节其坡上和周围环境中的小气候。脊地也能提供一个具有外倾于周围景观的制高点。沿脊线有许多视野供给点，而所有脊地终点景观的视野效果最佳，这些视野使这些地点成为理想的建筑点(图3-30)。

稳定
中性
平静
愉快
中心平衡

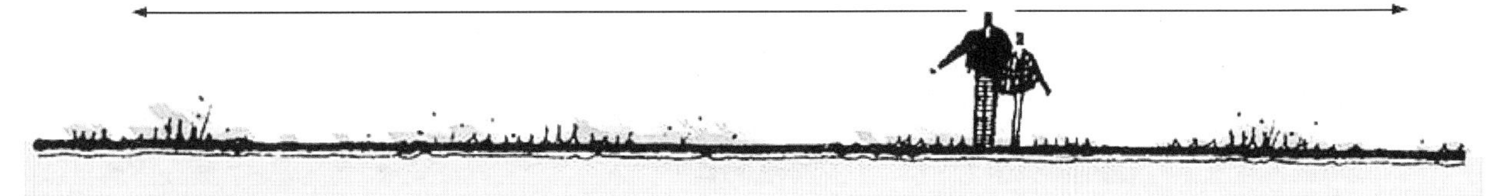
图3-29 平坦地形的性质

④凹地形

凹地形在景观中被称为碗状洼地，它并非是一片实地，而是不折不扣的空间。当其与凸地形相连接时，它可完善地形布局。在平面图上，凹地形可通过等高线的分布表示出来，这些等高线在整个分布中紧凑严密，最低数值等高线与中心相近。凹地形的形成一般有两种方式：一是地面某一区域的泥土被挖掘而形成；二是两片凸地形并排在一起而形成。凹地形乃是景观中的基础空间，我们的大多数活动都在其间占有一席之地，它们是户外空间的基础结构。在凹地形中，空间制约的程度取决于周围坡度的陡峭和高度，以及空间的宽度。凹地形是一个具有内向性和不受外界干扰的空间，它可将处于该空间中任何人的注意力集中在其中心或底层。凹地形通常给人一种侵害感、封闭感和私密感，在某种程度上也可起到不受外界侵犯的作用（图3-31）。

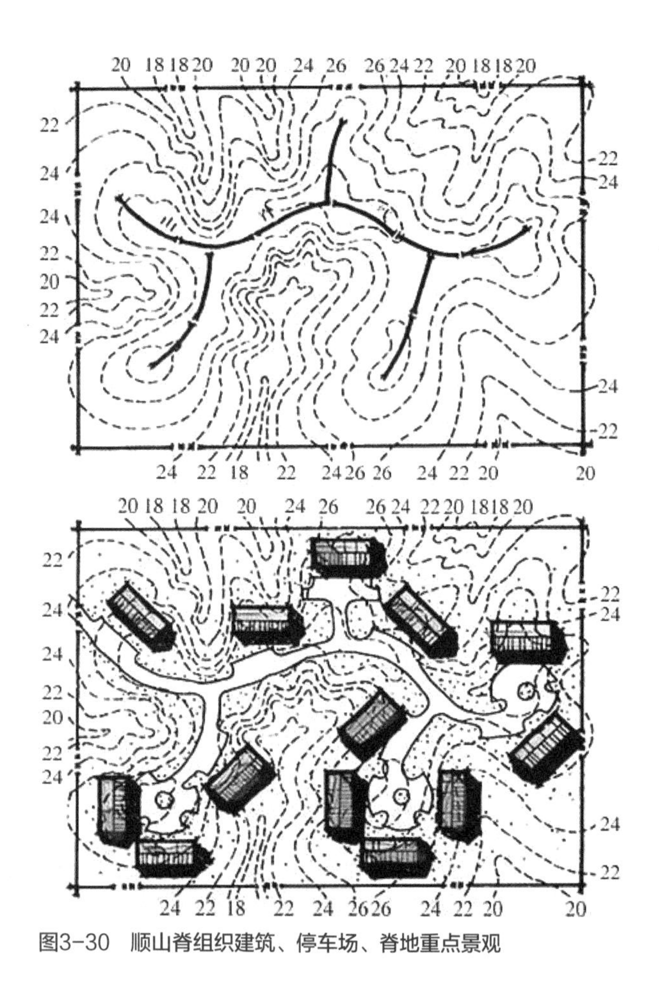

图3-30　顺山脊组织建筑、停车场、脊地重点景观

⑤谷地

谷地综合了某些凹地形的特点，与凹地形相似。谷地在景观中也是一个低地，具有实空间的功能，可进行多种活动。但它也与脊地相似，也呈线状，也具有方向性。谷地在平面图上的表现是等高线上的标高点，是向上指向的。

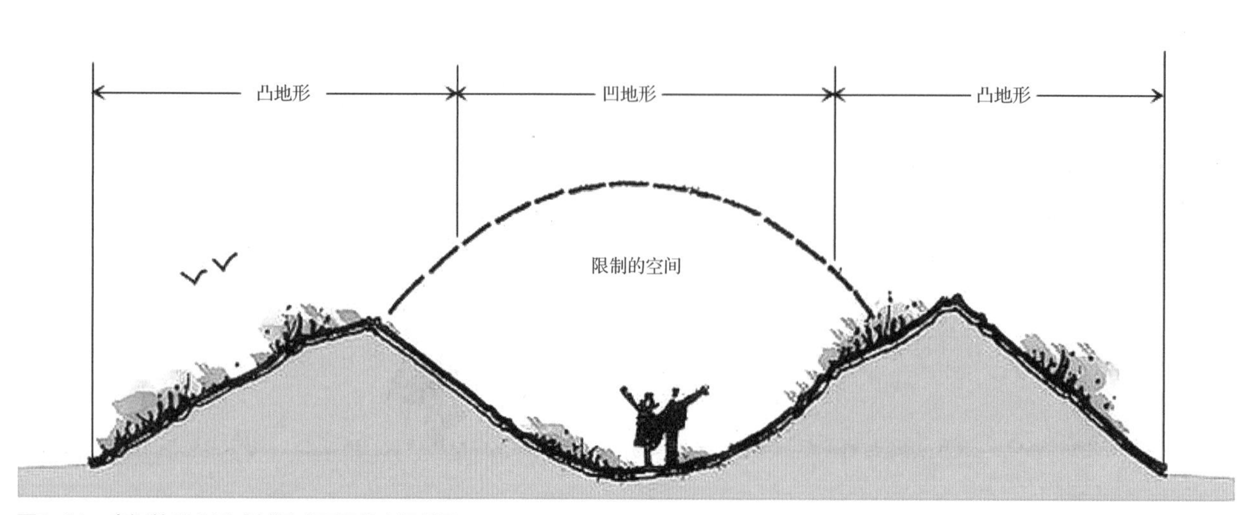

图3-31　空间的凹凸形成封闭感不同的空间效果

（4）地形的使用功能

①地形是构成园林景观的基本骨架

建筑、植物、落水等景观常常都以地形作为依托组织和分隔空间。利用地形、假山划分空间，还可以结合植物、建筑布置作为障景、对景、背景、框景、夹景等手法的灵活运用。划分空间的手段很多，但利用地形、假山划分空间，使空间更富于性格的变化，具有自然和灵活的特点，特别是用山水相映成趣地结合来组织空间，使空间更富于性格的变化。

②地形可以不同的方式创造和限制外部空间

平坦地形仅是一种缺乏垂直限制的平面因素，视觉上缺乏空间限制。而斜坡的地面较高点则占据了垂直面的一部分，并且能够限制和封闭空间。斜坡越陡越高，户外空间感就越强烈。地形除能限制空间外，它还能影响一个空间的气氛。平坦、起伏平缓的地形能给人美的享受和轻松感，而陡峭、崎岖的地形极易在一个空间中造成兴奋的感受。

③地形不仅可制约一个空间的边缘，还可制约其走向

一个空间的总走向，一般都是朝向开阔视野。地形一侧为一片高地，而另一侧为一片低矮地时，空间就可形成一种朝向较低、更开阔一方，而背离高地空间走向。

④控制游览视线

地形能在景观中将视线导向某一特定点，影响某一固定点的可视景物和可见范围，形成连续观赏或景观序列，或完全封闭通向不悦景物的视线。为了能在环境中使视线停留在某一特殊焦点上，我们可在视线的一侧或两侧将地形增高。在这种地形中，视线两侧的较高地面犹如视野屏障，封锁了分散的视线，从而使视线集中到景物上。地形的另一类似功能是构成一系列赏景点，以此来观赏某一景物或空间（图3-32）。

⑤影响游览路线和速度

地形可被用在外部环境中，影响行人和车辆运行的方向、速度和节奏。在园林设计中，可用地形的高低变化、坡度的陡缓以及道路的宽窄、曲直变

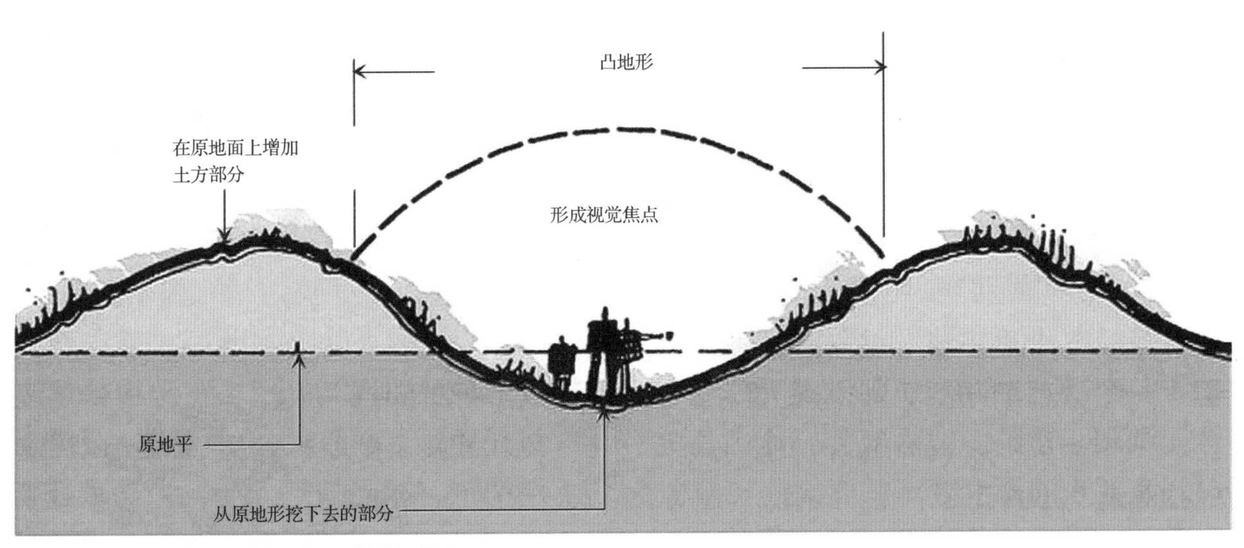

图3-32 空间的凹凸形成封闭感不同的空间效果

化等来影响和控制游人的游览线路及速度。在平坦的土地上，人们的步伐稳健持续，无需花费什么力气。而在变化的地形上，随着地面坡度的增加，或障碍物的出现，游览也就越发困难。为了上下坡，人们就必须使出更多的力气，时间也就延长，中途的停顿休息也就逐渐增多。对于步行者来说，在上下坡时，其平衡性受到干扰，每走一步都必须格外小心，最终导致尽可能地减少穿越斜坡的行动。

⑥地形可影响园林某一区域的光照、温度、风速和湿度等，改善局部小气候

从采光方面来说，朝南的坡面一年中大部分时间，都保持较温暖和宜人的状态。从风的角度而言，凸面地形、脊地或土丘等，可以阻挡刮向某一场所的冬季寒风。反过来，地形也可被用来收集和引导夏季风。夏季风可以被引导穿过两高地之间形成的谷地或洼地、马鞍形的空间。

地形还能满足各种活动和使用功能的需要，或游览活动需要的各种类型的地形，同时也可以形成良好的地表自然排水类型，避免过大的地表径流，又有利于地面排水的需要。

（5）地形的美学特性与设计原则

地形可被当作布局和视觉要素来使用。在大多数情况下，土壤是一种可塑性物质，它能被塑造成具有各种特性、具有美学价值的实体和虚体。地形有许多潜在的视觉特性，作为地形的土壤，其具有柔软的特点、美感的形状，能轻易捕捉视线，形成不同效果的景观视域。因此地形设计对园林景观空间的组织有着重要的作用，其设计的原则有：

①功能优先，造景并重

园林地形的塑造要符合各功能设施的需要：建筑等多需平地地形；水体用地，要调整好水底标高、水面标高和岸边标高；园路用地，则依山随势，灵活掌握，控制好最大纵坡、最小排水坡度等关键的地形要素。

注重地形的造景作用，地形变化要适合造景需要。

②利用为主，改造为辅

尽量利用原有的自然地形、地貌，尽量不动原有地形与现状植被。需要的话，进行局部的、小范围的地形改造。

③因地制宜，顺应自然

地形塑造应因地制宜，就低挖池，就高堆山。园林建筑、道路等要顺应地形布置，少动土方。

④填挖结合，土方平衡

在地形改造中，使挖方工程量和填方工程量基本相等，即达到土方平衡。

3.2.2 建筑物

（1）建筑的表现方式（图3-33）

在风景园林设计中，建筑物的表达和建筑设计极为相似。通常，在方案设计阶段，建筑物的边线常和平面结合在一起，在景区总体规划阶段较为简单，反之在详细规划或扩初阶段则要求相对严格。具体要注意以下几点：

①表明新建区的总体布局

用地范围、各建筑物及构筑物的位置（原有建筑、拆除建筑、新建建筑、拟建建筑）、道路、交通等的总体布局。

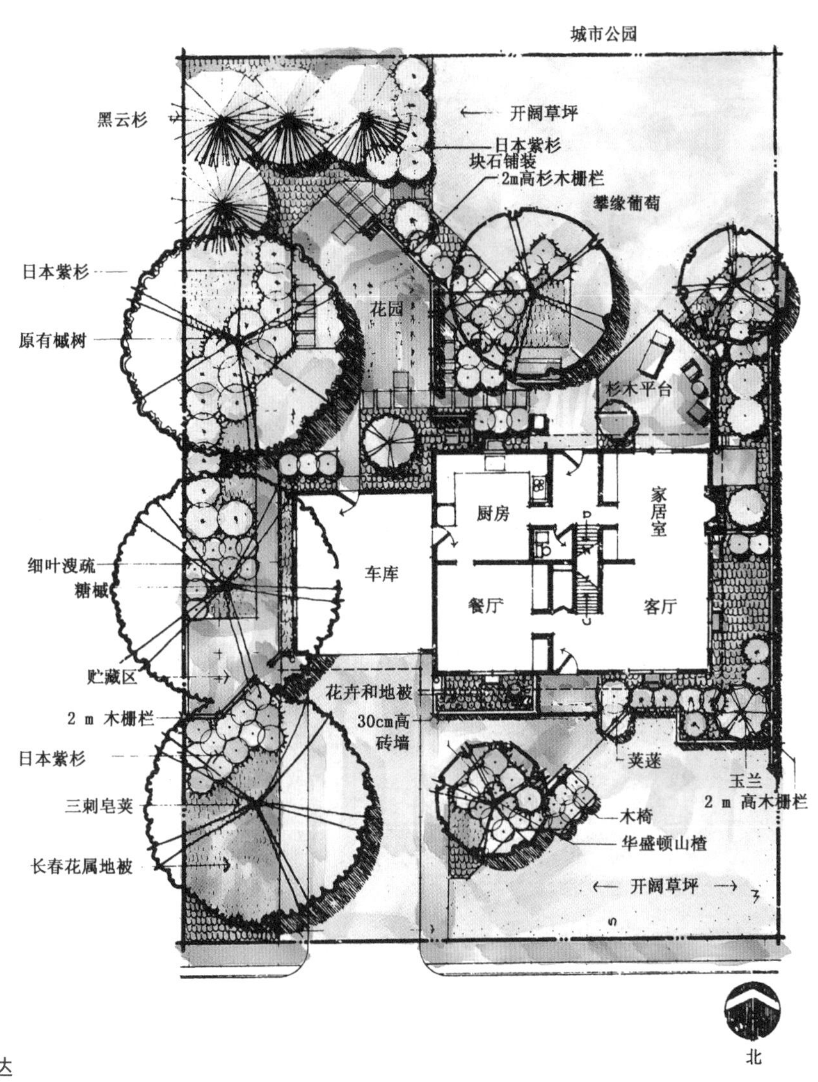

图3-33 详图中建筑物表达

②确定新建建筑物的平面位置

a根据原有房屋和道路定位

若新建房屋周围存在原有建筑、道路，此时新建房屋定位是以新建房屋的外墙到原有房屋的外墙或到道路中心线的距离。

b修建成片住宅、规模较大的公共建筑、会所或地形较复杂时，可用坐标定位。

测量坐标定位：在与总平面图采用相同比例的地形图，绘出100m×100m或50m×50m的坐标网格，纵轴为x轴，代表南北方向，横轴为y轴，代表东西方向。对于一般建筑物定位应标明两个墙角的坐标，若为南北朝向的建筑，可只标明一个墙角的坐标即可。放线时，根据现场已有的导线点的坐标，用测量仪导测出新建房屋的坐标。

建筑坐标定位将新建房屋所在的地区具有明显标志的地物定为“0”点，以水平方向为B轴，垂直方向A轴，按100m×100m或50m×50m绘制坐标网格，绘图比例与地形图相同，用建筑物墙角距“0”点的距离确定新建房屋的位置。

③注意绝对标高与相对标高的相互关系

建筑物首层室内地面、室外整平地面的绝对

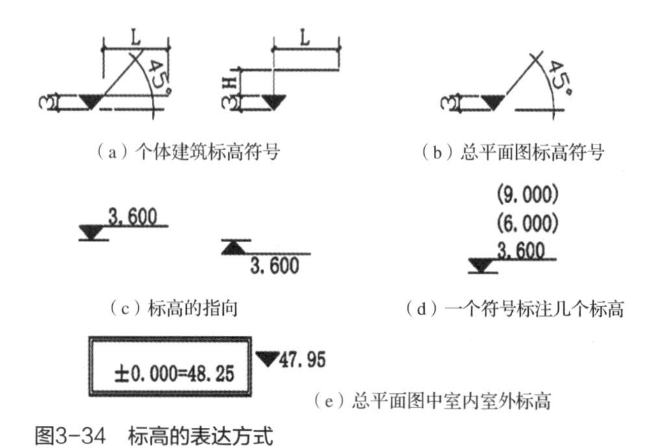

图3-34　标高的表达方式

标高，要标注室内地面的绝对标高和相对标高的相互关系，如：±0.000=48.25。室外整平地面的标高符号为涂黑的实心三角形，标高注写到小数点后两位，可注写在符号上方、右侧或右上角（如图3-34）。若建筑基地的规模大，且地形有较大的起伏时，总平面图除了标注必要的标高外，还要绘出建设区内的等高线，从等高线的分布可知建设区内地形的坡向，从而确定建筑物室外的排水方向及平场需开挖、填方的土石方量。

④明确指北针和风玫瑰图

根据图中所绘制的指北针可知新建建筑物的朝向；风玫瑰图可了解新建房屋地区常年的盛行风向（主导风向）以及夏季风为主导风方向。总平面图中绘出风玫瑰图后就不必绘指北针。

（2）建筑群体与空间类型

风景园林建筑群体组合类型可分为两种形式：即分散布局的群体组合和中心式布局的群体组合。

①分散式布局的组合

有许多园林建筑，因其使用性质或其他特殊要求，往往可以划分为若干独立的建筑进行布置，使之成为一个完整的室外空间组合体系，如苏州某些园林等。分散式布局的特点是功能分区明确，减少不同功能间的相互干扰，有利于适应不规则地形，可增加建筑的层次感，有利于争取良好的朝向与自然通风。分散式布局又可分为对称式和非对称式两种形式。在大多数园林建筑群体组合过程中往往是两种形式综合运用，以取得更加完整而丰富的群体效果。

②中心式布局的群体组合

把某些性质上比较接近的园林建筑集中在一起，组成各种形式的组群或中心，如风景区的公共建筑、商业服务中心、体育中心、展览中心、服务中心等。各类公共活动中心由于功能性质不同，反映在群体组织中必然各具特色，只有抓住其功能特点及主要矛盾，才能既保证功能的合理性，又能使之具有鲜明的个性。如2011西安世园会咸阳展园的设计中，以烽火台为设计元素的高度为9m的展示建筑，周边环抱着其他展区大大小小的构筑物组成的建筑群，形成了陕西展区一个完整的空间体系。

（3）建筑群体的设计原则

①因地制宜

园林地貌是园林的骨架，我国传统的自然山水园林的一大特点就是因地制宜地利用原有地貌，因此进行园林建筑规划时，首先要考虑到园林内自然地貌条件的特点。原有地貌或平坦或起伏，有山冈、沼泽等，可能基本符合或部分符合设计要求，这就应在原有的地貌基础上，结合园林使用功能和园林景观构图等方面的要求，加以利用和改造，可就低掘池，因势掇山，“宜亭则亭，宜榭则榭”，使之“自成天然之趣，不烦人事之工”，使园林中的山水景观达到“虽由人作，宛自天开”的艺术境界。景物的安排和空间的处理可以依山就势，高低错落，疏密起伏，自由布局，也可营造出坡陇坪谷、矶渚洲岛、溪涧池湾、山峦平台、叠嶂错层、林中空地、疏林草地等效果。同时应根据需要和可能，进行全面分析，并贯彻对原地貌坚持“利用为主，改造为辅”的原则，使土方工程量降到最小限度。需改造的地貌，也应力求达到园内填挖土方量平衡。

②满足建筑使用功能的要求

游人在园林内进行各种游憩活动时，对建筑空间环境有着一定的要求，因此园林建筑的设计要尽可能为游人创造出各种游憩活动所需的不同空间环境。如游人开展集体活动、休憩等活动，就需要有一个较为开敞的亭廊。进行演出、聚会等活动，则需要有一定面积的活动空间。登高远眺山重水复、峰回路转的层次丰富的山林常需要有一些高塔楼。同时为使不同性质的活动互不干扰，可利用植被的变化来分隔园林空间。要充分利用地形，分割制造出较多灰色空间，为景区营造出有各种使用功能的建筑空间。

③满足园林景观的要求

园林应以优美的园林景观来丰富游人的游憩活动，所以在园林设计中，应力求创造出游憩活动广场、水面、山林等开敞、郁闭或半开敞的园林空间境域，以便形成丰富的景观层次，使园林布局更趋完美。在广厦林立的城市中，绿色显得那么宝贵，因此，在园林设计中更要注意地形地貌，最大限度地营造出不同的园林景观，做到步步有景、步步不同。地形景观设计必须与景园建筑及平立面设计同步进行，使人工建筑与自然景观浑然一体，形成一幅具有人文气息的山水画。

④符合园林施工的要求

园林地貌在满足使用和景观需要的同时，必须使其符合景园建筑施工的要求。如山高与坡度的关系、各类园林建筑的排水坡度、水岸坡度的合理稳定性等问题，都需严格地推敲，以免发生如陆地内涝、水面泛溢或枯竭、岸坡崩坍等工程事故，切不可不顾后果，执意要求景观效果。

⑤建筑群体的自然环境考虑

景园建筑的设计中必须考虑因地制宜，结合地形创造出建筑群体的空间层次感，形成高低错落的轮廓效果。在我国不同气候区的景园建筑设计中还需注意通风组织和遮阳设计，如：西北地区冬季寒冷，应避开盛行风向来组织建筑群体；西南地区夏季炎热、潮湿，景园建筑设计要组织好通风设计，建筑群体高架以满足防潮的需求。

（4）建筑与环境的关系

建筑与环境是密不可分的，建筑的布置与结构、形态受环境的影响，环境对建筑的表现也起到制约，对环境的分析是设计的基础。

①地形

在建筑与环境结合的过程中，应重点考虑地形因素，它直接影响建筑和环境的可观赏性、功能关系以及排水效果。

一般来说，将建筑物修建在一处平坦的地形上，比将其建在倾斜或不规则地形基础上更容易、更经济。在平坦地形上，建筑物造价和延长建筑物效用所花费的资金都远远少于在坡地上修建。而且，在一个平坦的地形基础上，建筑物具有更大的可塑性。不过，这种平坦地形上修建房屋的费用和优点，应与长时间毁坏有价值的农田所带来的损失

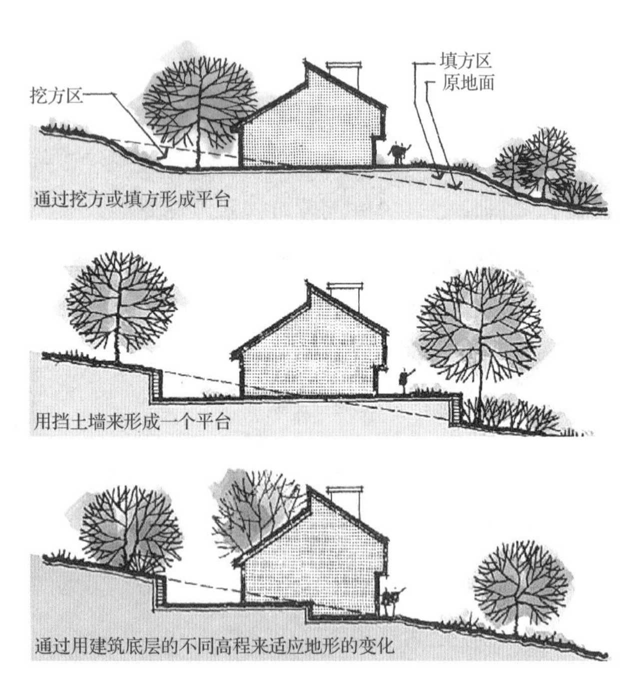

图3-35　平坦地形的建筑修建方式

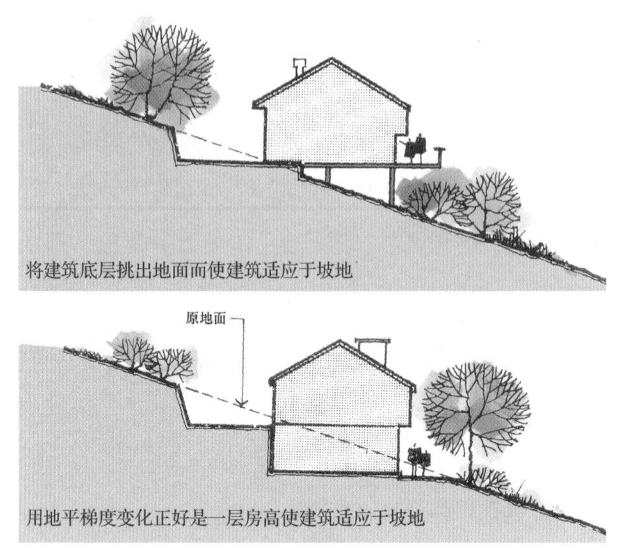

图3-36　在缓坡上安置建筑物的方法

相权衡，这些农田在开发利用之前也都处在相对平坦的地形之上。

在平坦地形上，建筑物可以通过向外扩展而与其场所结合在一起。这些外延的建筑如同坚强有力的手臂，紧紧地攥住并围绕其场所的各个部分。相对平坦的地形便于挖掘和堆积，使建筑物与周边环境的结合成为可能。

随着地面的逐渐升高，建筑物的安排和稳定便更加困难，造价也更加昂贵，并且建筑物给人以不稳定的感觉，建筑物和倾斜地形的处理方式，全在于斜坡的倾斜度以及设计的目的。图3-35展示了3种在较为平坦的地形上修建建筑物的方式，最为常用的是第一种：将地面筑成梯田状。具体的措施则是将营建建筑的高坡部分挖掉，然后填入低坡部分，这已构成建筑物的平整地基；当坡度增大时，就应在高坡和低坡处筑起挡土墙，减少用于平整场地的土方量。

在较陡的斜坡上（10%～15%），台阶方式还可以进一步加以发展，以便在高坡和矮坡之间出现一个完整的斜坡高差，高坡面此时所具有高于地面的楼层，比建筑于低坡之中的建筑少去一层。最后一种在陡坡上建筑房屋的方式是，在基地低的一面使用支柱结构，借用其支撑结构，建筑物就可以最低限度地被升高，并和原有地平面高程相同。这种方法虽然成本较高，但非常适用于那些要么太陡、要么太难平整（如林地）的建筑工地，使建筑物形成极好的视觉条件（图3-36）。

将建筑物建造在上述任何坡度的地形上，设计师都应该格外注意临近地基的地面。任何情况下，环绕地基的地面，一定的距离处应该有相应的倾斜度，使得地面流水绕过建筑物，以保持地面建筑和围墙的干燥。在平整的建筑工地上，使建筑物底层高于地面15cm或更多一点，达到一定的坡度，使建筑物楼层免于有水流入的危害。

②植物

在建筑物和周围环境结合方面，所需要涉及的另一个因素就是植物，而在建筑物和植物的相互配合方面，又存在着两种可能：一栋或者一组建筑物和环境中原有植物相结合；利用种植植物而使建筑物和环境相协调。第一种情况中，在温带地区可能存在的植被条件为树林和开阔地。

在最低程度地破坏生态环境的前提下，将建筑物修建在树林或者森林中，存在着许多可供选择的方案。要知道许多树林区域，都是具有许多生态制约因素的生态系统，这往往只有极少的是符合建设建筑物的地面（不考虑砍伐树木的情况下），而这些生态系统也难以忍受地表的拥挤或地面高度的重大变化。此外，这些区域夏季都偏向于阴暗隐秘。因此，在许多树木区域内营造建筑物时必须要考虑上述设计的制约条件，尽量做到增高立面减少平面，以免占据过多的地面，增加影响范围。

另外，在建筑物营造时，其底层应该比地面略高一些，如用柱式结构建造的房屋。这种结构方式便于最大限度减少修建房屋时的土方量，而建筑物附近的其他地面则可以得到保护，使得地面流水能很好地穿过建筑物。

当建筑物修建在开阔地时，则应着重考虑其与环境的组合方式。由于开阔地没有树木的制约，因而在修建时布局要尽可能灵活。由于开阔地中缺少树林，从而产生了建筑物在夏季受到阳光暴晒的问题。 因此，必须栽植遮阴树以及在建筑顶部修建大屋顶（图3-37）。

图3-37　建筑物和植物形成良好的日照关系

③围墙

无论是挡土墙还是独立的围墙，都能从视觉上和功能上用来连接建筑和环境。在这方面有特效的，便是那些能从建筑物关联到环境的围墙，就像长长的手臂，紧紧地抓住周围的环境。在建筑物的布局中，这种办法还能使建筑物和环境“融在一起”。挡土墙和围墙的另一个作用，便是在同一个环境中重现建筑材料，建立起视觉的联想，并从视觉上将建筑物和环境联系起来。

④过渡空间

在建筑物入口处设置过渡空间是一种连接建筑物与其环境的方式，过渡空间的存在减少了室内和室外空间的突变，使得出入的人能感到有一个平缓的变化（图3-38）。

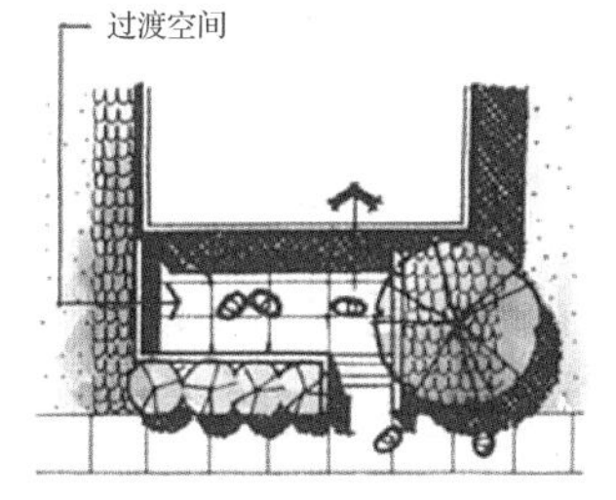

过渡空间由墙、栅栏和植物围合

过渡空间由建筑挑檐和延伸墙构成

台阶太紧靠建筑体

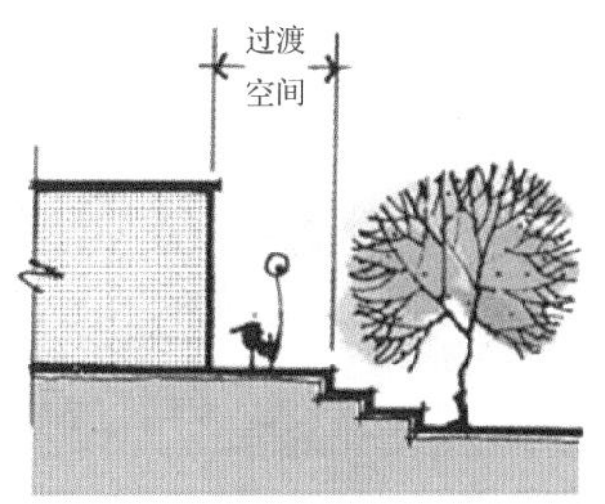

台阶离建筑有一定距离形成过渡空间

图3-38　建筑入口处的过渡空间

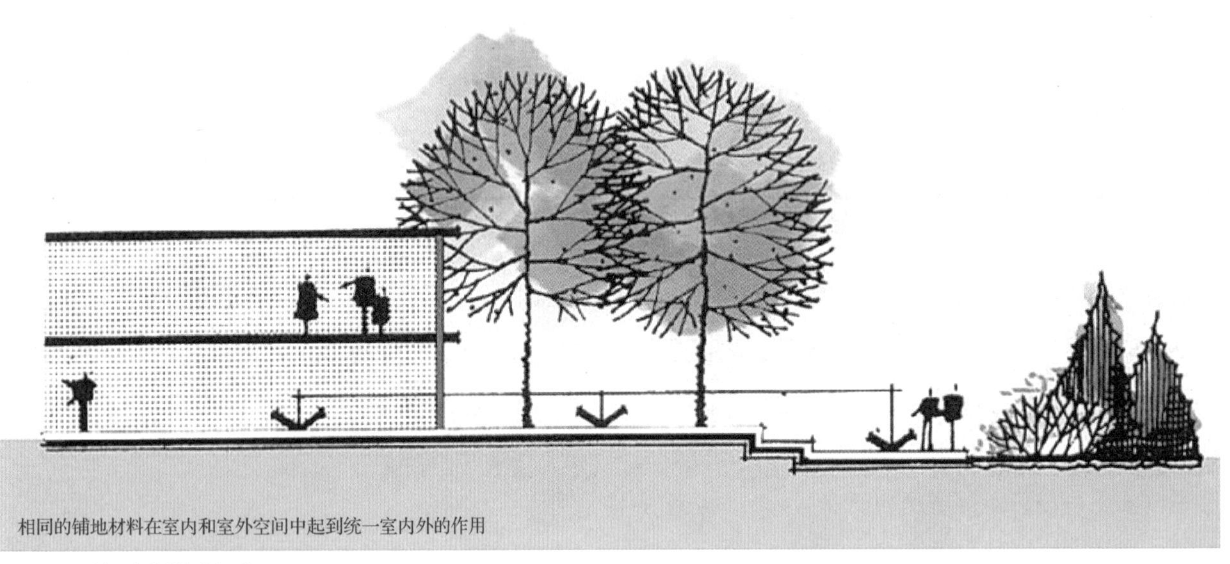

图3-39 地面材料的空间作用

⑤地面

地面的处理是重要的设计表现，能够统一空间中的各种元素表现，地面的铺贴与景观环境的组织有着密切的关系。例如靠近建筑物的铺地，其线条轮廓和形状应与建筑物本身所固有的轮廓和形状有直接的联系。铺装的形式可以设计成与建筑物角落、门窗边缘以及窗户竖框相互联系，以便增强建筑物和铺地之间的联系。作为形式统一的方法来说，铺装材料还可以与建筑物立面材料相同，在这方面，砖、石以及水泥都是很有用的材料，他们常常在建筑物围墙和靠近地面的部分使用。另一种方法是，保持室内和室外使用地面材料相同，即等同与水平线延伸至室外，而在建筑物室内和室外之间仅用玻璃作为二者的分界线（图3-39）。

3.2.3 铺装

铺装，是指在现代景观环境中，运用自然或人工的铺地材料，按照一定的方式铺设而形成的地表形式。作为景观设计的重要组成部分，铺装不仅展现了景观空间的功能实用性，还在一定程度上体现了其地域文化。铺装主要通过对园路、空地、广场等进行不同形式的印象组合，贯穿游人游览过程的始终，在营造空间的整体形象上具有极为重要的影响（图3-40、图3-41）。

我国的铺装设计历史悠久，在园林中的运用尤为重要。《园冶》中有论述：“惟厅堂广厦中，铺一概磨砖，如路径盘蹊，长砌多般乱石，中庭或宜叠胜，近砌亦可回文。八角嵌方，选鹅卵石铺成蜀锦”，“鹅子石，宜铺于不常走处”，“乱青版石，斗冰裂纹，宜于山堂、水坡、台端、亭际”。“花环窄路偏宜石，堂回空庭须用砖。”铺装上，北方皇家园林中铺装多以大理石、青石、花岗石、古砖为材料，大尺度铺装显得恢宏、大气，铺装构形朴素大方、庄严厚重（图3-42）。而作为私家园林代表的南方园林用材较为广泛，常用的有瓦片、方砖、卵石、片石以及多种色彩和样式的瓷片、陶片等材料（图3-43）。而现代的铺装设计在基于传统园林的手法上，通过运用一些现代的材料和施工技术以营造出符合大众审美经验的铺装环境。

图3-40 园路铺装

图3-41 广场铺装

图3-42 北方皇家园林铺装形式

图3-43 南方私家园林铺装形式

图3-44 花岗石园路

图3-45 木质园路

（1）铺装的表现形式

景观铺装是构景的一种重要元素，而铺装设计通过推敲其质感、色彩、构形、尺度、光影效果等来营造环境的优美景观特性，提高文化品位和艺术质量。

铺装的质感、色彩、构形、尺度、光影效果是铺装设计表现形式的基本要素。

①质感

质感是铺装的材质、质量、肌理带给人的感觉，由感触到素材的结构所产生的材质感。材质是材料的质感和肌理的传递表现，人对材质的知觉心理过程是较为直观的。质感肌理是通过材料表面的特征给人以视觉感受，达到心理的联想和象征意义。质感主要表现为粗糙和光滑，软与硬，冷与暖，光泽与透明度等。材质可以增添环境空间的感染力，渲染景观氛围。不同的质感营造出的气氛给人不同的感受。例如景观园林中的花岗岩就表现为粗糙、硬、冷、不透明的质感特点（图3-44）；木材则表现出粗糙、硬、暖的特点（图3-45）。

②色彩

色彩在很大程度上汇聚成一种国家的文化特征：色彩是一个丰富而又生动的主题，它是一种符号、一种形式、一种象征，也是一种文化。色彩是视觉艺术造型的语言和情感媒介，远看色彩近看花，色彩起着先声夺人的作用。合理利用色彩对人的心理效应，如色彩的感觉、表情、联想与象征等，可以

图3-46　建筑入口处铺装

图3-47　儿童乐园铺装

图3-48　大雁塔北广场戏曲大观园铺装形式

增添园林的魅力。然而色彩不能脱离形体、空间、肌理等要素而单独存在，要合理地配置它们之间的关系才能获得良好的视觉效果。

每种铺装材料都有着自身的颜色，而这些色彩同样也是环境主要的造景要素，它能把“情绪”赋予风景，使人产生心理共鸣。所以对于铺装的色彩设计，应该根据周边的环境尤其是建筑的色彩选用与之相协调的颜色。如建筑入口处的设计直接体现整体建筑环境的风格特点，因此在铺装材料色彩选择上，应考虑与建筑相协调的色彩，高雅、柔和的灰色成为设计中常用的色彩（图3-46），而在儿童活动区等处，则应该选择色彩鲜艳的铺装（图3-47），其他园路则依据周围环境设计或沉稳或艳丽的铺装。

地域和色彩是具有紧密联系的，不同的地理环境造就了不同的色彩表现，在铺装上选取具有地域特性的色彩能表现出有地方特色的景观。色彩作为城市环境的重要组成部分，在很大程度上也受文化的影响，在不同时代下形成了各自典型的色彩风格。西安延续唐宋的色彩风格，其整体风貌呈现出凝重的青灰色。例如西安的大雁塔广场，铺地都使用了青灰色调，来与大雁塔、城墙等这些体现城市文化的古建筑相融合，以体现沉稳、凝重的古城风貌（图3-48）。

③构形

构形是利用图形组合研究人们视觉运动的，通过重复、整体、渐变和发射形式创造出美好的平面图形和铺装构图。

A.整体形式

在铺装设计中，尤其是广场的铺装设计，有时会把整个广场作为一个整体来进行整体性图案设计。在广场中，将铺装设计成一个大的整体图案，会取得较好的艺术效果，并易于统一广场的各要素和利于广场空间的求得，烘托了广场的主题，充分体现整体形式设计而成的铺装特点，给人留下深刻印象（图3-49）。

B.重复形式

构形中的同一要素连续、反复有规律的排列谓之重复，它的特征就是形象的连接。重复构形能产生形象的秩序化和整齐化，画面统一，富有节奏美感。同时，由于重复的构形使形象反复出现，具有加强对此形象的记忆作用（图3-50）。

C.渐变形式

渐变的基本形式是骨骼逐渐地、有顺序地变动，它能给人以富有节奏、韵律的自然美感，呈现出一种阶段性的调和秩序。一切构形要素都可以取得渐变的效果，如基本形的大小渐变、方向渐变、色彩渐变、形状渐变等，通过这些渐变产生美的韵味（图3-51）。

D.发射形式

发射是特殊的重复和渐变，其基本形式是骨骼

图3-49 构形的整体形式

图3-50 构形的重复形式

图3-51 构形的渐变形式

图3-52 构形的发射形式

线环绕一个共同的中心构成发射状的图形。特点是由中心向外扩张，由外向中心收缩，所以其具有一种渐变的形式，视觉效果强烈，具有一定的节奏、韵律等美感。所有的发射骨骼均由中心和方向构成。发射形式有离心式发射、向心式发射、同心式发射、移心式发射、多心式发射。发射构成的图形具有很强的视觉效果，形式感强，富有吸引力，因此在铺装设计中，尤其是广场的铺装设计中常采用这种形式的构图（图3-52）。

④尺度

尺度是关于量的概念，是景物、建筑物整体及局部构件与人或人所习见的某些特定标准之间的大小关系。其包括形的长短、宽窄、范围、体量、容积等。尺度因为量的差异，可以表现出宏大雄伟、朴实亲切、细腻精致等不同的环境氛围。

铺装的尺度与场地大小有密切的关系。大面积铺装应使用大尺度的图案，这有助于表现统一的整体效果；较小型的、私密性的铺装宜选用自然的形态与质朴的材料。如果在一个大场地上使用尺寸特别小的铺装材料，会让人觉得整个场地大的没了边际；相反如果将大尺寸的铺装材料运用在一个小空间里，就会使整个场地感觉上变得分外狭小。这就要求我们处理好场地与铺装材料之间的尺度关系（图3-53）。

⑤光影效果

在我国古典园林中，早已利用不同色彩的石片、卵石等按不同方向排列，使其在阳光照射下，产生富有变化的阴影，即光影效果，它使纹样更加突出。在现代的新园林中，多用混凝土砖铺地，为了增加路面的装饰性，将砖的表面做成不同方向的条纹，同样能产生很好的光影效果。在园林铺地的应用中使用这种方法，不需要增加材料，工艺过程简单，还能减小路面的反光强度，提高路面的抗滑性能，能收到事半功倍的效果。

白色或浅色调的碎石地面效果极好，尤其是用在毗邻地下室光线较暗的低地庭园，可以用它铺装整个庭园，配上花草和石板路面，也可以与其他材料混用，形成对照，相互映衬。例如，用黑色地砖或深色铺地与之相配，形成反差，效果极佳（图3-54、图3-55）。

（2）铺装的类型

铺装从形式上分为：硬质铺装和软质铺装。

①软质铺装

其主要由土壤、植物所构成，如大面积的草坪、地被物等。软质铺装多半是有生命的，具有可变性，如纽约的中央公园（图3-56）。低矮的植物既可增强地面空间感，也可改善夏季地面过热的小气候条件。庭园、花园中的地面铺装经常用树皮铺设，这样的林中小径、自然的花园小路都给人一种静谧感，同时树皮本身又与自然环境非常和谐。枕木也可以用来铺地，但要注意，选用的枕木一定要清洁干净。枕木厚重修长，给人力量的感觉，与长叶植物和浅色调的沙砾地面相配效果更好（图3-57）。

②硬质铺装

其主要由各种硬质的整体材料或块材所组成。一般常用的硬质铺装材料有：石材、砖、砾石、混凝土、木材、可回收材料等。不同的材料有不同的质感和风格。硬质铺装材料的特征及使用的场合也要求结合园林的环境与功能。在园林地面铺装中，不同的硬材料通过精心推敲的形式、图案、色彩和起伏，可以获得丰富的环境景观，提高空间的质量。

图3-53　广场大尺度图案

图3-54　苏州园林中影子与铺装的结合

图3-55　黑色与白色相衬

A.石材

石材铺设的园路，既满足了使用功能，又符合人们的审美需求。我们也应注意，园路的使用率越高，磨损也就越严重，所以选用耐磨的铺装材料是很有必要的。石材，可以说是所有铺装材料中最自然的一种，无论是具有自然纹理的石灰岩，还是层次分明的砂岩、质地鲜亮的花岗石，即便是未经抛光打磨，由它们铺成的地面都容易被人们接受。虽然有时石材的造价较高，但由于它的耐久性和观赏性均较高，天然的石材相当昂贵，如果使用石材铺设一个平台，它的造价将是混凝土铺面的数倍（图3-58）。

图3-56 纽约中央公园

图3-57 植物与沙砾石结合

图3-58 石材铺装

B.砖

砖铺地面施工简便，形式风格多样。建筑用砖色彩丰富，且形状规格可控，多特殊类型的砖体可以满足特殊的铺贴需要，创造出特殊的效果。此外作为一种户外铺装材料，砖具有许多优点。通过正确的配料、精心的烧制，砖会接近混凝土般的坚固、耐久；它们的颜色比天然石材还多，拼接形式也多种多样，可以变换出许多图案，效果也自然与众不同。砖还适于小面积的铺装，如小景园、小路或狭长的露台。像那些小尺度空间——小拐角，不规则边界或石块、石板无法发挥作用的地方，砖就可以增加景观的趣味性。

砖还可以作为其他铺装材料的镶边和收尾。比如在大块石板之间使用砖材，既可以形成视觉上的过渡，还可以改变它的尺寸，以便适用于特殊地块（图3-59）。

C.砾石

砾石是构成自然河床、浅滩、山冈的一种材料，它的价格低廉，使用广泛。砾石景观在自然界中到处可见。而且在规则式园林中，砾石也能够创造出极其自然的效果，它们一般用于连接各个景观、构景物，或者是修剪的规则的植物之间。无论采用何种方式，砾石都是最易得的铺装材料。砾石是自然的铺装材料，目前在现代园林景观中应用广

图3-59 砖石铺装

图3-60 砾石铺装

图3-61 混凝土铺装

泛，实际上它的运用已经有几个世纪的历史了。

在自然式的园林中，植物披散，蔓延到小路或其他铺装上。砾石是联系各个景观的最佳媒介，由它铺成的小路不仅干爽、稳固、坚实，还为植物提供了最理想的掩映效果。当然，它与其他的铺装材料，像铺路用的碎石、栽植用的泥土等，在铺设方法上有所不同，但总体上仍然保持一种自然的景观特征。

除这一点之外，砾石还具有极强的透水性，即使被水淋湿也不会太滑，所以就交通而言，砾石无疑是一种较好的选择。

现在很多地方应用染色砾石，像亮黄色、深紫色、鲜橙色、艳粉色，甚至染上彩色的条纹，看起来不像石头，倒更像是一块诱人的咖啡糖。这些鲜亮的纯色令人振奋，具有强烈的视觉冲击性，对于那些富有创新精神、勇于打破常规束缚的设计师而言，它们是灵感的源泉，是创作的基础（图3-60）。

D.混凝土

混凝土也许缺少自然风化石材的情调，也不如时下流行的栈木铺装那么时髦，但它却有着造价低廉、铺设简单等优点，可塑性强，耐久性也很高。如果浇筑工艺技术合理，混凝土与其他任何一种铺装材料相比，也并不逊色多少。同时，多变的外观又为它的实用性开拓增添了砝码。通过一些简单的工艺，像染色技术、喷漆技术、蚀刻技术等，可以描绘出美丽的图案，让它改头换面以适应设计要求。

从表面上看，混凝土并非大多数设计的首选，但了解了它那广泛的实用性、超强的耐久性和简易的铺设性之后，稍作处理便呈现出自然外观的混凝土铺装时，就很可能会被它的魅力所吸引，改变人们一开始的决定（图3-61）。

E.木材

木材处理简单，维护、替换方便。作为室外铺装材料，木材的使用范围不如石材或其他铺装材料那么广，但是在建筑领域，木材的使用却是最多。它与石材、混凝土不同，木材容易腐烂、枯朽，但是木材可以随意涂色、油漆，或者干脆保持其原来面目。园林铺装中，木铺装更显得典雅、自然。木材是在栈桥、亲水平台、树池等应用中的首选材料。

木材被广泛地应用于景园铺装之中。比如由截成几段的树干构成的踏步石，由栈木铺设的地面，它能够强化由其他材料构成的景园铺装，或者与其

图3-62 木材铺装图

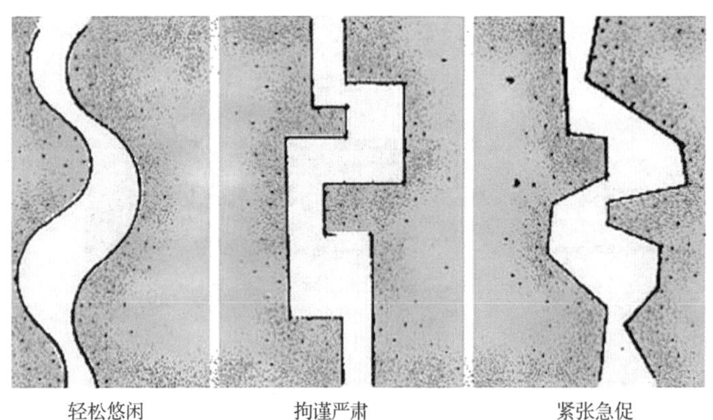

图3-63 线型铺装对人产生的心理影响

混合，或者进行外围的围合，像木隔架、篱笆、木桩、木柱等。在自然式园林中，常常使用的是木质铺装的天然色彩，这样不仅与设计风格完美结合，观赏价值也很高，并且可与格架、围栏粗犷的轮廓形成对比。有时，大多数规则式的园林，利用人工涂料将其油漆、染色，借以强化木质铺装或园林小品的地位，突出了规则式景园的严谨。

木质铺装最大的优点就是给人以柔和、亲切的感觉，所以常用木块儿或栈板代替砖、石铺装。尤其是在休息区内，放置桌椅的地方，与坚硬冰冷的石质材料相比，它的优势更加明显（图3-62）。

（3）铺装的使用功能

不同的铺装设计会对人的心理和行为方式产生不同的影响。根据各区域环境的特性不同，合理规划出各类铺装场地，确定各铺装的使用功能及其环境特性营造的方法。利用铺装在形式形态上产生的效果，对人们产生各种形态的引导作用。

①线形铺装对行为的引导

线形铺装作为交通载体，连接着各空间节点，功能就是交通道路。通过不同的设计形态、形式强化视觉效果，引导或阻止人们的游憩行为。

在线形设计中园路必须符合合理的运动路线，才会发挥出铺地的这一引导作用。另外，路面线形铺砌不仅对行走的实际方面有影响，而且对行走者的心理感觉也有微妙的影响。例如：流线形路面给人一种轻松随意的感觉；直线形的刚性路面暗示行走的庄重严肃，给人一种受约束的感觉；不规则的路面表示行走的无规律和紧张不安（图3-63）。

②区域型铺装对行为的引导

除了线形的道路铺装外，还有具有一定面积的区域型广场铺装或景观节点铺装。这些铺装场地根据周围环境的特征形成围合空间、半围合空间或是较为开敞的空间，引导人们聚集、活动。这种区域型铺装，大多是引导人们停留的场所。

（4）空间分隔的功能

在环境设计中，限定空间的方法主要有3种：围合、设立、基面或顶面的变化。铺装在空间限定中属于基面限定。铺装的空间界定效果是通过材质、形式的对比以及水平向高差的变化完成的。

铺装的整体空间限定首先是通过与周围的非铺

图3-64 不同铺装分割不同空间

图3-65 展示城市文化特色的铺装样式1

装环境对比，把铺装场地从周围环境中脱离出来，形成较独立的空间。然后根据其内部不同的功能，通过不同的材质、形式与铺装的功能相配合，空间的用地性质就会因此而得到区分。而铺装高差的变化通过对人视线和行为的影响，能进一步强调界定的效果，给其中活动的人们以安全感和归属感，为行人提供可以休息、停留、交往、对话的场所。因此在公园和广场设计中常常利用铺地的色彩、材质、构形、高差等手段来区分交通、活动、休息、聚集及景观节点等区域（图3-64）。

图3-66 展示城市文化特色的铺装样式2

（5）展示功能

良好的铺装景观对空间往往能起到烘托、补充或诠释主题的增彩作用。利用铺装图案强化意境，这也是中国园林艺术的手法之一。铺装景观，能通过无声的语言潜移默化地告诉人们铺装空间的位置、功能性质、环境氛围。通过与环境协调的铺装场地营造出的温馨适宜的交往空间，进一步满足人们对环境品质深层次需求，促进人们休闲活动、舒缓压力、增进交流，增强市民的自豪感和凝聚力。

对于生活在当地的人们来说，铺装设计的主要问题是如何融入环境，使人产生认同感和归属感。对外地的旅游者来说，独具特色的铺装可以更有效地烘托空间环境的氛围，展示这个城市的地域文化（图3-65、图3-66）。

（6）感知特性功能

人们通过视觉、触觉、听觉、嗅觉获得对事物的感知。人对铺装的感知主要是通过视觉和触觉来体现的。铺装的视觉特性主要包括可识别性、可感受性以及可观赏性（图3-67、图3-68）。

图3-67　艺术铺装

图3-68　广场入口

3.2.4　植物

（1）植物的分类

①按植物的生长习性分类

A.乔木类

树体高大，具有明显主干，一般树木高6m以上。可分为伟乔木（>30m）、大乔木（20~30m）、中乔木（10~20m）及小乔木（6~10m）等。此外，根据树木的生长速度分为速生树、中速生树、慢生树等；还可以分为常绿乔木、落叶乔木、针叶乔木、阔叶乔木等。

B.灌木类

一般有两种类型：一类是树体矮小（<6m），主干低矮；另一类树体矮小，无明显主干，茎干自地面生出多数，而呈丛生的状态，因此又称为丛木类，如绣线菊、千头柏等。

C.铺地类

实际属于灌木，但是其枝干均铺地生长，与地面的接触部分生出不定根，如矮生栒子、铺地柏等。

D.藤蔓类

地上部分不能直立生长，必须攀附于其他支持物向上生长。根据攀附方式可分为：

缠绕类：如葛藤、紫藤等；

钩刺类：如木香、藤本月季等；

卷须及叶攀类：如葡萄、铁线莲等；

吸附类：吸附器官多不一样，如凌霄是借助吸附根攀缘，爬山虎借住吸盘攀缘。

在城市绿化空间日益变小的今天，此类用于垂直绿化的植物越来越受到重视（图3-69）。

②按树木在园林中的用途分类

A.独赏树

可以独立成为景观，供观赏的树木，主要是来展现树木的个体美。要求树形美观，树体高大雄伟，树种寿命长，具有独特的风姿或者是特殊的观赏价值。如雪松、银杏、白玉兰、樱花、杉树等。

B.行道树

栽植在公路、街道、园路的两侧，用来遮阴和美化的乔木树种。行道树的株距一般不小于4m，以便于消防急救、抢险等车辆必要的穿行。应该选择树

图3-69　藤蔓类植物示意图

形高大，枝繁叶茂，冠幅大，枝杈较高，生长迅速，寿命长，发芽早，落叶晚，耐修剪，易成活，抗污染能力强，且对周围环境没有不良影响，根系发达，抗倒伏能力强的树种。树干中心距路边路缘石外侧的距离不小于0.75m，为了保证行道树的成活率，快长树胸径不得小于5cm，慢长树不小于8cm。国内常见的行道树种有：国槐、七叶树、鹅掌楸、椴树、榕树、女贞、悬铃木、杨树、银杏、栾树、樟树等。

C.防护树

能从空气中吸收有毒气体，防阻尘埃，防风固沙，保持水土等的树木。应大面积、成规模栽植该类树种，以便发挥其生态效应。

抗二氧化硫树种：杜鹃、臭椿、木槿、银杏、油松、女贞、法国冬青、构树、泡桐、夹竹桃、桑树、广玉兰、国槐、紫穗槐、紫薇、山茶花、梅花、石榴树、圆柏、桂花。

滞尘树种：国槐、悬铃木、龙爪槐、银杏、雪松、侧柏、石榴、碧桃、小檗、小叶黄杨（不同生活型滞尘能力的顺序为:草本>灌木>乔木>藤本）。

抗一氧化碳树种：红豆杉、石榴树。

吸收二氧化碳强的树种：柿树、刺槐、合欢、泡桐、栾树、桑树、臭椿、槐树、火炬、垂柳、构树、黄栌、白蜡、毛白杨、元宝枫、核桃、白皮松。

D.庭荫树

即指能够为人们遮阴纳凉的树种。树形高大，树冠宽阔，枝繁叶茂，对周围环境无污染。如玉兰、国槐、柿子树、梧桐等。

E.花灌类

即观花、观叶、观果以及其他观赏价值的灌木的总称，此类树木应用最广泛。如蜡梅、榆叶梅等是观花灌木，金银花、凌霄、火棘等是观果灌木。

F.木质藤本类

即茎枝细长难以直立，需要借助吸盘、钩刺、茎蔓、卷须或者吸附根等器官攀缘于其他支持物生长的树种。按照生长习性可以分为4类：

缠绕类：以茎本身旋转缠绕其他支持物，如紫藤、猕猴桃、五味子等。

卷须及叶攀类：靠接触感应器官使茎蔓向上生长，如葡萄是靠卷须生长，铁线莲是靠叶柄旋卷攀附。

钩攀类：是靠茎蔓上的钩刺使自身向上生长，如悬钩子。

吸附类：是靠吸盘向周围扩散蔓延的，如爬山虎、常春藤等。

G.植篱类

主要是有分割空间、遮挡视线、衬托景观等作用。要求树木枝繁叶茂，生长缓慢，耐修剪，养护简单，耐密植等。如法国冬青、大叶黄杨、雀舌黄杨、女贞、侧柏、火棘、九里香、马甲子等。

H.地被类

即指低矮、铺展力强、覆盖于地面的一类植物，有覆盖裸露地表、防风固沙、防止水土流失、减少地面辐射、增加空气湿度、美化环境等主要作用。主要分为以下类型：

喜光类：凌霄、平枝栒子等。

半耐阴类：铺地柏、六月雪、木通、雀香栀子、五叶地锦等。

耐阴类：小叶黄杨、金银花、矮生黄杨等。

极耐阴类：常春藤、五味子、紫金牛、长春蔓、小长春蔓等。

I.盆栽及造型类

即指盆栽观赏以及制作树桩盆景的植物。要求树木生长缓慢，枝叶细小，耐修剪，易造型，易成活，寿命长。

J.室内装饰类

主要指那些观赏价值高，耐阴性强，能有效吸收室内污浊气体的植物。如散尾葵、朱蕉、鹅掌柴、蜡梅、银芽柳等。

（2）植物的配置原则

绿地种类繁多，功能各异，所配置的植物群落景观也各不相同，相应地对植物的配置也有不同要求。即使在同一块绿地的不同分区内，规划设计时也会考虑用不同的植物配置来丰富林带、树丛、草坪景观，组成风格各异的空间，掌握植物配置的基本原则，充分发挥造景艺术手法，合理运用各种植物材料，创造景观。植物的配置原则主要分为以下3点：

①目的性原则

配置园林植物时，首先应明确设计的用途，要营造一种什么样的空间和气氛，才能达到用户的要求。只有明确这一点才能为树种选择、布局指明方向。

②生态原则

A.强调植物分布的地带性，选择适地植物

每个地方的植物都经过了对该地区生态因子长期适应的结果。俞孔坚教授曾指出："设计应根植于所在的地方"，就是强调设计应遵从乡土化的原理。在植物配置时应以乡土树种为主，适当引进外来树种，适地适树。要根据当地的具体条件合理地选择植物种类，即适地植物。

B.注重生物多样性，保持资源的可持续发展

在植物配置的时候，应该尊重自然所具有的生物多样性，尽量不要出现单个物种的植物群落形式。但要注意有些植物之间存在拮抗作用，布置时不能放在一起。例如刺槐会抑制邻近植物的生长，配置时应当和其他植物分开来栽。

C.构建植物群落结构合理性

遵循群落的演替规律对于一个植物群落，我们

不仅要注意它的物种组成，还要注意物种在空间上的排布方式，也就是空间结构，它包括植物的垂直结构和水平结构。上层的植物喜光，中层的植物半喜光或稍耐阴，下层的植物就比较耐阴。这些都为植物配置工作提供了依据。

③美学原则

A.多样与统一，均衡与稳定

在植物配置中必须遵循“统一中求变化，变化中求统一”的准则。基调树种，由于种类少、数量大，对形成植物景观的基调及特色起到统一作用；而一般树种，种类多，但数量少，起到变化作用。在园林景观的平面和立面布局中，只有做到均衡和稳定才能给游人以安定感，进而得到美感和艺术感受。在植物配置时也应考虑均衡与稳定。

B.对比与调和，韵律与节奏

对比是将形体、体量、色彩、亮度、线条等方面差异大的园林要素组合起来，形成反差大、刺激感强的景观效果，给人以兴奋、热烈、奔放的感受。对比手法运用得当，可使园林景观的主景突出，引人注目。调和是指将比较类同的景物组合在一起，并协调这类景物之间的关系。一般在高大的建筑前常常种植高大乔木，或者配置大片色彩鲜艳的花灌木、花卉、草坪来组成大的色块。这就是运用了协调的原则——注意植物与建筑体量、重量之间的比例关系，大体量的植物或者大面积的草坪花卉与高大宏伟建筑在气魄上形成协调。例如，我国造园艺术中常用的“万绿丛中一点红”就是运用植物的色彩差异来突出主题的。还有在西方古典园林中，常常选用常绿植物作为一些白色雕塑的背景，这都是运用了对比手法。

在景观设计中，利用植物单体有规律地重复组成景观称为节奏。在重复中产生节奏，在节奏中产生韵律。韵律和节奏在园林植物造景中作为艺术原则被广泛应用。比如，杭州西湖的白堤上，柳树和桃树间隔种植，游人在游赏时就不会感觉单调，而是感觉有韵律的变化。植物的季相变化也是一种韵律，我们称之为季相韵律。因此我们在植物配置时要考虑植物的季相变化，使园林植物四季有景，四季景不同。

在景观设计中，园林植物配置的三大基本原则是进行园林植物配置的基础要求，在此基础上，还要结合实际项目需要、空间环境特征等具体情况合理调配。

（3）植物的功能及其应用

植物在景观中能充当众多的角色，它们不仅仅是装饰物，更要在园林景观中发挥其功能与特性。在景观中，植物的功能作用表现在构成室外空间、遮掩不利于景观美观的物体、景观中的导向功能、统一建筑物的观赏效果及其调节风速和光照和避免光污染等。植物还能解决很多环境问题，如净化空气，保持水土，涵养水源，调节气温，为鸟兽提供栖息地等。在改善环境质量方面，植物有助于提高房屋、建筑、地皮等不动产的价值。

植物的功能与特性是多样化的，将它们分门别类，可有助于更好地了解和应用植物。通常情况下，植物在外部环境中主要发挥3种功能与特性：建造功能、环境功能和观赏特性。通常一株或者一组植物可以同时发挥两种或者两种以上的功能与特性。

建造功能

所谓的建造功能是指植物在景观中充当像建筑物的顶棚、地面、墙面等构成和组织空间的要素。这些要素影响和改变着人们视线的方向，为车和行人导向，具有引导性。在研究植物的建造功能时，植物的大小、形态及植被的通透性和封闭性也是重要的参考因素。植物的建造功能有几个值得注意的方面：

A.构成空间

空间感的定义是指由地平面、垂直面、顶平面单独或者共同组合的具有实在的或者暗示性的围合。植物可以用于空间中的任何一个平面中。

在地平面上，用不同高度和不同种类的地被植物或者是矮灌木来暗示空间的界面。一块草坪和一块低矮灌木的交界处，虽然没有具体的实现屏障，但却从心理上暗示着空间范围的不同（图3-70）。

在垂直面上，植物可以通过几种不同的方式来反映空间。第一，树干就像是直立于外部空间的柱子，其空间的封闭程度取决于树干的大小、种植的疏密程度和形式。如种满行道树的道路，田园乡村中的小块林地或者植物篱笆，即使是在寒冷的冬季，无叶子的枝丫也可以暗示空间的界限（图3-71）。第二个因素是植物的叶，它的疏密度和分枝的高度能够影响空间的闭合感。常绿植物叶子越浓密，体积越大。围合感越强烈。落叶植物的封闭程度取决于季节的变化。夏季，浓密树叶的树丛能形成一个闭合的空间，给人向内的隔离感。冬季，同样是一个空间，会比夏季显得更大、更空旷。因为植物在落叶后，人们的视线能都延伸到所限制的空间范围之外。所以相对落叶植物而言，常绿植物在垂直面上能够形成常年稳定的空间封闭效果（图3-72）。

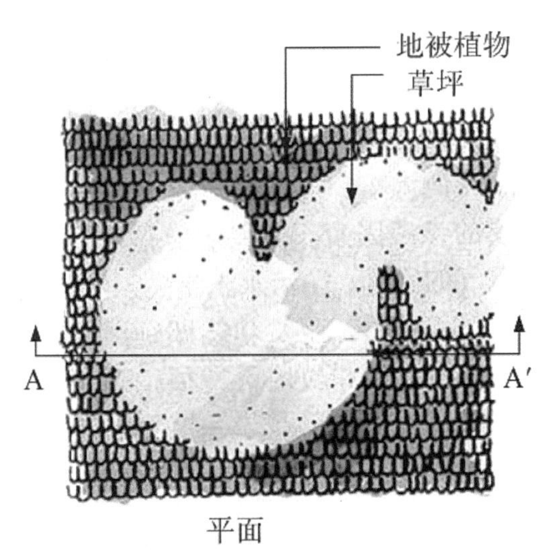

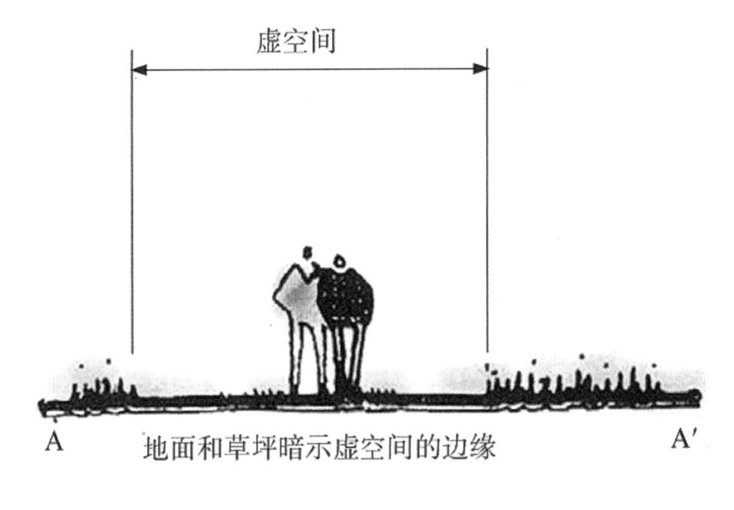

图3-70 不同植物对空间的暗示

图3-71 树干构成虚空间的边缘

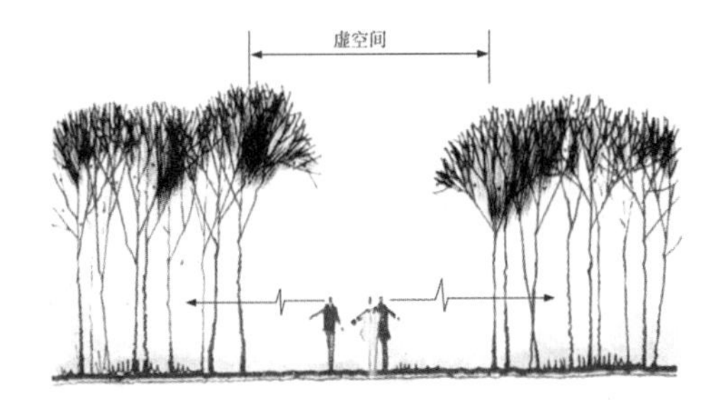

图3-72 空间的封闭或敞开对视线的影响

在顶平面上，植物的枝叶就像外部空间的天花板，限制了视线向天空的延伸，并影响垂直面上的尺度。并且存在着许多可变的因素，如季节，枝叶密度，树木本身的种植形式。当树冠相互遮盖，能够遮蔽阳光时，此时的封闭感最强。《城市规划中的树木》一书中提到，树木的间距应该在3～5m，如果超过9m，就会失去视觉效应（图3-73、图3-74）。

图3-73 树冠的底部形成顶平面的空间

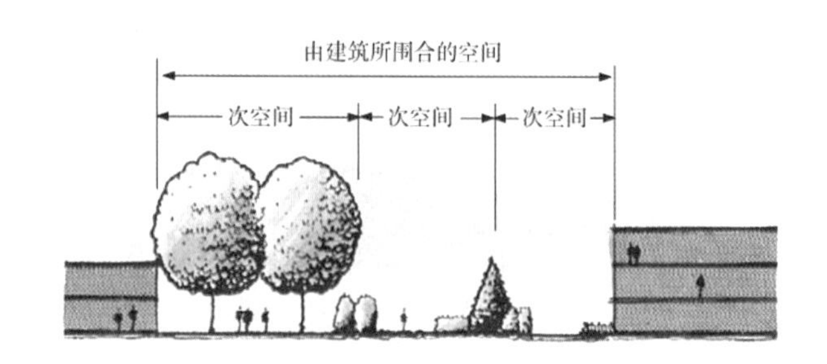

图3-74 植物的空间分隔作用

B.障景

植物材料如同直立的屏障，能控制人们的视线，将所需要的美好景物尽收眼底，而阻隔一些庸俗的景物这就是植物的障景功能。障景的效果依据景观的需求设置，使用不同通透程度的植物能够达到不同的景观效果。如使用不通透植物，能完全遮挡视线的通过，使用通透的植物能达到漏景的效果。因此为了有效地利用植物障景作用，首先要分析观赏者所处的位置、被障物的高度和体量。较高的植物虽然在某些景观设计中有较好的障景效果，但是也并非是占有绝对的优势（图3-75）。

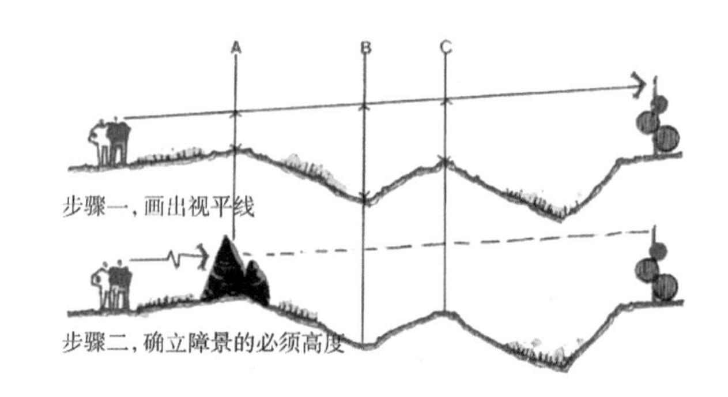

图3-75 依据景观的需求设计障景

（4）控制私密性

私密性的控制就是利用能够阻挡人们视线的植物对明确限定的区域进行围合。私密性的控制与障景的区别就在于前者围合并分割一个独立的空间，从而封闭了所有出入空间的视线。而障景是慎重种植植物屏障，有选择地遮蔽视线（图3-76）。私密的空间杜绝一切在封闭空间的自由穿行，而障景则允许在植物屏障内自由穿行。由于植物具有屏蔽视线的作用，所以私密程度的控制直接受植物高度的影响。高于2m的植物围合的空间私密感最强；齐胸高的植物只能提供部分私密性（当人坐于地面时，则具有完全的私密感）；齐腰的植物是不能提供私密空间的（图3-77）。

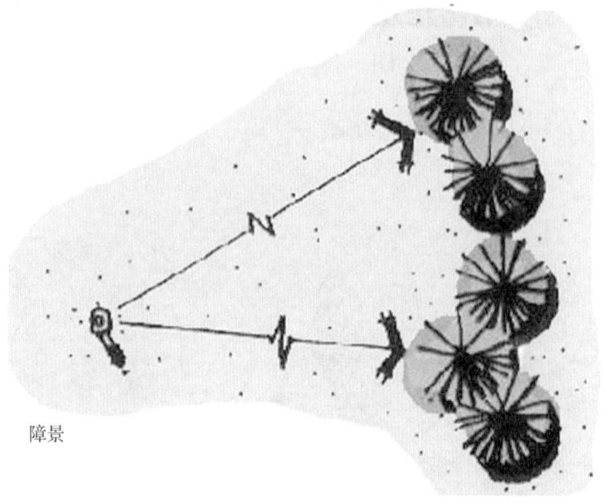

图3-76 利用植物进行私密空间的限定

图3-77 植物高度对私密性控制的影响

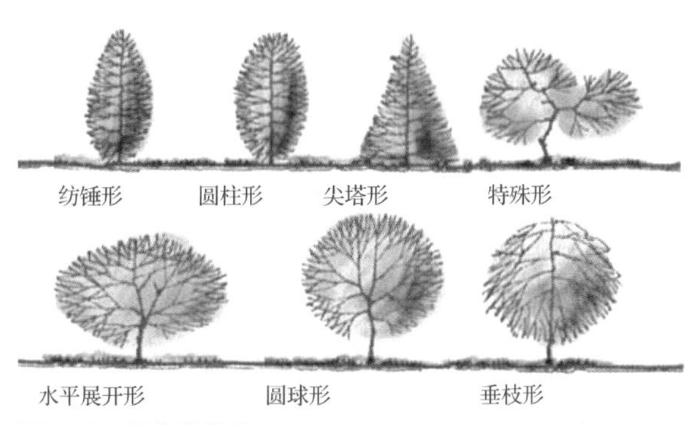

图3-78 植物的外形

图3-79 错落有致的纺锤形植物

图3-80 水平展开的植物

（5）植物的外形与颜色

①植物的外形

植物的外形是植物观赏特性的另一个重要特点。单株或群体植物的外形是指植物从整体形态与生长习性来考虑大致的外部轮廓。虽然其观赏特性不如大小特征明显，但是植物在构图布局上影响着统一性和多样性。植物的外形基本为：纺锤形、圆柱形、水平展开形、圆球形、尖塔形、垂枝形、特殊形等（图3-78）。

A.纺锤形。纺锤形植物形态细窄长，顶部尖细。在设计中，纺锤形植物通过引导视线向上的方式，突出了空间的垂直面，能够为一个植物群和空间提供高度感和垂直感。如果大量使用该类植物，其所在的植物群体和空间，会给人以超过实际高度的幻觉。当与较矮的植物一起栽植时，对比感十分强烈，纺锤形的植物犹如“惊叹号”一般惹人注目，像地平线上的教堂塔尖，使整体效果错落有致（图3-79）。但是如果过度使用，会给人造成过多的视觉焦点，使构图跳跃琐碎。纺锤形植物主要包括：钻天杨、北美崖柏、地中海柏木等。

B.圆柱形。这种植物除了顶是圆的外，其他形状特征都与纺锤形的植物相同。圆柱形植物主要包括：槭树、紫杉等。

C.水平展开形。这类植物具有水平方向生长的习性，宽和高几乎相同。该类植物能使设计构图产生一种宽阔感和外延感，会引导视线向水平方向移动，能和平坦的地形、平展的地平线和低矮水平延伸的建筑物相协调（图3-80）。如果将该类植物种于平矮的建筑旁，它们能够延伸建筑的轮廓，使其融入周围的环境中（图3-81）。水平展开形植物主要包括：二乔玉兰、华盛顿山楂、矮紫杉等。

D.圆球形。顾名思义，就是具有明显的圆球或

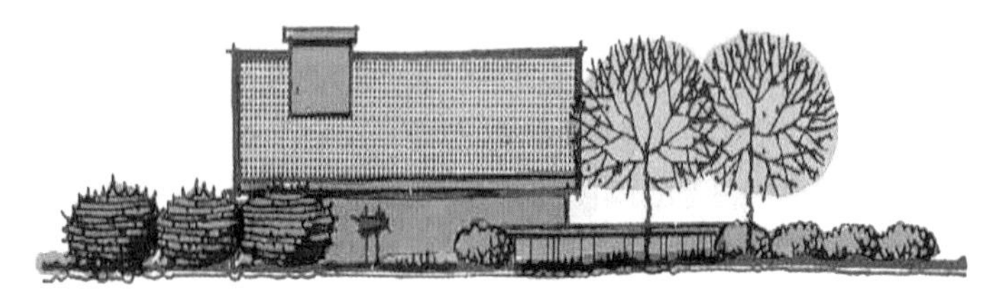
图3-81　水平展开形的植物使建筑融入环境

图3-83　突出醒目圆锥形植物

图3-82　圆球形的植物应占突出地位

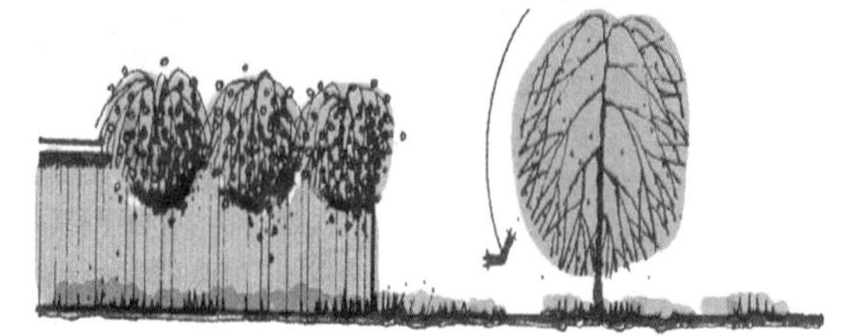
图3-84　垂枝植物能够起到将视线引向地面的作用

者球形形状。在设计布局中，该类植物在数量上也独占鳌头。不同于纺锤形和展开形植物，圆球形植物在引导视线方面既无倾向性，也无方向性。在整个构图中，随便使用该类植物也不会破坏设计的统一性，应占有突出的地位（图3-82）。圆球形植物主要包括：欧洲山毛榉、银椴、鸡爪槭、欧洲山茱萸、榕树等。

E.圆锥形。即外形呈圆锥状的植物，整个形体从底部逐渐向上收缩，最后在顶部形成尖头。该类植物除了具有容易被人注意的尖头之外，总体轮廓也非常分明和特殊。可以用来作为视觉景观的重点，尤其是与较矮的圆球形植物一起搭配种植，对比尤其醒目（图3-83）。该类植物不太适合种植于没有起伏山峰的平地，要谨慎使用。可以将其协调地用在硬性的、几何形状的传统建筑设计当中。圆锥形植物主要包括：云杉属、胶皮枫香树、连香树等。

F.垂枝形。即具有明显的悬垂或者下弯的枝条。在自然界中地面低洼处常伴垂枝植物。在设计中，垂枝植物能起到将视线引向地面的作用。此类植物还可以种在水边，垂直向下的枝条配合水面波动的涟漪，象征着水的流动（图3-84）。垂枝形植物主要包括：垂柳、垂枝山毛榉、细尖栒子等。

G.特殊形。即指有奇特造型的植物，形状不规则，千姿百态，有不规则的、多瘤节的、缠绕螺旋式的、歪扭式的。这种类型的树一般是在某个特殊环境下成长多年的老树。因为它们的不同凡响的外貌，所以这样的树种一般都是作为孤植树种放在特殊的位置上，构成独特的景观效果。

②植物的颜色

植物的颜色是紧接着植物的大小、形态之后最引人注目的观赏特性。植物的色彩可被看作是情感象征，这是因为色彩直接影响外部空间的气氛和情感。鲜艳的色彩给人以轻快、欢乐的气氛，而深暗的色彩则给人以异常郁闷的气氛。因为色彩容易被人看见，所以它是重要的构图因素。植物的色彩可以通过植物的叶子、果实、花朵、枝条、树皮等表现出来。树叶的主要色彩呈绿色，期间也伴随着深浅的变化，以及黄、蓝、古铜色等色素。植物几乎包含了所有的色彩，存在于春秋时令的树叶、花朵、枝条和树干之中。

观赏植物的特性，对于设计的多样性和统一性，视觉上和情感上，以及外部空间环境的气氛都有着直接的关系。因此，在进行设计创作时，应细心研究，并将其与所有的设计目的结合起来。

3.2.5 水体

在人类赖以生存的环境中，水是最为重要的因素，而依山傍水是栖居选址的首要条件。无论涓涓细流，还是奔腾的江河，或是宽广汹涌的大海，无不恒久地孕育着地球上的各种生命。人的物理性需要使水有了特殊的意义，要饮用、沐浴、洗涤、烹饪、交通运输、消防、灌溉、养殖，甚至空气中的水分都可用来保障呼吸与皮肤的湿润。这些由来已久滋养生命的属性不断地增强了人对水的亲近程度，加强了人对水的依恋。

图3-85 河流

图3-86 湖泊

图3-87 海洋

（1）水体的表现方式

①形态：冰（固态）、水（液态）、云（气态）。

②深度：从深不可测到仅仅一层表面的水膜。

③动态：急流、涌流、瀑布、喷泉、溢漫、水雾和渗流。

④声音：从猛烈的瀑布轰鸣到潺潺流水，从冰雪消融的嗒嗒滴落声到溪流的飞溅声，从湖水轻轻拍岸声到惊涛激岩的碎浪声。

（2）水体的类型及其特点

①自然水体的类型

A.河流：在重力的作用下，经常或间歇地沿着地表或地下长条状槽形洼地流动的水流（图3-85）。

B.湖泊：陆地上洼地积水形成的水域宽阔、水量交换相对缓慢的水体（图3-86）。

C.海洋：地球表面被陆地分隔为彼此相通的广大水域（图3-87）。

D.泉水：地下水天然出露至地表的地点，或者地下含水层露出地表的地点（图3-88）。

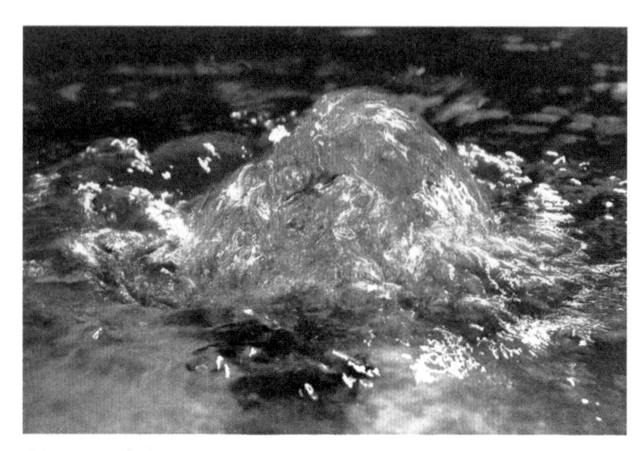

图3-88　泉水

E.瀑布：从河谷纵剖面岩坎上倾泻下来的水流，主要由水流对河流软硬岩石差别侵蚀而成。

F.沼泽：地表过湿或有薄层常年或季节性积水，土壤水分几乎达到饱和，生长有喜湿性和喜水性沼生植物的地段。

②人工水体的类型

根据水的状态不同，可将水分为两大类：静水（平静少动）和流水（流动变化）（图3-89）。

A.静水景观设计

静水景观的水体分自然静水和人工静水两类，在形态上就分为自然形和规则形。自然形是指自然形成的湖泊、池塘所呈现的不规则的水面形态，用人工仿照自然水体不规则的形态；规则形是指人工池塘以规则的几何形或曲线形构成的水体形态（图3-90、图3-91）。

B.动水景观设计

这种水的类型常见于河流和溪流中，以及瀑布、跌落的流水和喷泉。动水与静水相反，流动的水具有动能，在重力的作用下由高到低流动，高差越大，动能越大，流速也越快。意大利的台地园和法国凡尔赛宫的喷泉，都说明了动水在园林中的作用。动水在园林景观中的常见形式有跌水、瀑布、喷泉等（图3-92～图3-94）。

（3）水体的美学特性及设计原则

①水体的美学特性

水体的美学标准同景观设计中其他构成元素是相通的，都受到社会所认同的审美标准的影响。水体是园林设计中的一个很重要的部分，因此在达到水体设计的基本要求后，还要注意水体所表现出来

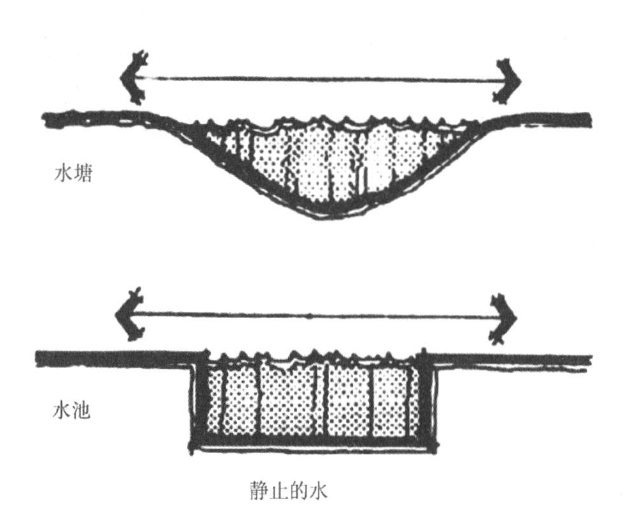

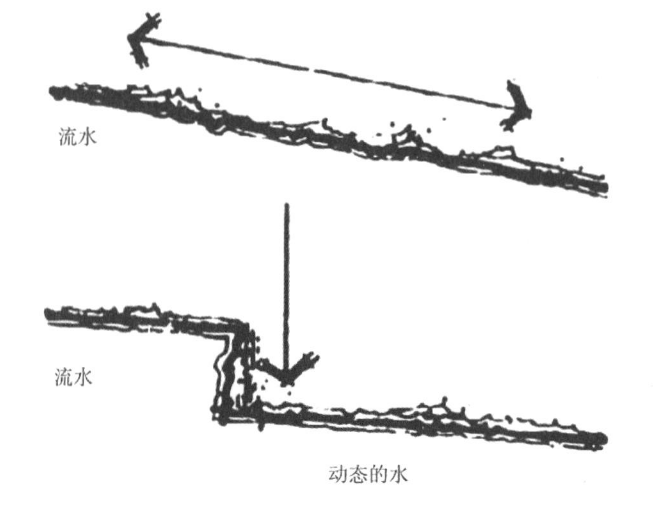

图3-89　人工水体类型

图3-90 静水示例1

图3-91 静水示例2

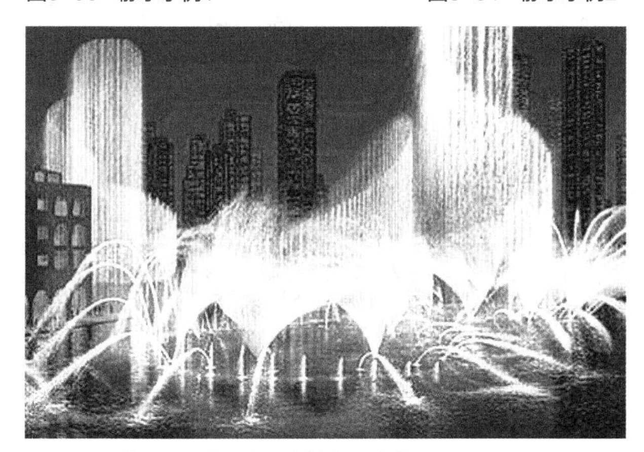

图3-92 迪拜——世界上最大的音乐喷泉

图3-93 比尔森喷泉

图3-94 咸阳毕原公园水景效果图
（长安大学景观规划设计研究院）

美学特征，从精神层面和水体的自然特性相结合，以满足人们对水景的需求。例如可以根据水体的静止和流动，还有其声效应和光效应等，为人们营造一种高雅的美感。

A.水体的静态美

静态水，以一种平静、休闲的形式融于人类生活中。在所见的静态水中，多表现于湖泊，给人以宽阔的舒适感，供人观赏、游乐。静态水经常出现倒影，在设计中考虑倒影与主体物的相接交融，相映相衬。倒影的形成使主体物变得雄伟与庄严，使整个空间立体而有层次性。静态水不流动的水体有个缺陷，就是容易形成死水。在建造静态水体时，要注意水体的流动排放及新水的引入，避免死水的沉积发臭。

B.水体的动态美

即指溪流、喷泉、瀑布等具有动态的园林水体。溪涧奔流不息，孕育着生气；涌泉、喷泉水花飞溅，瞬息多变，图案线条新颖别致；瀑布飞泻而下，气势壮观。动态水体形式变化多样，动态强烈，有急湍、缓流、浪花、旋涡等，给人新奇变幻的感觉。

C.水体的声效应

水流的声音丰富多彩，对人来说也有着情绪的带动。流水的声音能使人镇定、激动、兴奋，还具有导向性，可吸引人们继续探索。水本无声，但可随其构筑物及周围的景物而发出各种不同的声响，产生多姿多彩的水景。在现代水景中，能够利用现代科学化的喷泉技术制造出各式各样的水声效果。如音乐喷泉，不仅有音乐配合，还可以声控使水体翩翩起舞（图3-95、图3-96）。

D.水体的光效应

一般情况下，水体可以如镜子一般倒映出周围的美景，使景物变一为二，上下交映增加了景深，扩大了空间感。风平浪静时，湖面清澈如镜，微风扬起，荡起丝丝涟漪，波光粼粼，为湖光倒影增添动感，产生一种朦胧美。若遇大风，水面掀起激波，倒影消失。雨点则会使倒影支离破碎，形成另一种画面（图3-97、图3-98）。

②园林水体的设计原则

园林水体如何塑造，如何充分利用水体的吸引力和近水的优越性，使我们对水倍感亲切，既是理论问题，也是实践的过程。这就要求我们在造园理水的实践中，遵循一些具有指导意义的原则。

③符合自然水体形态特征原则

所谓自然水体，就是在千百万年来经过地壳不断变化过程中，形成比较稳定的地表和地形，其中

图3-95 大雁塔音乐喷泉夜景

图3-96 水体的声效应

图3-97 水体的光效应1

图3-98 水体的光效应2

千变万化的地形逐渐形成了地表上星罗棋布、千姿百态的天然的河流、湖泊、瀑布、溪潭、坑塘等。由于其所处的地理位置、地质结构、大气特征不同，水体本身的性格、形态和性质也不同，从而体现出自然水体的自然性特征。

这种自然性同时可以理解为不可逆性，也就要求我们在作景观项目规划设计时，一定要充分尊重它的自然性特征。人为的过多干预或改变会造成其性格和性质的改变，就会对自然水体和它周围的环境造成破坏。

④符合自然水体容体形态特征原则

水景设计中对水的边界线处理要遵循地貌学和流体力学理论，必须与自然水体边际特征相符，呈现出水体的自然形态，要将与水体相关的范围边界尽可能地扩大到合理的极限，以达到水体的完整。园林水体赖以依靠的盛器，有两种主要的分类：

A.自然状态下的水体：如自然界的湖泊、池塘、溪流等，其边坡、底面均是天然形成。

B.人工状态下的水体：如喷水池、游泳池等，其侧面、底面均是人工构筑物。

（4）水体的功能及其应用

①形成景观视觉中心

如喷泉、瀑布、池塘等，都以水体为题材。水成了园林的重要构成要素，引发无穷尽的诗情画意，也是中国传统人居环境中一个不可或缺的亮点。

水对于外部环境来说，是一种有意义的构成物。不仅在气候温暖的地方，就是气候寒冷的地方，水面也能给外部带来情趣。世界最著名的喷泉之一——美国芝加哥的白金汉喷泉位于格兰特公园的中心位置，无论是在距海700m的高层建筑物上往下看，还是从公园周边空旷的空间看，白金汉喷泉都成为整个区域的视觉中心，吸引了周围无数的人来此休闲游玩（图3-99）。

②改善环境，调节气候，控制噪声

水景对小气候有调节功能，小溪、人工湖及各种喷泉都有降尘净化空气及调节湿度的作用，尤其是它能明显增加环境中的负氧离子浓度，使人感到心情舒畅，具有一定的保健作用。为了使水景充分发挥生态调节功能，在设计中要充分运用生态学原理。流动的水声悦耳动听，能掩盖住刺耳的噪声，这些作用都不可忽视。

③提供生产用水

生产用水范围很广泛，其中最主要的是植物灌

图3-99 白金汉喷泉

溉用水，其次是观赏鱼类养殖用水等。这两项内容对于改善小环境的生态平衡和减少园林维护成本非常有利，与物业管理经营是息息相关的。

④提供休闲娱乐活动场所

水景有戏水、娱乐与健身的功能。随着水景的应用，人们已不满足于观赏要求，更需要的是亲水、戏水的感受。当前，环境越来越受到人们的关注，人与自然的完美结合，无疑是设计的最终目的。因此，设计中出现了各种戏水喷泉、涉水小溪、儿童戏水泳池及气泡水池等，从而使景观水体与戏水娱乐健身水体合二为一，不仅丰富了景观的使用功能，水面的灵活安排也会给设计者带来乐趣（图3-100、图3-101）。

⑤提供观赏性水生动物和植物的生长条件，为生物多样性创造必需的环境

如可在景观中对各种水生植物荷、莲、芦苇等的种植和水生动物天鹅、鸳鸯、锦鲤鱼等的饲养。

图3-100 西雅图高速公路公园

图3-101 抚仙湖星空小镇亲水平台设计

根据不同的立地条件、不同的周边环境，选用适宜的水生植物，结合瀑布、跌水、喷泉以及游鱼、水鸟、涉禽等动态景观，将会呈现各具特色又丰富多彩的水体景观（图3-102）。

⑥汇集、排泄天然雨水

一般景观水的水源主要来自自来水、河水、地下水及收集的雨水，可为动植物创造良好的生存环境。但是如果水质受到污染，就会严重影响到周围的自然环境和居民生活环境。

⑦防护、隔离

外部空间环境中，有时为了区分空间，也可以用水面来作分隔。这样，人们可以“隔岸观花”但却不能“越雷池一步”。用这种方法，水面两边的人们可互为借景。另外某些强调整体效果的墙体材质

图3-102 水体景观

图3-103 园林水景景观

图3-104 禅意庭院的池泉园

只能远看不能近瞧时，也可以用水面相隔。如护城河、隔离河，以水面作为空间隔离，是最自然、最节约的办法。

在环境设计中，往往有一些景物只能供人们从某一个或某几个角度观看，不能让人全方位地观看，使用水面来限定人们的观赏角度是最行之有效的方法。人们眺望景观的领域被设计者用水面限定，而观赏者本人并不在意。所以用水面可以相当自由地促进或是阻止人在外部空间中的活动。引申来说，水面创造了园林迂回曲折的线路。隔岸相视，可望而不可即也（图3-103、图3-104）。

⑧防灾用水

救火、抗旱都离不开水，这一点很多时候被人们忽略。城市园林水体，可作为救火备用水。当建筑物外有一定的常年的室外水体时，其室内消防水池的容量可适当减少。郊区园林水体、沟渠，则是抗旱天然管网，可减弱城市的热岛效应和洪涝灾害，具有防洪、救火、储洪、泄洪的功效。

⑨以开挖的土方，堆叠地形减少土方量

景观设计往往追求地形的起伏变化，在这种情况下便可以减少工程造价。

3.2.6 构筑物

公共艺术设计是在公共空间中对环境进行艺术性的规划设计，它是在建筑内外开放空间等公共场所设置的具有文化性和美感因素的艺术作品或构筑物，包括具有艺术性功能物品的艺术制作及设计。公共艺术设计通过媒介的物质状态来表达具有公共性的文化内涵，丰富环境景观的艺术内容及形式，使环境品质得到提升。

（1）雕塑小品

雕塑是构成园林景观的重要元素，它能以其丰富的造型语言，向人们传达着特有的思想感情。雕塑与城市环境的地理景观、园林景观和建筑景观相互渗透，往往就构成了城市或社区的特征标志。城市雕塑类型很多，其中一类属于小品式雕塑，其题材大多以人们的生活方式和动、植物为主，注重反映民俗风情和场所特征。雕塑为了求得与环境相协调，应在规划、构思、制作等方面认真考虑。第一是布局：雕塑所处位置与周围建筑及自然环境是否协调，在景观构图中所在的地位，雕塑所在位置与道路交通的关系等。第二是造型：雕塑造型如何占有适宜的空间，并以什么造型“语言”吸引过往行人的视觉并影响他们的观赏心理。第三是体量尺度：特别小品类雕塑，应同观赏者保持亲切的关系。

雕塑形式通常分为具象与抽象两类。具象的雕塑由于能直接为人们接受，所以往往多于抽象雕塑，但许多优秀的抽象雕塑形象比具象雕塑更形象、更概括、更简练、更典型，因而也就更耐人寻味、发人遐想。传统的雕塑以石、铜材料为主，但现代科技的发展，为雕塑提供了更为丰富的造型手段，具有动态艺术、视幻艺术、电子艺术、光影艺术以及音响艺术表现力的新奇雕塑，更能满足人们不同层面的艺术享受（图3-105～图3-108）。

（2）便民设施

城市环境中的便民设施各式各样，它们为人们提供多种变化和公益服务：通信联系、商业销售、

图3-105　雕塑小品1

图3-106　雕塑小品2

图3-107　雕塑小品3

图3-108 雕塑小品4

图3-109 户外座椅1

图3-110 户外座椅2

福利供给、公共卫生、紧急救险等。其特点是占地少、体量小、分布广、数量多、可移动，此外其制作精致，造型有个性，色彩鲜明，便于识别。便民设施的设计要考虑紧凑实用和反映所在环境特征，在布置时应考虑与场所空间、行人交通的关系，既能便于寻找、易于识别、随时利用，又能提高景观和环境效益。

①户外座椅

户外座椅是重要的园林设施之一。人们在园林环境中休憩歇坐、赏景畅谈，无不与座椅相伴。座椅的功能主要是供游人就座休息，欣赏周围景物并可以作为园林装饰小品（图3-109、图3-110）。

②卫生类服务设施

A.垃圾箱

造型各异的垃圾箱既是城市生活不可缺少的卫生设施，又是环境空间的点缀。垃圾箱的设计，不仅要使用方便，而且要构思巧妙、造型独特，并且与环境协调相衬。垃圾箱的形式主要有固定型、移动型、依托型等。垃圾箱的材料有预制混凝土、金属、木材、塑料等，投口高度为0.6～0.9m，设置间距一般为30～50m，另外也可根据人流量、居住密度来设定（图3-111、图3-112）。

B.公共厕所

公共厕所是景区、广场及街道必不可少的服务设施。近年来，随着人们对景观的要求愈来愈高，人们对如何使公共厕所与环境相互协调、如何提供

图3-111　垃圾箱设计1

图3-112　垃圾箱设计2

图3-113　公共厕所设计1

图3-114　公共厕所设计2

完善的设备，以及如何舒适地使用公共厕所越来越重视。公共厕所依据设置性质可分为永久性和临时性，而永久性又可以分为独立性和附属性两种（图3-113、图3-114）。

C.饮泉及洗手台

饮泉、洗手台既是满足人的生理要求、讲究卫生不可缺少的街道设施，同时也是街道的重要装点，尤其在公园、广场等公共场所必不可缺。这在国外十分普及，但国内因诸多因素还未普及（图3-115、图3-116）。

③道路交通类服务设施

A.候车亭

在公共汽车停车点常常设有候车亭，候车亭的种类较多，式样各异。虽然各城市的候车亭不尽相同，但候车亭的结构、位置设置等必须适当（图3-117、图3-118）。

B.自行车停放场

自行车小巧、轻便，占地面积小。在合适的位置设置自行车停放场地，可以有效地管理车辆停放，避免对城市市容及街景的破坏。

大型商场、公共建筑、学校、医院等都应设立一定面积的自行车停放处。永久性或内部停车场地应考虑设置防雨棚，公共的或处在街道旁边的自行车停放架要注重美观、实用，并且不要对交通造成妨碍，同时要方便使用（图3-119～图3-121）。

图3-115　饮台设计1

图3-116　饮台设计2

图3-119　自行车停放场设计1

图3-117　候车厅设计1

图3-120　自行车停放场设计2

图3-118　候车厅设计2

图3-121　自行车停放场设计3

C.车挡

车挡是一种竖向路障，设立车挡是防止车辆进入步行区域而又不遮挡视线的最好的办法之一。其功能在于防止行人与机动车在道路领域相互侵犯，主要是防止机动车侵入人行道。车挡也可作为照明灯柱使用。车挡还有充当座椅的功能，可节省行道空间（图3-122～图3-124）。

（3）公共信息标志

公共信息标志是以图形、色彩和文字、字母等或者其组合，表示公共区域、公共设施的用途和方位，提示和指导人们行为的标志物，作为一种通用的“国际语言”公共信息标示系统作为信息传播的媒介，是城市环境和景观的构成要素，也是环境设施的重要组成（图3-125～图3-127）。

图3-122　车挡设计1

图3-123　车挡设计2

①广告

广告是商品经济的产物，它通过明示的方式将商品情报传播扩大，以便社会周知，并推动消费与销售的增长。商业广告有多种传播渠道和形式，比如广播广告、报刊广告、电视广告、商业建筑广告、建筑外墙广告、街头广告等。

②看板

看板也是一种信息传播设施。在城市环境中它多置于街道、路口、广场、建筑和公共场所出入口

图3-124　车挡设计3

图3-125 信息标志设计1

图3-126 信息标志设计2

图3-127 唐大慈恩寺遗址公园信息板

等处，为人们提供准确详尽的情报信息，是城市生活中不可缺少的内容。看板是告示板和宣传栏的统称，除去简述的广告和专用交通标识外，还有商业情报、工作时间、声明告示、询问说明、引导介绍等大量的信息展示。

③标识

标识是一个庞大的家族，包括商标、团体会议标志、领域标志、道路及交通标志等等。他们分布于城市的各种环境中，并发挥着各自的信息职能。

人们在日常生活中接触最多的当然是商标了。这种标志是表明某种产品及其制造和销售厂家以及从事商业活动单位的象征符号。而团体会议标志则与商标关系最为密切，它们彼此间有区别但无截然的界限。

（4）栏杆

栏杆在园林建筑中，除本身具有一定的功能作用外，也是园林组景中大量出现的一种重要小品构件和装饰。园林中的栏杆要经过一番推敲才能匠心独具，获得完美的形式。

①栏杆的概念

栏杆是在台、楼、廊、梯或其他居高临下处的建筑物边沿上修建的防止人、物下坠的障碍物，其通常高度约为人身之半。栏杆在建筑上本身无所荷载，其功用为阻止人、物前进或下坠，以不遮挡前面景物为限，故其结构通常都很单薄，玲珑巧制，镂空剔透的居多。

②栏杆的功能

A.防护功能

在园林绿地中的某些空间范围内可能存在对游人安全产生一定危险性的场所，如在高山平台、狭径、临水边缘、动物园区等场所，会给游人带来一种危险感。为了保证游人安全以及进一步满足游人的观赏要求，就需要在这些带有危险性的场所中应用园林栏杆。通常会在公园水体边缘游人常达的地方布置栏杆，以便保证游人安全，还有登山栈道的扶手栏杆、山顶瞭望平台的栏杆等都是用来作为防护的。

B.分隔、扩大空间功能

栏杆在园林绿地中可用做不同空间的划分。由于空间的多样性，如园林空间与非园林空间，活动空间与非活动空间，可进入空间与不可进入空间，都可以用栏杆作为分界。在宽阔的园林空间中可用栏杆分隔出各种活动范围，起到丰富空间的作用，以便于充分发挥园林每一个空间的功能。如广场绿地的栏杆就是用来作为界定，从而防止人进入的一种标志；海滩游乐场可用矮栏杆来界定休闲与活动的范围。通过栏杆的空隙将沿街各单位的零星绿地组织到街头绿化中，组成城市街道公共绿地的一部分。从视觉上扩大绿化空间，美化市容，这种做法在城市园林绿化中被称为“拆墙透绿”，在一些大中城市中，得到了大范围的推广。

C.暗示、识别标志功能

栏杆还具有暗示、识别的功能。如在道路中间的绿化分割带中间布置园林栏杆，暗示此处不可跨越。还有，在一些休闲的地方，可将园林栏杆建造得比较低矮，栏杆顶部设计成一种流线型或其他柔和的形状标志，体现地方特色。

D.景观功能

栏杆在园林中是属于园林建筑的部分，被称为园林小品。它在满足空间分隔、防护等功能之外，还可点缀装饰园林环境，用于园林景观的需要，并以其优美的造型来衬托环境，丰富园林景致。

③栏杆的类型

栏杆的种类多样，可从造型风格、使用材料上分为以下类型:

A.按造型风格分

中式：如我国传统园林中的石望柱栏杆、镶花格子栏杆等，特点是自然、厚重。其中皇家园林的栏杆还有一种“尊贵”的气息。

日式：传统日本庭院中的竹编栏杆、木制栏杆等，特点是轻巧、朴素、自然。

西式：如西方传统园林中的方木条、铸铁栏杆，特点是规则、整齐、华丽。

B.按使用材料分

栏杆的造型和风格与所选用的材料有密切的关系。各种材料由于其质地、纹理、色彩和加工等因素的不同，形成了各种不同的造型特色和风格。

原竹木栏杆。材料来源丰富，加工方便。优良品种的木料其色泽、纹理、质感极富装饰性，但耐久性差，用于室外时需加以防腐处理和防水保护措施。

仿塑竹木栏杆。仿塑竹木栏杆可采用塑性材料做基材，表面喷涂耐紫外线、耐脏性和耐腐蚀性好的涂料，使栏杆有很高的耐老化性；或用塑料和木纤维（木粉、稻壳、麦秸、花生壳等天然纤维）经过高分子改性，用配混、挤出设备加工制成。仿塑竹木栏杆使用寿命长，维护费用低，从外观到色泽，保持树木、木材的原色，颇具自然风味。

天然石栏杆。天然石栏杆用各种岩石(花岗石、大理石等)刨切、凿制而成，显得较粗犷、朴素、浑厚。由于石质坚硬，加工手段受到一定的限制。

人造石栏杆。人造石栏杆多由塑性材料(混凝土与钢筋混凝土)仿制，造型活泼，形式丰富多样，色彩和质感可随设计要求而定，且可达到天然石材的效果。

金属栏杆。金属栏杆包括不锈钢、铁艺、铝合金等制成的栏杆。此类栏杆造型简洁、通透，加工方便，尺寸可根据需要而定，造型美观、可塑性大，且可做出一定纹样图案，便于表现时代感，耐久性好。用于室外时其表面须加防锈蚀处理。

砖栏杆。施工方便，能砌出不少花样，变化丰富。在我国古代园林中曾大量采用，但由于其色彩和加工工艺的局限性，在现代园林中已很少采用。但陶质和琉璃砖栏杆是我国的宝贵文化遗产，富有东方色彩，应在降低成本的前提下加以改进。

PVC/UPVC栏杆。PVC/UPVC栏杆是一种新颖的绿色环保型建筑围护产品，其造型多样独特，组装灵活简便，色彩鲜艳夺目又可更换。栏杆经特殊工艺配方加工，表面光洁、亮丽、强度高、韧性好，在40~70℃下使用不褪色、不开裂、不脆化。栏杆型材多为中空型，以高档PVC为外观，钢管为内衬，使典雅亮丽的外表和坚韧的内在品质完美结合(图3-128、图3-129)。

图3-128 PVC/UPVC栏杆1

图3-129 PVC/UPVC栏杆2

(5)挡土墙

①挡土墙的定义与作用

挡土墙是支撑天然边坡或人工填土边坡以保持土体稳定的结构物。其在公路中主要作用是支撑路堤、路堑、隧道洞口、桥梁两端及河岸壁等(图3-130~图3-132)。

②挡土墙的类型

A.按挡土墙位置分:路堑挡墙、路堤挡墙、路肩挡墙和山坡挡墙等。

B.按挡土墙的墙体材料分:石砌挡墙、混凝土挡墙、钢筋混凝土挡墙、砖砌挡墙、木质挡墙和钢板墙等。

C.按挡土墙的结构形式分:重力式、半重力式、衡重式、悬臂式、扶壁式、锚杆式、拱式、锚定板式、板桩式和垛式等。

③挡土墙设计一般规定

A.挡土墙类型应综合考虑工程地质、水文地质、冲刷程度、荷载作用情况、环境条件、施工条件、工程造价等因素。

B.应根据墙背渗水合理布置排水构造物，合理设置伸缩缝和沉降缝。

图3-130　挡土墙设计1

图3-131　挡土墙设计2

图3-132　挡土墙设计3

C.挡土墙墙背填料宜采用渗水性强的沙性土、沙砾、粉煤灰等材料，谨慎采用淤泥、膨胀土等。

D.挡土墙的顶面不宜占据硬路肩、行车道及路缘带的路基宽度范围。

E.挡土墙排水的作用在于疏干墙后土体和防止地表水下渗后积水，以免墙后积水致使墙身承受额外的静水压力；减少季节性冰冻地区填料的冻胀压力；消除黏性土填料浸水后的膨胀压力。

（6）台阶与坡道

在景观空间环境中，由于各种自然原因或功能需要，常常要改变地坪高度的变化，而地坪高度的变化也往往产生丰富而美丽的园林景观。其中改变地坪高度的景观设计有台阶、坡道和地缘石。

台阶和坡道的主要功能是使行人从一个地坪高度转移到另一地坪高度，但同时也具有突出该场地环境特征的巨大潜力。当台阶设计狭窄时有亲切感，宽阔时有雄伟的感觉，可以封闭而神秘，也可以开敞而连绵。它们将是逐渐引人入胜，以戏剧性的手法诱使行人到达观感高潮的极好手段。

通常设计室外台阶时，如果降低踢板高度，加宽踏板，则可提高台阶的舒适性。踢板高度（H）与踏板宽度（B）的关系如下：$2H+B=60\sim70$cm。若踢板高度设在10cm以下，行人上下台阶容易磕绊，比较危险。如果台阶长度超过3m，则需要改变攀登方向，应在中间设置一个休息平台。通常平台的深度为1.5m左右。踏板应设置1%的排水坡度。踏面应作防滑处理，落差大的台阶，为了避免雨天形成瀑布般的跌水，应在台阶两端设置排水沟。为了方便上、下台阶，在台阶两侧或中间设置扶栏。扶栏的标准高度80cm，一般在距台阶起、终点约30cm处连续设置。台阶附近的照明应保证一定照距。台阶有许多景观变化以及多种使用功能，是园林景观中需要认真对待的元素。

坡道的设置与无障碍设计紧密相关。其宽度应定在1500mm以上，有轮椅会车的地方，最小宽度1800mm。坡道的坡度应设在6%以下，最大纵坡为8.5%，并作防滑处理。坡道两侧应设置高度在5cm以上的路缘石，防止轮椅不慎滑落。

路缘石是一种确保行人安全，进行交通引导，保留水土，保护植被，以及区分路面铺装而设置在车行道与人行道分界处、路面与绿地分界处、不同铺装路面的分界处等位置的构筑物。路缘石的种类很多，有预制混凝土、砖、天然石材等等，造型也很丰富。路缘石一般位于机动车道与步行道分界处，设置高度在15cm以上，其他场所10cm左右为宜。在混凝土路面、花砖路面、石路面等与绿地的交界处可不设置路缘，但对沥青路面，为确保施工质量，则应当设置路缘（图3-133～图3-138）。

（7）围墙和廊架

室外小空间的围墙给空间一种维度感。尽管上界面与下界面是永远存在的，但如果不运用园林设

图3-133　台阶设计1

图3-134　台阶设计2

图3-135　台阶设计3

图3-136　坡道设计1

图3-137　坡道设计2

图3-138　坡道设计3

计创造出的围墙，就不可能形成各种小空间。通过调整，上下界面就会有所改变，它们可以更好地满足人们对环境的需求。事实上，正是由于室外小空间三维的变化，才使得环境调整改造的可能性通过景观设计得以实现。三度空间中对于其中两个要素的调整改造，往往会影响到构成园林空间的围墙、廊架、地面的最终形象和功能。设计一个空间的维度时，都必须同时考虑它们对其他两个维度的影响。好的景观设计能使一块用地成为更舒适的人居环境。而这些环境改造则是通过围墙和廊架的建造来实现的（图3-139～图3-143）。

（8）入口造型

大门是限定和连接内外空间的通行口。作为环境设施，它在城市中历史最为悠久，内容最为丰

图3-139　围墙设计1

图3-140　围墙设计2

图3-141　围墙设计3

图3-142　廊架设计1

图3-143 廊架设计2

图3-144 入口造型

图3-145 上海浦东夜景照明设计

富，自成庞大的体系。

尽管大门数量很多，分布广泛，但依据其功能、造型以及设置的场所，仍可只分为两大类，即院门和领域大门。从院门到领域大门就其本身而言并无明确的界限。它们根本的区别在于其外延：与领域的硬质边缘是否有必然的连接，所在地点对城市或领域空间的影响程度。比如与城墙相连的城门楼，在古代的防御作用几乎与城市大门的地标作用等量齐观，所以称之为“大院门”是恰当的。然而时至今日，随着其防御作用的消失，以及城市范围的扩大，其作为领域大门的地标功能就相对突出了（图3-144）。

3.2.7 城市夜景照明设计

（1）城市夜景照明设计概述

城市夜景照明是城市室外空间及城市景观空间夜间照明的设计系统，通过控制灯光和色彩，对其进行合理布局，运用灯光的设计原理、动静表现、角度光影等形成各种灯光造型，形成独特的灯光效果，也满足夜间城市生活、展示、气氛营造的需求。

城市夜景照明规划是一项系统工程，包括城市的建筑物、构筑物、道路、桥梁、广场、公园、绿地、市内河道、水面，及室外广告和城市附属设施的照明系统，如路灯、景观环境照明等（图3-145）。

城市夜间景观应有自己的特色，能准确反映城市形象的基本特征。因此设计人员首先要充分了解城市的自然与人文景观，调研城市的发展历史，确定城市标志性建筑（含城市雕塑等公共艺术）。

城市夜景照明设计要根据相关标准、规范和法律文件，深刻理解其内容，并将其贯彻到夜景工程的设计和建设中去。

另一方面，我国城市夜景照明发展非常迅速，建筑和道路表面的亮度不断提高，商业街的霓虹灯、灯箱广告和灯光标识越来越多，规模也越来越大。这些夜景照明所产生的光污染不仅干扰人们的休息和汽车驾驶，而且使宁静的夜空笼罩上一层光幕，严重影响天文观测。同时，夜景照明的耗电量也相当可观。因此，夜景照明设计要从源头上控制和防止光污染，并且在夜景照明设计中积极探索和实施绿色节能的照明方式。

（2）光和颜色的基本知识

无论夜景照明采用何种手段，人们最终看到的是景观元素在夜间所呈现出来的光与色彩的视觉艺术。因此，首先要了解视觉和光与颜色的基本特性。

①眼睛的视觉特征

人眼的视网膜有两种感光细胞：锥状细胞和杆状细胞。二种感光细胞各有各的功能特征。锥状细胞在明亮的环境下，对色觉和视觉敏锐度起决定作用，能分辨出物体的细部和颜色，对明暗变化的反应缓慢。

人眼只能对380～780nm的可见光作出反应，如果物体不能发出可见光，人眼就不能感受到它的存在，也就没有视觉意义。不同波长的光在视觉上形成不同的颜色，例如700nm的光呈红色，580nm的光呈黄色，470nm的光呈蓝色。

②眩光

眩光是由于视野内出现亮度极高的光源（比如灯具、窗户等），或者在视野内出现强烈的亮度对比，而引起的视觉损害或不舒适的现象。如果眩光现象发生在室内，会影响人们的学习与工作效率；如果眩光发生在室外，则会影响人们的观赏活动，甚至引起交通事故的发生。

③基本光度单位

A.光通量

光源在单位时间内向周围空间辐射出去的并使人眼产生光感的能量，称为光通量。

B.发光强度

光源在空间某一方向上的光通量的空间密度，称为光源在这一方向上的发光强度。

C.照度

被照物体表面单位面积上接收的光通量，称为被照面的照度。

D.亮度

发光体在视线方向上单位立体角内的发光强度，称为该发光体表面的亮度。

④光色

照明光源的颜色质量通常用两个性质不同的指标来表征：光源的色表，即光源的颜色；光源的显色性，即灯光对它照射的物体颜色的影响作用。

光源的色表与显色性都取决于光辐射的光谱组成，但是二者并不相关。不同光谱组成的光源可能具有相同的光源色，而其显色性则有很大的差异；同样，光源的颜色有明显差别的两个光源，在某种情况下还可能具有大体相当的显色性。

A.色温

光源的色表常用色温来描述。在黑体辐射时，随温度的不同，光的颜色随之变化。比如，将一标准黑体加热，当它的温度升至某一程度时开始发光，并且随着温度的升高光色会逐渐变化：深红—浅红—橙黄—白—蓝白—蓝。当光源的颜色与黑体的光色相同时，把黑体当时的温度称为该光源的色温，以绝对温度来表示。色温在3000K以下时，光色偏红，给人一种温暖的感觉；色温超过5000K时，光色偏蓝，给人一种清冷的感觉。

一般来说，为了显示对象的正常颜色，应当根据不同照度选用不同颜色的光源。比如在低照度时采用低色温（暖色）的光，接近黄昏情调；在高照度时宜采用高色温（冷色）的光，给人以紧张、活泼的气氛。

B.显色性

物体色随不同照明条件而变化。物体在待测光源下的颜色同它在参照光源下的颜色相比的符合程度，定义为待测光源的显色性。由于人类长期在日光下生活，习惯以日光的光谱成分和能量为基准来分辨颜色，并相信日光能呈现物体的“真实”颜色。所以一般公认中午的日光是理想的参照光源，并把它的显色指数定为100。对同一物体，在被测光照射下呈现的颜色与参照光源（日光）的光照射下呈现的颜色的一致性程度越高，显色性越好，显色指数越高。反之，显色性越差，显色指数越低。

（3）光源与灯具

①电光源简介

目前电光源主要有两大类：热辐射光源和气体放电光源。此外一些新兴光源开始在照明工程中扮演越来越重要的角色，如场致发光光源LED和激光等。

A.热辐射光源

热辐射光源主要包括普通白炽灯和卤钨灯。普通白炽灯的显色性很好，价格低廉，但其寿命短、光效低的缺陷决定了这种光源只适用于临时照明和小规模的装饰照明，不能作为大面积的室外照明。卤钨灯是在普通白炽灯的基础上研制而成的，在寿命和光效方面有较大提高。

B.气体放电光源

气体放电光源按照它所含的气体压力分为低压气体放电灯和高压气体放电灯。低压气体放电灯常见的有荧光灯、紧凑型节能荧光灯和低压钠灯。荧光灯有较高的光效和良好的显色性，但易受高温、低温的影响，所以常用于室内照明。低压钠灯虽然光效很高，比较经济，但由于只能发出单一颜色的光，显色性极差，一般用于不需要辨别颜色和环境外观不重要的场合，例如铁路、公路的照明。

②景观照明灯具的常用类型

A.路灯

路灯的功能主要是满足城市街道的照明需要，并且反映城市的特色，有造型的要求。路灯应具有良好的配光，发出的光要均匀地投射到道路上。在节假日，为了烘托气氛，常在灯杆、灯头悬挂装饰性构建物，如灯笼、串灯、彩灯等（图3-146～图3-148）。

B.庭院灯

庭院灯用在庭园、公园、街头绿地、居住区或大型公共建筑前。灯具功率不需要很大，以创造幽静舒适的空间气氛，但造型上力求美观新颖，风格与周围建筑物、构筑物、景观小品和空间性质相协调（图3-149、图3-150）。

C.草坪灯

草坪灯比较低矮，造型多样，放置在广场周边或草坪边缘作为装饰照明，创造夜间景色的气氛。草坪灯应尽量避免眩光的产生，并避免产生均匀平淡的光照感觉。

D.埋地灯

埋地灯比草坪灯更矮，安装在广场、人行道及车辆通道、广场绿化带、水池、喷泉等地平面中，

图3-146　路灯1

图3-147　路灯2

图3-148　路灯3

图3-149 庭院灯1

图3-150 庭院灯2

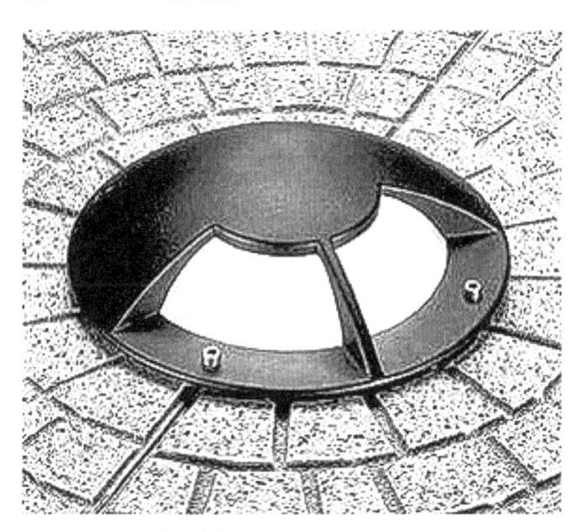
图3-151 埋地灯

图3-152 水底灯

图3-153 泛光灯

主要起引导视线和提醒注意的作用。这种灯具一般为密封式设计，要求防水防尘，并避免水分在灯具内凝结（图3-151）。

E.水底灯

安装在喷泉、水池、泳池、瀑布、河道水下，要求具有防水功能，并避免水分在灯具内部凝结（图3-152）。

F.泛光灯

为大面积照明工具，常用于广场雕塑、建筑立面、植物绿化的照明。一般使用金属卤化物灯或高压钠灯作为光源，是夜间景观照明中最常用的灯具（图3-153）。

G.光纤灯

光纤照明是一种新型的照明技术，可以使光柔性传输，安全可靠。在广场铺地中用尾端发光光纤可以绘制各种图案，或模拟夜空的点点繁星；在水中可以用光纤勾勒水池或河岸的轮廓线（图3-154）。

H.LED灯

LED是发光二极管的缩写，其工作原理是利用场致发光把电能直接转化为光。LED是以波长计算，控制系统采用全部数字电路，所呈现的颜色千变万化，是普通变色灯光无法比拟的。其寿命极长，理论计算为5万小时。作为一种革命性的绿色

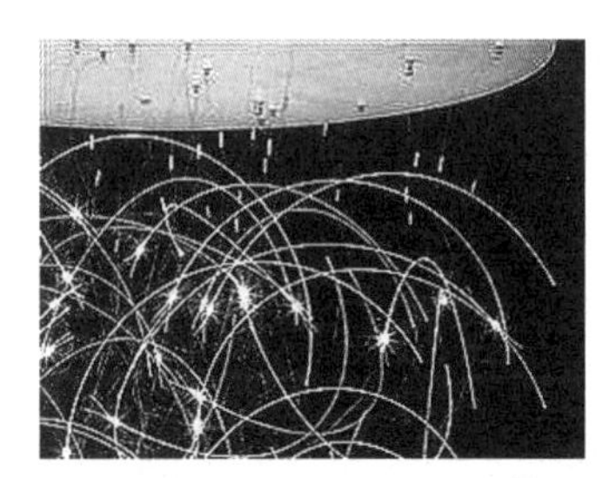

图3-154　光纤灯

图3-155　LED灯

图3-156　西安钟楼投光照明法

光源，LED正在被越来越广泛地应用在各种灯具中（图3-155）。

（4）夜景景观照明的设计方法

日景与夜景的差别是很大的，其设计观念和出发点也是不同的。日景和夜景照明的主要差别是主要光源不同，日景靠自然光即阳光和天空光照明，夜景靠人工光源即灯光照明，人工光源的光谱成分差别很大，显色性也各不相同，需根据夜景照明的需要进行选择。

①建筑物的夜景照明方法

A.投光（泛光）照明法

投光照明法就是用投光灯直接照射建筑立面，是目前建筑夜景中最常用的一种基本照明方法。其照明效果不仅能显示建筑的全貌，而且将建筑造型、立体感、饰面颜色和材料质感，乃至装饰细部处理都能有效地表现出来。

灯具的布置要使灯具的投光方向和角度合理，照明设施（灯具、灯架和电器附件）尽量隐蔽，不影响白天景观，要将眩光降到最低，同时也要考虑到维护和调试的方便性。

另外，还要考虑景观的不同形状，不同建筑环境、背景、立面材料和颜色对投光照明的影响（图3-156）。

B.轮廓灯照明法

轮廓灯照明法主要是表现建筑的轮廓和线条。我国改革开放前的建筑夜景照明几乎都是使用这种照明方式。轮廓照明的做法是用点光源每隔30~40cm连续安装形成光带，或用串灯、霓虹灯、美耐灯、导光管、通体发光光纤等线性灯饰器材直接勾勒建筑的轮廓。但单独使用这种照明方式时，建筑物的墙面会很暗。因此，一般做法是同时使用投光照明和轮廓灯照明，效果会较好（图3-157、图3-158）。

C.内透光照明法

内透光照明法是利用室内光线向外透射形成夜景照明的方法。方法很多，归纳起来主要有3类。首先，随机内透照明法，它不专门安装内透光照明设备，而是利用室内一般照明灯光，在晚上不关灯，让光线向外照射。目前国外大多数内透光夜景照明属于这一种。其次，建筑画内透光照明法，将内透光照明设备与建筑结合为一体，在窗户上或室内靠窗或需要重点表现的部位，如玻璃幕墙、柱廊、透空结构或阳台灯部位专门设置内透光照明设备，形成透光发光面或发光体来表现建筑的夜景。最后，演示性内透光照明法，在窗户上或室内利用透光发光元素组成不同的图案，在电脑控制下进行灯光艺术表演，又称为动态演示式内透光照明法。

内透光照明法的最大优点是照明效果独特，照

图3-157 西安城墙夜景

图3-158 大雁塔北广场夜景

图3-159 2010上海世博会波兰馆剪影照明

图3-160 2010上海世博会馆景观轴LED照明

明设备不影响建筑立面景观，而且溢散光少，基本无眩光，节资节电，维修简便。

D.其他照明法

建筑化夜景照明法:建筑化夜景照明是将照明光源或灯具与建筑立面的墙、柱、檐、窗或墙角等部分的建筑结构融合为一体的夜景照明方法。建筑师和照明设计师在建筑方案的构思和设计时，就开始考虑如何用灯光来表现建筑的夜景形象，而不是只考虑日景情况。预计这种方法今后会成为建筑夜景照明的主流方式。

使用多元的空间立体照明法:多元的空间立体照明方法是综合使用泛光照明、轮廓灯照明、内透光照明或其他方法表现照明对象的形象特征及其文化和艺术内涵。

剪影照明法：也称背光照明法，将被照物与后面的背景用灯光分开，使景物背身保持黑暗状态，形成剪影（图3-159）。

层叠照明法：在室外一组景物中，使用若干种特殊构造和用途的光源灯具，只照亮那些富有情趣的区域或表面，有意让其他部分或表面置于黑暗之中，营造一种微妙诱人，并富有层次感和深度感的照明方法（图3-160）。

“月光”照明法：将月形的下射灯安装在高大树枝或高大建筑物或构筑物上，好比朦胧的月光照射到地面形成树的枝叶或其他景物的影子（图3-161）。

特种照明法：利用激光、光纤、导光管、发光二极管（LED）、大功率电脑灯、太空灯球、全息

图3-161 月光照明

摄影，特别是智能控制技术等高科技，营造特殊夜景照明效果的特殊照明方法（图3-162）。

②园林景观的夜景照明

光源种类应根据园林景观的不同要求，充分利用光源的特点，使所要表现的对象在夜间显得格外绚丽多彩。

一般来说，暖色光（如白炽灯、卤钨灯、低色温金属卤化物灯）适于表现大多数植物叶片；冷色光（如汞灯、金属卤化物灯），在部分树叶上有极好的表现力。

③水景的夜景照明

水景包括自然和人工环境：喷泉、瀑布、跌水、静水水面、水池、溪流、海滨等。水景照明就是利用灯光的照射，使水景元素交相辉映，并与周围环境相互衬托，展现出神奇的魅力。水景照明是照明设计中最富于想象力的设计，也给照明设计师带来极大的挑战。

水景照明设计遵循如下一些原则：应正确评估周围环境与水景的关系，准确决定在景观中应照射的对象；充分利用光在水中的照射特点，决定水景照明的表现形式及光照要求；设备的安装要考虑特

图3-162 特殊照明效果

图3-163 景夜景照明1

定照度、观赏角度，设备置于水面上或水下或侧面等因素，确保灯具的投射方向不会直接看到光源，或间接利用反射、折射才能看到光源；设计和施工必需遵守国家规程和IEC标准规范，满足安全措施的要求，材料选型必需严格执行水下设备的防护等级要求；还要提出日常运行维护的安全要求等。

景观照明设计要呼应建筑和景观，并支持建筑师和景观设计师的意图，并把“解决设计和概念的问题”放在首位，而随后才是“和电气工程师解决技术性的问题”。照明设计和照明概念一定要及早进入建筑方案，融入建筑设计和室内设计，使光成为建筑和景观设计的有机组成部分（图3-163、图3-164）。

图3-164 景夜景照明2

04

Classification of Landscape Space

第4章

园林景观空间的分类

章节导读

园林景观环境是统一了自然空间、人为环境并体现社会属性、经济状态、文化意识的空间类型。它所涵盖的空间类型十分丰富，包括了城市的公园、绿地、街道、广场、学校，甚至城市本身，还有城际的道路、田野、山林湖泊、草原沙漠，当然也包括建筑的外立面、入口、中庭、院落等。

4.1 建筑景观空间

景观是反映统一的自然空间、社会经济空间组成要素总体特征的集合体和空间体系，它包括了自然景观、经济景观、文化景观。从这个意义上说，景观空间的内容是十分复杂的，包括了城市的公园、绿地、街道、广场、学校，甚至城市本身，还有城际的道路、田野、山林湖泊、草原沙漠，当然也包括建筑的外立面、入口、中庭、院落等。作为建筑物从景观的使用功能来讲，景观空间往往是指存在于居住建筑、文化建筑、纪念建筑和交通、医疗等建筑使用功能相应的建筑空间周围，并能为其提供服务。这里主要介绍以下几类：

4.1.1 居住建筑景观空间

与社会经济的发展同步，居住区景观设计已成为园林景观设计的一个重要类型。国内的设计思想也进入了新的活跃期，并随着国外景观设计思想的进入、中西方园林设计思想的交融发展到一个新的阶段，有关居住环境的景观设计成为设计师所面对的最为常见的类型（图4-1）。

（1）居住环境景观设计

设计立意和主题。居住区景观环境设计，并不仅仅单纯地从美学角度和功能角度对空间环境构成要素进行组合配置，更要从景观要素的组成中贯穿其设计立意和主题。例如，表达某种独特的社区文化，或突出居住区本身所处自然环境的特色，通过构思巧妙的设计立意，给人们的生活环境带来更多的诗情画意。居住区环境景观形态，成为表达整个居住区形象、特色以及可识别性的载体。

设计范围：所有空间环境的构成要素，包括各类园境小品、休息设施、植物配置以及居住区内部道路、停车场、公共服务设施、建筑形态及其界面，乃至人的视线组织等都在居住小区景观环境设计范围之内，从而大大扩展了传统的“绿化+场地+小品”小区绿化模式的设计对象范围。居住区环

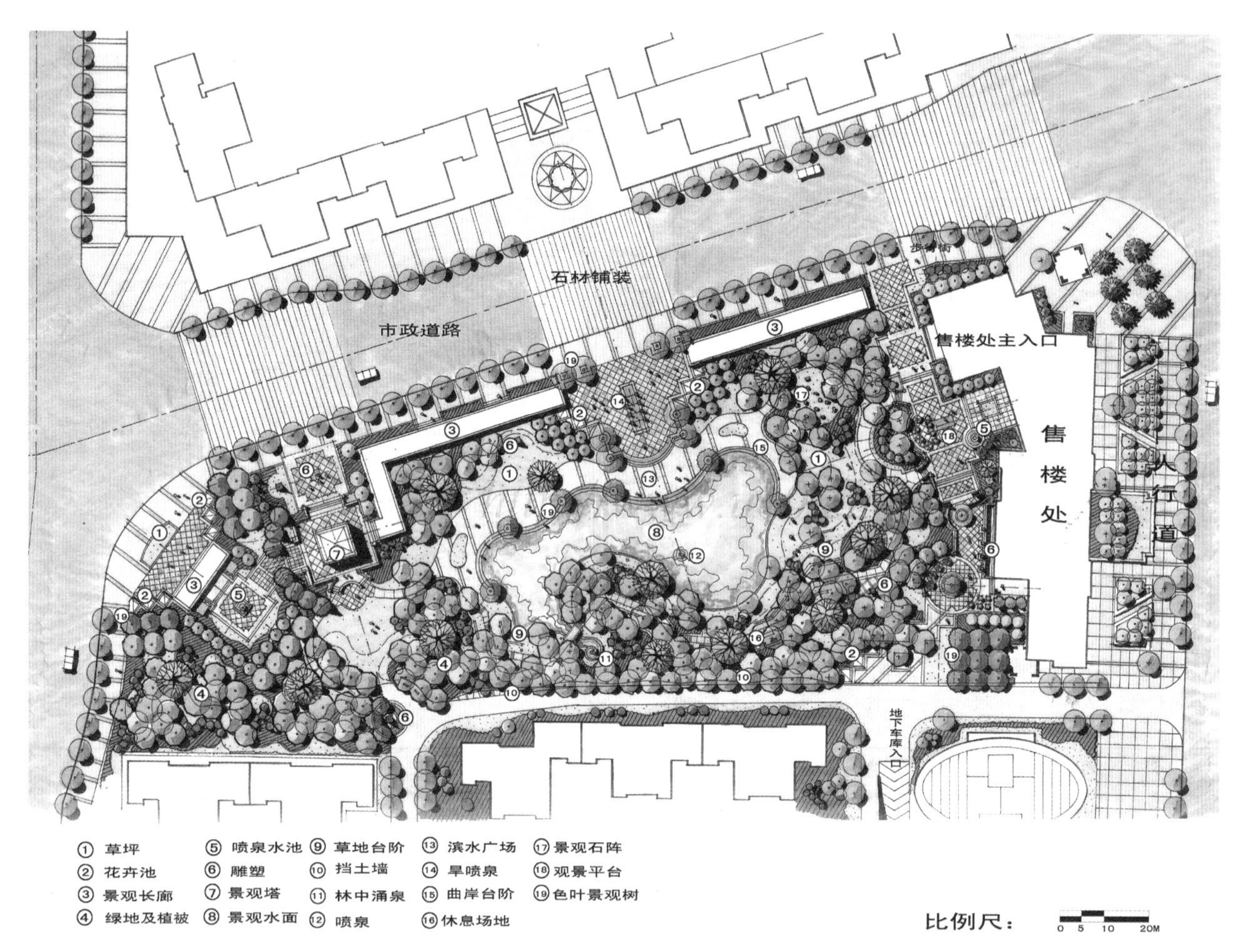

图4-1 北京清河雅舍景观设计

境景观设计不仅体现在各种造景要素的组织、策划上，而且还参与到居住空间形态的塑造、空间环境氛围的创造上。同时，景观设计将居住区环境视做城市环境的有机组成部分，从而在更大范围内协调居住区环境与区域环境的关系。

设计过程：景观设计模式改变了从前那种待建筑设计完成以后，再作环境点缀和修饰的做法，使环境设计参与居住区规划的全过程，从而保证与总体规划、建筑设计协调统一，保证小区开发最大限度地利用自然地形地貌和植被资源，使设计的总体构思能够得到更好的表达。

设计手法：居住区景观组织并不拘于某种风格流派，而是根据具体的设计构思而定，但始终要追求怡人的视觉景观效果。景观设计拓展了灵活多变的构图手法与流畅的曲线形态，并将其糅合到环境中，丰富和发展了传统的园林设计方法。设计的目的是为人们创造可观、可游、可参与其中的居住环境，提供轻松舒适的自然空间，为人们营造诗意的空间，从而增添人们的日常生活情趣。

（2）居住环境中的绿化设计

设计原则：居住小区的绿化设计应强调人性化意识，考虑人在使用中的心理需要与观赏心理需要吻合，做到景为人用。在住宅入口、公共走廊，直到分户入口，都引入绿化，使人们在日常生活的每一个关键点都能够接触到绿化。绿化环境不再只是一块绿地，而是一个连续的系统。

植物配置：不同地带一定面积的小区内木本植物种类应达到一定数量。在乔木、灌木、草本、藤本等植物类型的植物配置上应有一定的搭配组合，尽可能做到立体群落种植，以最大限度地发挥植物的生态效益。在植物配置上，应体现出季相的变化，至少做到三季有花。在植物种类上应有一定的新优植物的应用。

作为城市环境重要组成部分的居住区绿地应成为城市生物多样性保护的开放空间。居住区绿地中的人工植物群落应是在城市环境中，以模拟自然而营造的适合本地区的自然地理条件，结构配置合理，层次丰富，物种关系协调，景观自然和谐的园林植物群落。少种植过于娇贵的植物，通过植物自然地生长营造良好的生态环境，也不会给后期的养护带来负担。居住区绿地应是为人服务的地方，应集中体现出城市植物的价值，在植物种类上应达到一定的数量。通过调查发现不同地区的植物种类，因气候土壤的条件差异而有所不同，一般面积10公顷左右的小区中的木本植物种类数应能达到当地常用木本植物种类数的40%以上。

好的居住区环境绿化除了应有一定数量和种类的植物种植，还应有植物种类类型和组成层次的多样性做基础，特别应在植物配置上运用一定量的花卉植物来体现季相的变化。在住宅的各个角落，应多种植一些芳香类植物，如白兰、黄兰、含笑、桂花、散尾棕、夜来香等，营造怡人的香味环境，舒缓人们的神经，调节人们的情绪。

4.1.2 文化建筑景观空间

文化建筑的景观空间主要包括有文化馆、博物馆、图书馆等文化建筑周边的院落、入口、中庭，甚至屋顶花园等。这类景观空间除需要满足景观设计生态、美观等功能外，还需要顾及建筑本身使用方面的属性。如老年人活动中心的景观设计，就需要全面分析老年人的活动特点、行为方式来进行针对性的景观设计。又如图书馆要求安静的学习气氛，景观设计往往会更具有文化底蕴，减少游憩甚至交谈等活动空间。

萨马兰奇纪念馆案例

这座新博物馆和纪念馆不仅展示萨马兰奇先生的生平事迹和职业生涯，它也面向未来，在馆里的旋转展台上展示当代艺术和文化。“萨马兰奇纪念博物馆将两个建筑元素融于一体——纪念堂和博物馆”，HAO创始人和总裁说道。“两个建筑合二为一，使该馆既能用于纪念萨马兰奇先生，又能成为一个真正的奥林匹克遗产——让人们能跨越文化和地理边境，聚到一起共享奥林匹克精神。”彼此相环的奥运五环是这项占地2.5万m^2纪念馆的设计基础。通过调节五环的位置和大小，HAO将其中两环设计为主馆，而另外三个则作为下沉庭院。

这两个“大环”代表着萨马兰奇人生中不同的两部分。游人可以穿过一个公共庭院进入到第一个“环”里，顺路而行，你就会到达高处的环形坡道上（图4-2）。这个馆里展示的是萨马兰奇先生在奥委会工作期间留下的宝贵遗产和他对中国和世界的影响。而第二个“环”则侧重于展示萨马兰奇先生工作和生活部分，是展示他成就的纪念堂。两个建筑连在一起便形成了一个连续的双环建筑物，这样游客便能一齐游览展厅和纪念堂两个区域（图4-3）。纪念馆还添加了一些环保元素，包括在屋顶上安装太阳能电池和使用地热供暖和制冷等。

图4-2　萨马兰奇纪念馆效果图

图4-3　萨马兰奇纪念馆模型

4.1.3　纪念建筑景观空间

纪念建筑的景观空间主要是指与纪念馆、遗址保护区建筑等建筑物相对应的景观环境。这类环境对景观环境要求极为严格，设计不仅要体现生态的、美学的设计要求，还要紧紧抓住纪念场所的环境性格，全面体现场所精神和景观个性。

吴起县中央红军长征胜利纪念园案例（图4-4）

吴起县中央红军长征胜利纪念园（以下简称“纪念园”）的修建是为了让人们缅怀先烈、重温历史，从思想上更加深刻地了解历史，更加透彻地认识中央红军的铁血风采。在长征中中央红军不畏艰难险阻，冲破层层封锁，为将长征的胜利进行到底，从而开创了中国抗日战争的新篇章！在充分了解了设计背景，认真细致地分析了吴起当地多山的地形环境及自然环境之后，设计者本着尊重当地历史传统、风土人情、生态发展的原则，力图创造出一个能够弘扬革命精神和爱国主义精神并且集旅游观光、文化展示、科普教育、休闲游憩为一体，同时服务于当地居民，具有地域景观特征和文化内涵的红色旅游胜地。

整个纪念园分为四大部分：入口广场、序幕广场、忆征广场（包括决策广场、雪山广场、草地广场三部分）、胜利广场3m宽的红色主轴线象征勇往直前无往不胜的人民军队，视觉冲击力强并且贯穿纪念园四大广场。最后在以胜利纪念碑为中心、半径为12m的红色卵石铺地的圆中收尾，将意念延续到纪念碑，象征了红色革命的最终胜利，也使胜利纪念碑与志丹英雄纪念碑紧密相连、交相呼应。在此采用古西安大小雁塔的对景处理手法，从胜利广场上看胜利纪念碑与志丹英雄纪念碑形成一条通透无遮挡的视觉长廊，强化了纪念园与志丹英雄纪念碑的联系，深化了主题，它更是一种对“红色文化”和革命精神的宣扬，引发观者的深思：“延安精神”“红色革命精神”在当代的意义，在现代化建设中的应用及延伸。

胜利广场是整个纪念园的最高潮部分。长征的胜利会师并不是单纯的某一次战役的胜利，它有更加深层的含义：长征奠定了中国革命胜利的基础，它是中央红军政治上从稚嫩走向成熟的重大标志。鉴于此背景并且结合吴起当地多山地形及工程实施地现状，把最高地势胜利广场定位为整个纪念园的最高潮部分，广场中间矗立高达23.55 m的胜利纪念碑（相对标高68.1m），统领全局的绝对高度使之

图4-4 吴起县中央红军长征胜利纪念园景观设计（设计者：王慧 孟捷 指导老师：张炜）

成为吴起当地的地标性景观——从吴起各个方向都能瞻仰纪念园所象征的“红色风采”。

纪念碑的形式没有选择现在世界风靡的后现代主义的极简设计手法，而是精心考察了已建成的有关红色文化的纪念碑风格，论证得出具体设计样式，再者考虑到适应吴起的历史传统和民风民俗延续传统的风格与志丹英雄纪念碑遥相呼应，气势雄浑，风格庄严，既体现了先烈们不朽的精神气质，又表达了后人对他们的崇敬和悼念之情。另外设计者认为可以通过业内自发等形式呼吁倡导在中华大地上形成一道有民族特色的区别于世界其他国家的独特的“红色纪念景观”。

胜利广场上的长征纪念馆外形采用长城的形式，原因有二，首先，吴起县境内有两道长城遗址，白于山以北的明长城与县城南的战国时期的秦长城，采用长城的形式是想通过长征纪念园的时机更好地向外界推出吴起，向更多地来过此地参观的游人宣传吴起，带动吴起的相关经济的发展；再者，用长城的雉堞墙也体现了一种战争中硝烟弥漫的意向，更明确了纪念红色革命战争的性质，不时地提醒人们要永记长征精神，要永记战争给人民带来的痛苦和灾难，激励人们对今天幸福生活的珍惜。纵观全局，从远处看胜利山上的胜利纪念碑及周围的景观台和地面铺装，它们更像是一群整装待发的战士在胜利纪念碑象征的中国共产党的英明领导下，不断地从一个胜利走向另一个胜利。

在胜利广场的两侧各设置一个观景台，一来作为到达胜利广场的休息之用，二来可作为两边到达碑林和烈士陵园的交通枢纽。由于空间面积小，所以在空间布置上力求简洁实用，以胜利纪念碑为中心作同心圆种植乔木并设置坐凳，即实用又壮大了胜利广场的气势。

4.1.4　交通建筑景观空间

交通空间的景观设计主要包括车站、机场的景观环境设计，这类的景观空间往往有严格的行业要求。比如机场对周边环境中树木的高度、树林和机场的距离都有很特殊的规定，以保证良好的视觉视线条件和空气湿度，减少鸟类带来的飞行安全问题；在火车场站的布局中，要考虑好列车行驶路线和防护绿地的安排，以及两边大树歪倒带来的行车安全隐患等。

以色列班固利恩国际机场景观设计案例（图4-5、图4-6）

拥有先进设计理念、恢宏气势及优美自然景致的以色列班固利恩国际机场，是以色列迎接来自全球各国的游客和回国公民登上这片神圣土地的大门。三种宗教信仰汇集于此，复杂的文化背景，为设计人员提供了一个难得的机会，形成一种新的设计语言，而不是只使用某些主题或标志物，营造别有风情的园林景致，从而顾及不同宗教信仰、文化背景的客人的情绪，让每一个进入以色列的人都倍感亲切、舒适，不论他来自何方，信仰哪种宗教，是游客还是商人。如此周到细致的设计也为该项目摘得2005年ASLA综合设计荣誉奖。

机场景观区总面积约26.3万m^2，包括交换通道等一些必要道路，一个占地超过2万m^2、像庭院的中心花园——花园位于机场主入口通道末端，而在相反方向，道路两侧各有一个大型停车场。设计师在构思的过程中，力求将机场景观与周边的农业景观——传统的柑橘果树林和麦田自然而紧密地联系在一起，形成一个整体景观效果。

设计人员通过在景区栽种一片新的柑橘果林，塑造一个非常醒目的果林景观——4500株柚子树和橘子树与机场旁边的果林巧妙呼应。成排栽种的橘子树，给人整齐规整的感觉。地面上不覆盖任何覆盖物，每年进行一次土地修整。景观区涉及的道路

图4-5　班固利恩国际机场绿化景观图

图4-6　班固利恩国际机场候机楼细处

系统非常复杂，大量泥土运抵工地，用于构筑位于交叉道路、斜坡之间略微倾斜的坡地，进而营造出连贯、舒缓的地面景观。景观的低养护性是硬性要求，尽管这里有很大面积的植物景观，但同样要求其耗水量要和其他区域没有太大差别。果林交由周边的农民来养护管理，报酬是结出的果实都归农民所有。耐旱的灌木林栽种在倾斜的土坡上，因为这里太过倾斜无法栽种橘子等果树。

中心花园浓缩了极具地方特色的自然景致，这里没有特殊的地形，经过人工务农开发后，犹如一幅美丽的图画进入每一位旅客的视野。通过图示象征的表现手法将从围绕特拉维夫的沿海平原到耶路撒冷的群山具有的所有自然特质融入设计方案，并清晰、自然地呈现在人们面前。

4.2 城市道路景观

4.2.1 城市道路景观的定义、作用及发展过程

（1）城市道路景观的定义

道路是城市空间环境的重要组成部分，也是人类生产和生活最基本的公共设施，满足各种交通的需要。随着社会经济发展和城市发展水平的提高，人们对道路的要求已不再是简单的通行功能，而是把道路看作是城市环境中不可分割的一部分，对其环境景观功能提出了更高的要求。城市道路景观是指城市道路中被人们感知的空间和实体等客体要素，以及它们相互之间的关系。一方面展示城市风貌，另一方面是人们认识城市的重要视觉、感觉场所，是城市综合实力的直接体现者，也是城市发展历程的忠实记录者，它总是及时、直观地反映着城市当时的政治、经济、文化总体水平以及城市的特色，代表了城市的形象。更广的意义上，城市道路景观不仅包括“景”的客观结果，还包括“观”的主观社会生活过程，是由道路空间、空间要素以及空间中人的活动共同组成的复杂综合体。

（2）城市道路景观的作用

道路景观对于城市景观、城市意象的确立有着不容置疑的重要作用，主导着人们对城市的主观体验。城市街道的建设对于城市的客观物理环境，包括地形、地貌、通风、光照、排水、动植物及城市空间格局等都将产生不同程度的影响，进而改变城市景观环境及居民的生活环境。城市街道景观的三类构成元素：界面（其概念接近于“边沿”）、节点和细部设施作为街道景观所特有的要素，均无论从视觉、触觉、嗅觉等各方面都将引导人们对城市进行积极感受，并进一步发掘城市的内涵，体验城市地域文化特色，强化对城市生活的认同感。

（3）城市道路景观的发展过程

城市道路景观最初是以行道树种植的形式出现，其后在秦朝、三国、晋朝、隋朝、唐朝、宋朝、元朝、明朝、清朝都有并木、并树、街道树、行道树等名称的出现和记载。在1986年出版的《中国大百科全书》中“建筑园林，城市规划卷”列有“街道绿化”的目录中，解释为:“在城市的道路用地上采取栽树、铺草和种花措施，以改善市区的小气候、降低车辆和人流的噪声，净化空气，划分交通路线、防火和美化城市。”社会的进步，促使城市的兴起、商业的繁荣、交通的发展、道路的发展，使城市道路绿地突破了“一条路，两行树”的简单模式，取而代之出现了园林大道的绿色艺术新景观。

4.2.2 城市道路的类型

我国的《城市道路工程设计规范（2016年版）》CJJ37—2012依据道路在城市道路网中的地位和交通功能，以及道路对沿路的服务功能，将城市道路分为4类：城市快速路、城市主干路、城市次干路和城市支路（表4-1、表4-2）。

按城市骨架分类的道路交通功能关系表 表4-1

类别	位置	交通特征						
快速路	组团间	交通性	货运为主	高速	隔离性大	交叉口间距大	机动车流量大	自行车、步行流量
主干路	组团间							
次干路	组团内							
支路	组团内	生活性	客运	低速	不需隔离	交叉口间距小	机动车流量小	自行车、步行流量大

各级城市道路间距和交叉口间距的推荐值 表4-2

道路类型	快速路	主干路		次干路	支路
		交通性主干路	一般主干路		
设计车速（km/h）	≥80	40～60	40～60	40	≤30
道路间距（m）	5000～8000	2000～3000	700～1200	350～600	150～250
路上交叉口间距（m）	1000～2500	500～1200	350～600	150～250	—

（1）城市快速路

城市快速路完全是为机动车服务的，是解决城市长距离快速交通的汽车专用道路。快速路基本围合一个城市的组团，按照城市组团20～50万人的规模及相应的用地规模，快速路的间距应设置5～8km。快速路应设置中央分隔带，在与高速公路、快速路和主干路相交时，必须采用立体交叉形式。与交通量不大的次干路相交时，可暂时采用平面交叉形式，但应保留修建立体交叉的可能性。快速路的进出口采用全部控制或者部分控制。

在规划布局建筑时，在快速路两侧不应设置吸引大量人流、车流的公共建筑物出入口。必须设置时，应设置辅助道路。

（2）城市主干路

城市主干路是以交通功能为主的连接城市各主要分区的干线道路，包括交通性主干路和其他主干路。在非机动车较多的主干路上应采取机动车与非机动车分行的道路断面形式，如三幅路、四幅路，以减少机动车与非机动车的相互干扰。

由于城市交通性的主干路基本上围合一个城市片区的规模单元（约10km^2），其间距应设置在2～3km。而且，按照城市规划的惯例，城市主干路基本围合一个居住区的规模单元（约1km^2），其间距应为1km左右。主干路上平面交叉口的间距以800～1200m为宜，道路两侧不应设置吸引大量人流、车流的公共建筑物出入口。

（3）城市次干路

城市次干路是城市区域性的交通干道，为区域交通集散服务，兼有服务功能，配合主干路组成城市干道路网，起到广泛连接城市各部分及集散交通的作用。次干路基本围合一个小区的规模单元，其间距一般为500m左右。

（4）城市支路

城市支路以服务功能为主的，直接与两侧建筑物、街坊出入口相接的局部地区道路。

4.2.3 城市道路景观的设计原则

城市道路景观规划应与城市景观系统规划相结合，把城市道路空间纳入城市景观系统中；详细规划设计应该与城市历史文化环境保护规划相结合，成为继承和表现城市历史文化环境的重要公共空间；应该与城市道路的功能性规划相结合，与城市道路的性质和功能相协调；应做到静态规划设计与动态规划设计相结合，创造既优美宜人又生动活泼、富于变化的城市道路景观；要充分考虑道路绿化在城市绿化中的作用，把道路绿化作为景观设计的一个重要组成部分。主要包括以下三大原则：

（1）尊重历史的原则

城市道路景观设计要尊重历史继承和保护历史遗产，同时也要向前发展。对于传统和现代的东西，不能照抄和翻版，而需要探寻传统文化中适应时代要求的内容、形式与风格，塑造新的形式，创造新的形象。

（2）保持整体性原则

对于整体性原则可以从三个方面来理解：

首先，从城市整体出发，城市道路景观设计要体现城市的形象和个性。从道路本身出发，将一条道路作为一个整体考虑，统一考虑道路两侧的建筑物、绿化、街道设施、色彩、历史文化等，避免其成为片段的堆砌和拼凑。

其次，视觉空间上的整体性。道路景观的视觉整体性可以通过道路两侧的绿化、建筑布局、建筑风格、色彩及道路环境设施等的延续设计来实现。

再次，时空上的整体性。城市道路记载着城市的演进，反映某一特定城市地域的自然演进和文化演进的过程。道路景观设计就是要将道路空间中各景观要素置于一个特定的时空整体中，充分反映这种演进和进化。

（3）道路绿化的生态原则

生态是物种与物种之间的协调关系，是景观的灵魂。它要求植物的多层次配置，乔灌花、乔灌草的结合，分隔竖向的空间，创造植物群落的整体美。因此，在各路段的设计中，注重这一生态景观的体现。植物配置讲求层次美、季节美，从而达到最佳的滞尘、降温、增加湿度、净化空气、吸收噪声、美化环境的作用。

4.2.4 城市道路景观设计要点

(1)道路线形设计

道路本身有一定的美学特点，车速高则对线形要求也高。道路的线形最终是以平面线形、纵断面线形和横断面形式组合而成的立体线形映入驾驶员眼帘的。应以动态角度研究线形，满足司乘人员视觉心理方面连续、舒适的要求。道路路线应尽可能与地形、地貌相吻合，几何设计时平、纵、横相协调，以避免造成空间线形扭曲、暗凹、跳跃等线形不平滑的美学缺陷。

道路红线的宽度是线形设计的一点重要内容。它是道路用地和两侧建筑的分界线，即道路横断面中各用地总宽度的边界线。一般情况下，道路红线就是建筑红线，即为建筑不可逾越红线。但是有些城市在道路红线外侧另行划定建筑红线，增加绿化用地，并且为将来道路红线外扩留下了余地。道路红线内的用地包括车行道、步行道、绿化带、分隔带四部分。在道路的不同部位这四部分的宽度应有不同的要求。例如在道路交叉口附近，要求车行道加宽，以利于不同方向车流在交叉口附近分流；步行道加宽，以减少交叉口的人流拥挤状况。所以，道路红线的实际宽度是变化的，红线并不一定是一条直线（表4-3、图4-7）。

各级城市道路红线宽度的推荐值（单位：m） 表4-3

	快速	交通性主干路	其他主干路	次干路	支路
红线宽度	60~100	60~70	40~60	30~50	20~30

道路横断面是指垂直于道路中心线的道路剖面。道路横断面的规划宽度又称为路幅宽度，即规划红线间的用地总宽度,由车行道（机动车道和非机动车道）、人行道、绿带和分隔带四部分组成（图4-8）。

城市郊区道路一般可采用公路型，其横断面由路面（车行道）、路肩（人行道）和边沟（排水沟）三部分组成（图4-9）。

人们通常根据车行道的布置来命名道路的横断面基本类型：不用分隔带划分车行道的道路称为一块板断面；用分隔带划分车行道为两部分的道路横断面称作两块板断面；用分隔带将车行道划分为三部分的道路横断面称作三块板断面；用分隔带将车行道划分为四部分的道路横断面称为四块板断面（图4-10）。

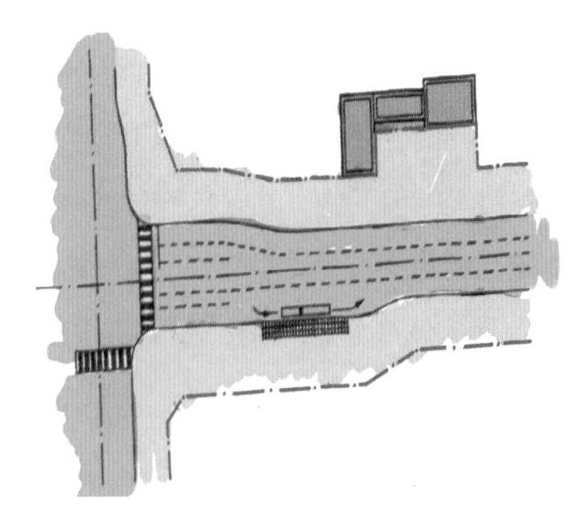
图4-7 道路红线示意图

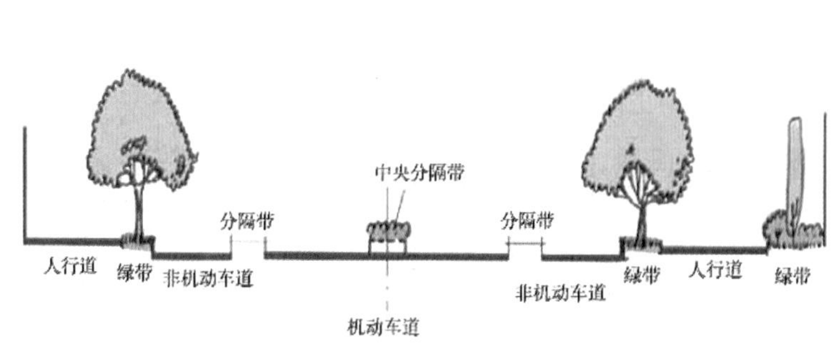

图4-8 城市道路横断面组成

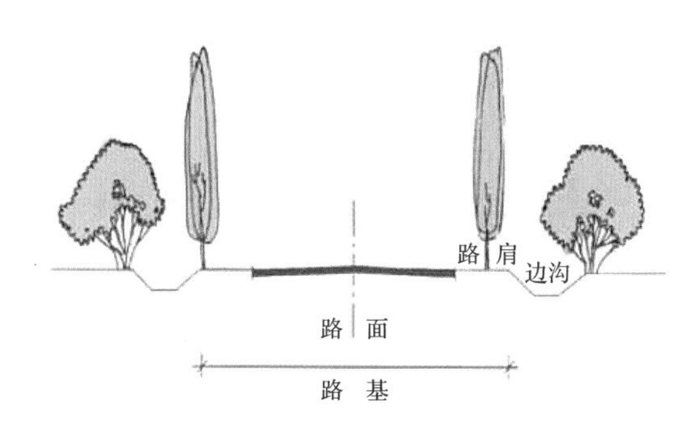

图4-9　城市郊区道路（公路型）横断面组成

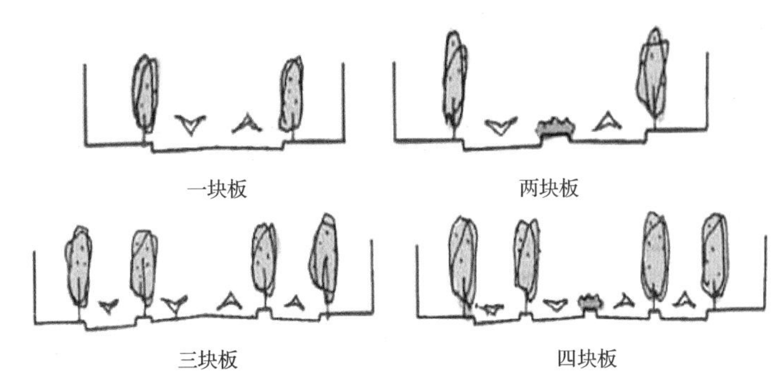

图4-10　道路横断面基本类型

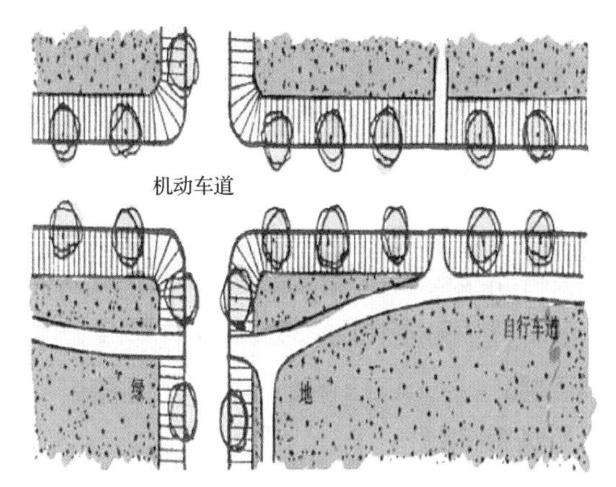

图4-11　有高差的两块板道路

图 4-12　机动车与非机动车分离的两块板道路

一块板道路横断面：车行道可以用做机动车专用道、自行车专用道以及大量作为机动车与非机动车混合行驶的次干路及支路。

两块板道路横断面：两块板道路通常是用中央分隔带（可布置低矮绿化）将车行道分为两部分，中央分隔带的设置和两板块道路的交通组织有以下四种情况：

①解决相向机动车流的相互干扰问题。规范规定，道路设计车速V大于50km/h，必须设置中央分隔带。

②对于景观绿化要求较高的生活性道路，可以采用较宽的绿化分隔带形成景观绿化环境。这种形式的两块板道路采用同方向机动车和非机动车分车道行驶交通组织。

③地形起伏变化大的地段，将两个方向的车道布置在不同的平面上，形成有高差的中央分隔带（图4-11）。

④机动车与非机动车分离，对于机动车和自行车流量都很大的近郊区道路，可以用较宽的绿带分别组织机动车路和自行车路，形成两块板式横断面的道路（图4-12）。

三块板道路横断面：通常是利用两条分隔带将机动车流和自行车（非机动车）流分开，机动车与非机动车分道行驶。三块板的道路可以在分隔带上布置多层次的绿化，从景观上取得较好的美化城市的效果。三块板的红线宽度至少在40m以上，占地大，投资高。

四块板道路横断面：四块板的横断面就是在三

块板的基础上，增加一条中央分隔带。解决了对向机动车互相干扰的问题。

①机动车道的设计

不同类型的机动车有不同的净空要求，在设计机动车道时要根据不同的交通组织确定机动车道的具体尺寸，一般分为以下三点考虑：

第一，各类机动车混合行驶时，要考虑最宽的净空要求，即每条车道宽度3.50～3.75m。

第二，各类机动车分道行驶时，小客车每条车道宽度3.50m。其他车型：当设计车速小于40km/h时，每条车道宽度3.50m；当设计车速大于40km/h时，每条车道宽度3.75m。

第三，停车道宽2.5～3.0m。

（净空：是指人和车辆在城市道路上通行要占有一定的通行断面。）

②分隔带、绿化带与人行道的设计（表4-4、表4-5）

分隔带是为了保证行车安全而设置的起分隔车道和导流作用的用地空间，活动式的隔离式设施（混凝土墩柱、铁质柱链、栅栏等）也可以起到同样的作用。分隔带常与绿化带结合布置，通常分隔带的宽度为1.5～2.5m，除了远期发展预留备用地外，一般城市道路分隔带宽度不大于4.0～6.0m，不小于2.0m。分隔带的绿化应该以花草和矮小灌木为主。交通性的干路的中央分隔带和导向分隔带不允许种植高大乔木，也不宜布置灯柱、电杆等。

绿化带常与人行道结合布置。可以分为行道树绿带、分隔带绿带和街边绿地等，总断面的宽度一般占道路总宽度的15%～30%为宜。人行道上的绿带树穴的最小尺寸为1.25m。

人行道所需要的宽度要根据步行的交通量来确定。

人行道宽度选用参考表（单位：m）　　表4-4

类型	一般道路	生活性主干路	大型公共设施附近
一条步行带宽度	0.75	0.85	1.0
常用人行道铺砌宽度	2.5～3.0	4.5～6.0	6.0～10.0

注：人行道模数为0.25m，常用人行道方砖尺寸为0.25m×0.25m（不包括灰缝）。

道路坡度参考值（单位：%）　　表4-5

	车行道			铺砌人行道	绿化带	分隔带	广场、停车场	郊区道路路肩
	高级路面	次高级路面	中低级路面					
横坡	1.0～2.0	1.5～2.0	2.0～3.0	1.0～2.0	0.5～1.0	随路拱	0.5～1.5	2.5～3.5

绿化带和人行道的布置形式一般有4种，见图4-13。

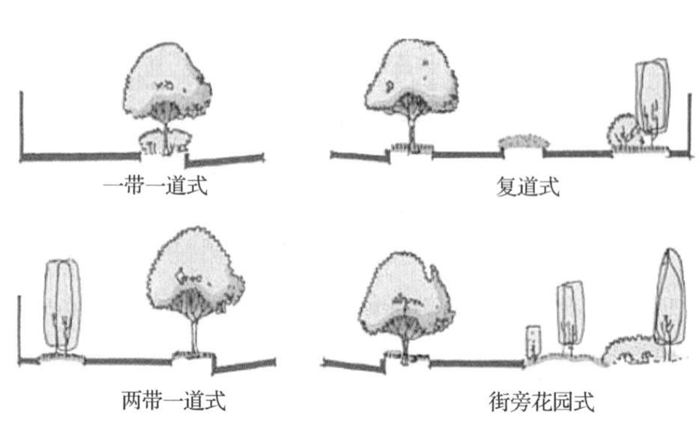

图4-13　绿化带与人行道组合形式

③道路横断面的组合

城市道路和横断面一般是对称布置的，在地形复杂的地区可以打破这个规律。如北方城市东西向道路的南侧人行道可以宽于北侧，可以保证车行

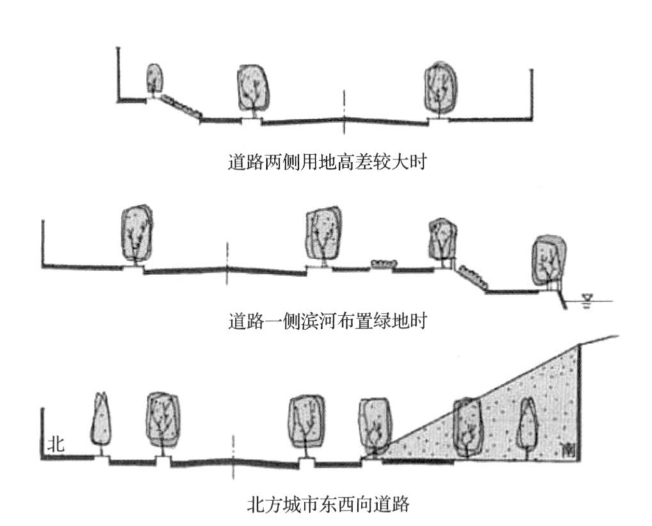

图4-14 道路横断面不对称布置示例图

道上的雪能够得到较多的日照以便及时融化（图4-14）。

（2）道路绿化设计（表4-6～表4-9）

绿化是城市道路景观的“柔化剂”，也是城市道路的“吸尘器”，为城市提供了良好的生态环境。道路的绿化设计是动态绿化景观，要求花纹简洁明快、层次分明、色彩丰富，与周围环境及功能协调一致。道路的绿地率是道路绿化设计的重要指标。道路的绿地率是绿地面积与道路面积的比值，反映了绿化水平的高低。规划道路红线宽度时，也应该定出相应的绿地率。根据规范，园林景观路的绿地率不小于40%，红线宽度大于50m的道路绿地率不小于30%，红线宽度在40～50m的道路绿地率不小于25%，红线宽度小于40m的道路绿地率不小于20%。

道路绿化的功能主要有以下几点：

生态保护功能：植物对行人、交通工具、道路路面及路基都有保护作用。具体表现在遮阴、净化空气、调节和改善道路环境小气候（在夏天，可以通过树冠遮阴减少太阳对地面的辐射，降低辐射量，通过叶片的蒸腾作用消耗热能，通过绿化廊道的通风形成凉风，调节气温；在冬季，可以通过树冠的遮挡，将辐射到路面的热量截留，防止向高空扩散，起到保温作用）、保护路面（道路绿化可以改善地温，防止路面老化。据统计，树荫下路面夏季的温度比裸露路面可以降低5～7℃，在冬季可增高1～3℃）、稳固路基等。

树木与架空电力线路导线的最小垂直距离　表4-6

电压（kV）	1～10	35～100	154～220	330
最小垂直距离（m）	1.5	3.0	3.5	4.5

树木与地下管线外缘最小水平距离（单位：m）　表4-7

管线名称	距乔木中心距离	距灌木中心距离
电力电缆	1.0	1.0
电信电缆（直埋）	1.0	1.0
电信电缆（管道）	1.5	1.0
给水管道	1.5	—
雨水管道	1.5	—
污水管道	1.5	—
燃气管道	1.2	1.2
热力管道	1.5	1.5
排水盲沟	1.0	—

树木根茎中心距地下管线外缘最小距离（单位：m）表4-8

管线名称	距乔木根茎中心距离	距灌木根茎中心距离
电力电缆	1.0	1.0
电信电缆（直埋）	1.0	1.0
电信电缆（管道）	1.5	1.0
给水管道	1.5	1.0
雨水管道	1.5	1.0
污水管道	1.5	1.0

树木与其他设施最小距离（单位：m）　　表4-9

设施名称	距乔木根茎中心距离	距灌木根茎中心距离
低于2m的围墙	1.0	—
挡土墙	1.0	—
路灯杆柱	2.0	—
电力、电信杆柱	1.5	—
消防龙头	1.5	2.0
测量水准点	2.0	2.0

交通辅助功能：防眩作用（在道路中间合理种植分车绿带能遮蔽对面车辆的灯光，达到防眩的目的，利于夜间车辆快速安全行驶）、美化环境、减轻视觉疲劳、标识作用（在城市内部的道路绿化中所追求的“一路一树”“一路一花”“一路一景”“一路一特色”等规划设计手法，使植物的标识性更强 ）、组织交通（配合道路交通设施，在交通岛、中心岛、导向岛、立体交叉绿岛等处，利用树木诱导视线、阻隔人流和车流，起到引导、控制人流车流的作用）。

景观组织功能：道路绿化和道路植物构成景观、衬托城市建筑和美化城市环境（植物可以柔化硬质景观，增添环境色彩）、对周围环境进行空间分隔和景观组织、遮蔽装饰（植物可以对不美观的道路附属设施，如挡土墙、排水明沟、高架桥墩等进行遮蔽装饰）、临时装饰美化（在节假庆典等日子里可以用临时植物渲染节日气氛）。

文化隐喻功能：道路绿化是城市的“门厅”“过道”。在城市道路空间中，除了塑造有当地文化内涵的街头小品、标识招牌，保留与展示文物古迹等使道路空间蕴涵文化品位外，还可以通过选用地域性植物表现一定区域的文化特征。

道路绿化的用地由道路绿带、交通岛绿地、广场绿地和停车场绿地组成（图4-15）。

（3）道路景观系统的设计

道路景观系统可以由外部道路系统、自然与历史道路景观系统、现代道路景观系统组成。

城市外围入城道路是观赏整体城市轮廓景观的重要场所，使人们在入城道路上对城市整体建筑群的面貌特点、城市主要自然景点等有较好的视觉观赏效果。如德国的吕贝克城，在入城道路上可以同时观赏到荷尔斯滕门、圣玛丽恩教堂和圣彼得堡教堂（图4-16、图4-17）。

城市生活性道路和客运交通道路的选线，应力

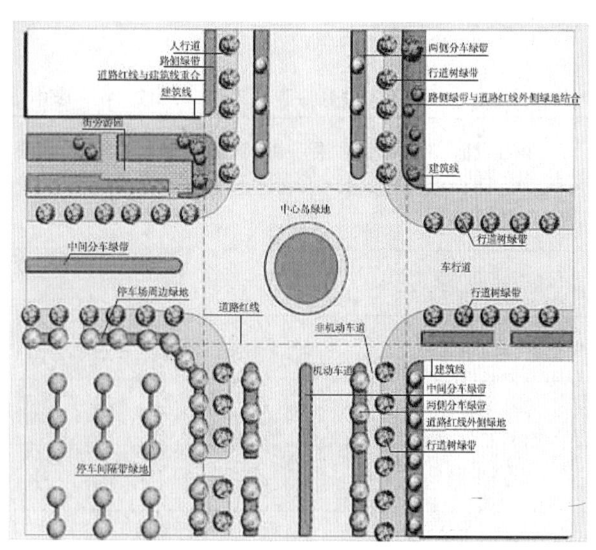

图4-15　道路绿地名称示意图

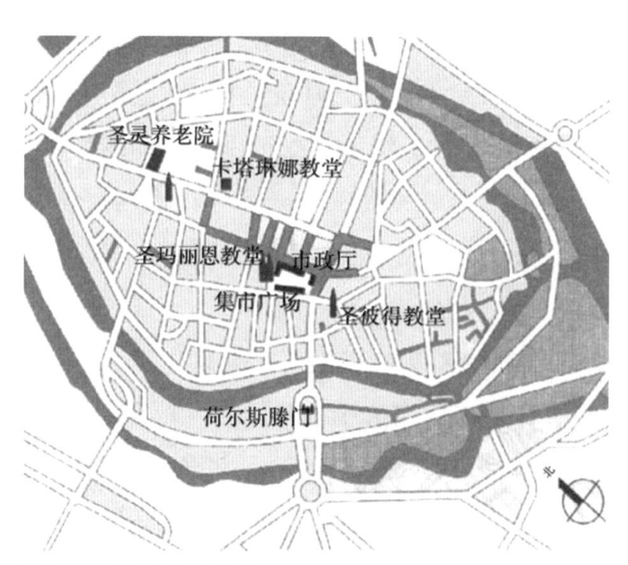

图4-16　德国吕贝克城简图

图4-17 吕贝克城入城道路景观

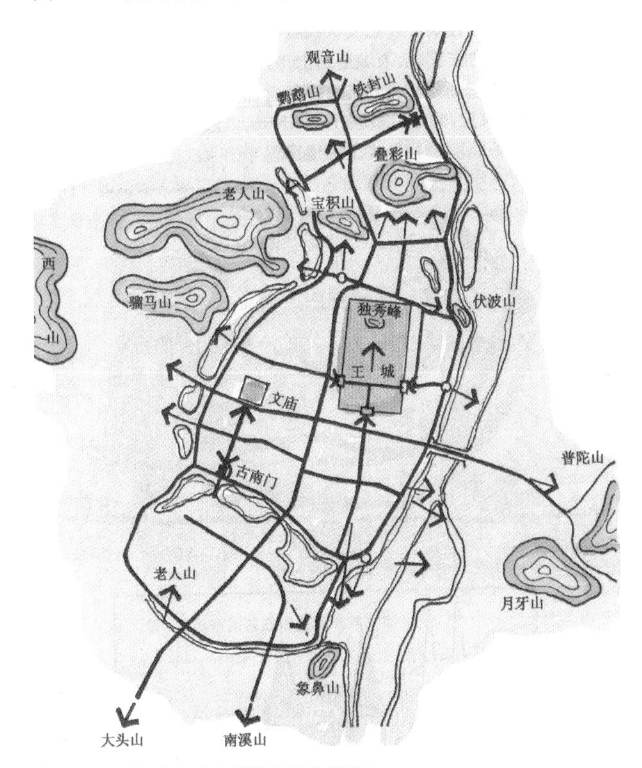

图4-18 桂林市城市道路景观示意图

求在道路视野范围内把城市的自然景观和城市人文景观建筑、古树名木组织起来，成为一个联系城市自然和历史性景观的骨架和主要景点的观赏性道路空间。如桂林市的主要道路选线都尽量做到了与城市四周和城内山景（叠彩山、独秀峰、象鼻山、普陀山、西山等）、城市重要古迹（王城、古南门、文庙等）形成对景，使人们在城市道路空间里能感受到桂林自然山水的美和城市悠久历史文化的内涵（图4-18）。

（4）道路设施设计

道路设施的设计不应仅仅是道路功能的补充与完善，还要注重它的视觉效果对道路的美化与修饰功能。合理的道路设施设计会增强道路的景观，应选择宜人的色彩和尺度，增强美感和愉悦感。此外，在道路的景观设计中，路灯不再是单纯的照明工具，而是集照明装饰功能为一体，并成为创造、点缀、丰富城市环境空间的重要元素。道路设施主要包括：人车分离设施（护栏、路墩）、机动车交通指示设施（标牌、信号灯、指示牌）、道路照明设施（路灯、草坪灯）、行人用设施（公交车站、电话亭、长凳、长椅、邮筒等）、公益设施及其他（电线杆、配电盘、变压器、垃圾收集站）等。

4.2.5 高速公路和城市各类道路的标准横断面形式

（1）高速公路，设计车速80~120km/h（图4-19）。

（2）城市快速路，设计车速60~80 km/h（图4-20、图4-21）。

（3）城市交通性干路，设计车速40~60 km/h。

（4）城市生活性干路，设计车速40~60 km/h（图4-22、图4-23）。

（5）通行车辆的商业街，设计车速40 km/h。

（6）交通性次干路，设计车速40 km/h。

（7）工业区干路，设计车速40 km/h。

（8）次干路，设计车速40 km/h。

（9）支路，设计车速小于或等于25 km/h。

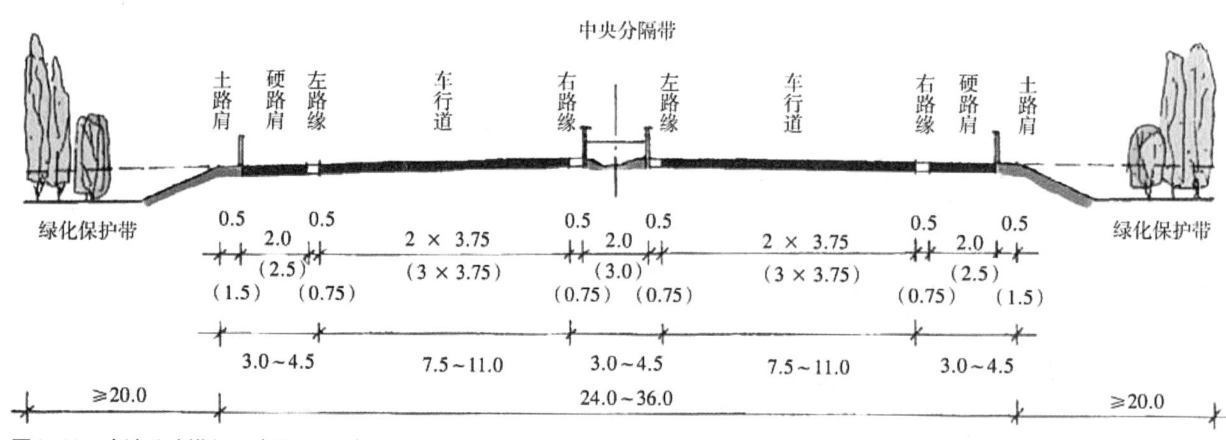

图4-19 高速公路横断面（单位：m）

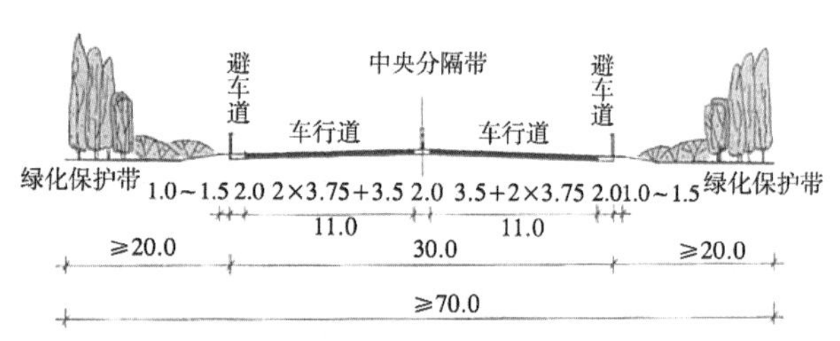

图4-20 有绿化保护的快速路

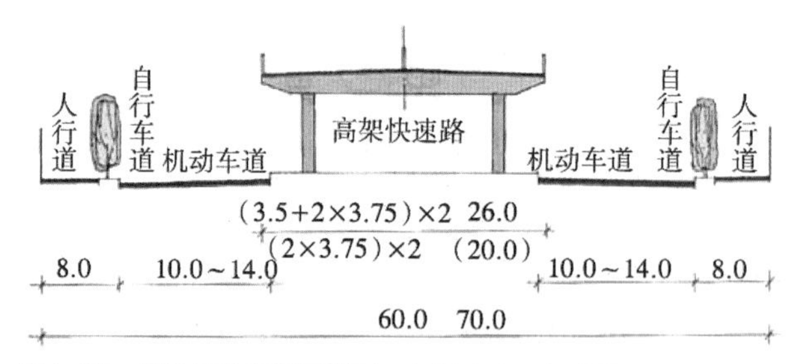

图4-21 当快速路穿过区域时，与城市主干组合的路

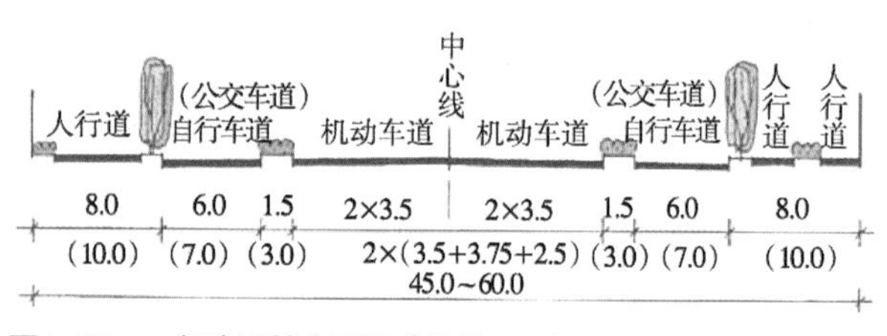

图4-22 一般生活性主干路（单位：m）

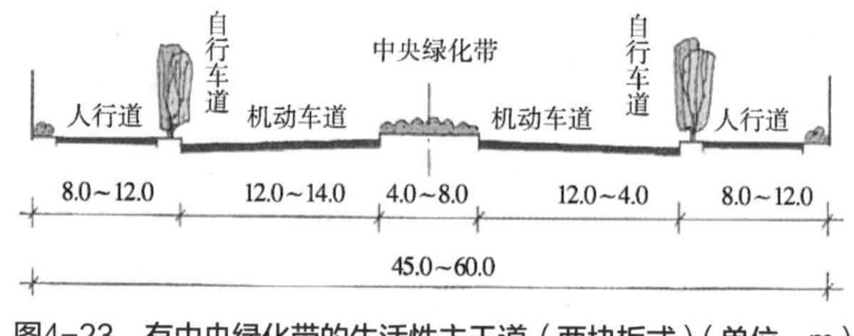

图4-23 有中央绿化带的生活性主干道（两块板式）（单位：m）

4.3 广场

4.3.1 城市广场的定义及作用

（1）定义

城市广场是为满足多种城市社会生活需要而建设的，以建筑、道路、山水、地形等围合，由多种软、硬质景观构成的，并采用步行交通手段，具有一定的主题思想和规模的结点型城市户外公共活动空间。广场与人行道不同的是，它是一处具有自我领域的空间，而非用于过路的空间；广场与公园的区别在于占主导地位的是硬质地面。

（2）作用

城市广场不仅是一个城市的象征、人流集聚的地方，而且也是城市历史文化的融合，是塑造自然美和艺术美的空间。在人流集中的地带可设置广场，起人流集散的缓冲作用，改善道路功能、组织交通的作用；结合广大市民的日常生活和休憩活动，可以满足人们对城市空间环境日益增长的艺术审美要求和使用要求。总之，城市广场的主要作用如下：

①城市居民的“起居室”

城市中的广场，作为人们散步休息、接触交往、购物和娱乐等各种活动的场所，具有开展公共生活的用途。如同家庭中的起居室一样，广场能使居民在这个大的“起居室”中更加意识到社会的存在，以及自己在社会中的存在。

②交通的枢纽

广场作为城市道路的一部分，是人、车通行和停驻的场所，起到交汇、缓冲和组织作用。街道的轴线，可在广场中得以连接、调整、延续、加深城市空间的相互穿插和贯通，从而增加城市空间的深度和层次，为城市格局奠定基础。

③建筑间联系的纽带，使周围建筑形成整体

围合广场的建筑起着限定空间的作用，被围合的空间又把周围建筑组成一个有机体，使各建筑联系起来，形成连续的空间环境。

④促进共享作用，给城市生活带来生机

广场内引进不同功能的建筑，配置绿化、小品，有利于在广场内开展各种活动，为城市生活的共享创造必要的条件，从而强化城市生活情趣，提高城市生活环境质量，构成丰富的城市景观。

在现代城市广场中，功能多样化是广场活力的源泉，它据此吸引更多的人气，产生多样的活动参与、多样的功能、多样的人的活动行为，使广场成为多功能和综合化的组合体，成为富有魅力的城市公共空间。一个能反映地方特色、沿承历史、富有时代特点、表现艺术性的广场，往往被市民和游客看作城市的象征和标志，从而产生归属感和自豪感。

4.3.2 城市广场的演化与发展

城市广场应按城市总体规划定位，其形成与城市的发展及社会因素密切相关。顺应自然开发的城市形态形成了不规则的广场型制，这类广场大多出现在河网及山丘地带的城市中；经过严密组织与规划的城市形成了规则的广场型制，这类广场一般有完美的比例和严谨的构图。

城市广场在古代的基本功能是供交通、集会、宗教礼仪、集市之需，以后逐步发展到具有纪念、娱乐、观赏、社交、休憩等功能。

古代希腊广场注重人体尺度，结合地形设置，多呈不规则形，具有宗教性。古代罗马广场利用尺度、比例关系，使整体的各个部分相互协调，较少考虑人的尺度，善于用规整的空间突出广场的形象，具有严格的轴线关系。中世纪广场多呈不规则形，型制自由灵活，围合严实，与人的尺度相宜。文艺复兴时期的广场在城市空间中表达人文主义的价值观，注重构图的完整性，广泛运用透视原理和比例法则。巴洛克广场强调动态的空间造型，大量运用雕塑及广场小品，注重视觉艺术效果。古典主义广场注重端庄典雅的纪念性构图，广场设计手法严谨，广场中多布置主体标志物。现代广场趋向多功能、综合性，注重人的环境心理要求，从平面型向空间型发展。中国的古代广场多顺应城市的形态而构成，以内向型的院落式广场为主。中国的现代广场注重公共性，是城市公共活动的中心（图 4-24）。

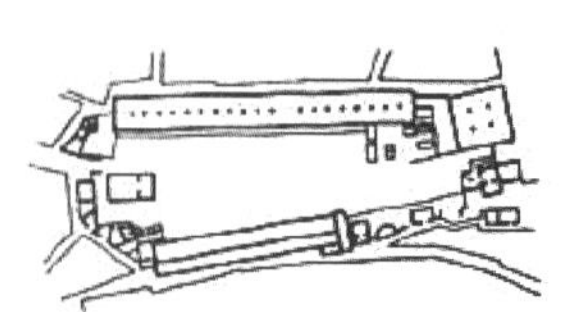

古希腊广场（不规则形）阿所斯广场

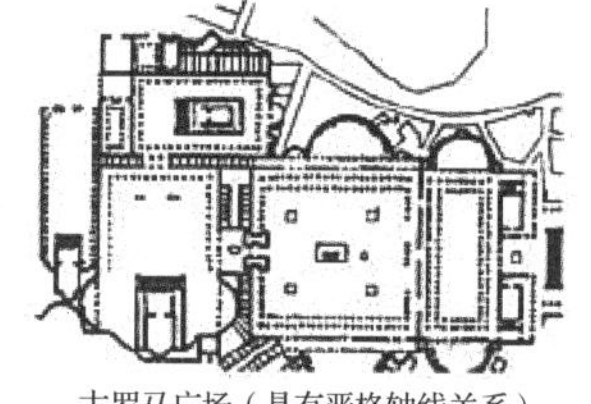

古罗马广场（具有严格轴线关系）
罗马帝国广场

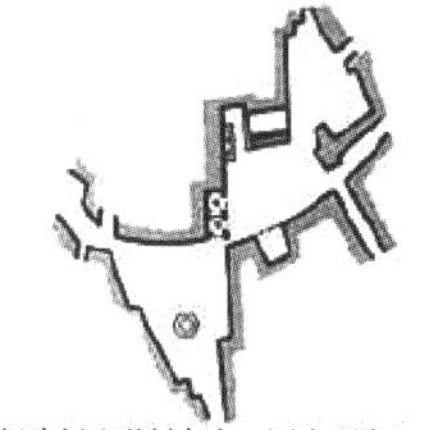

中世纪广场（形制自由，围合严实）
圣吉米涅阿诺市政广场

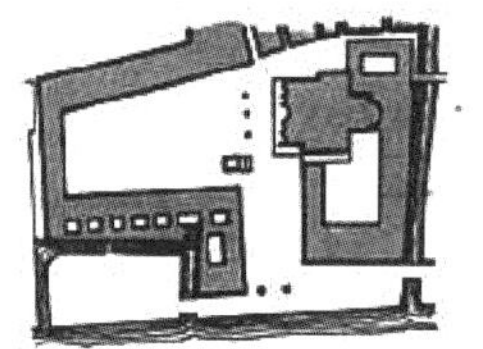

文化复兴广场（构图完整）
威尼斯圣马可广场

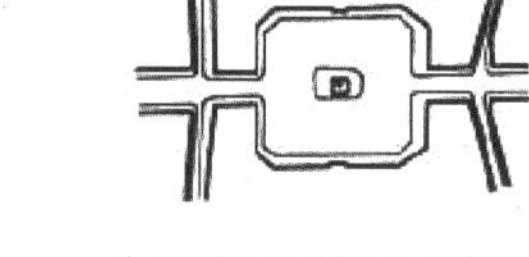

巴洛克广场（动态的空间造型）
罗马人民广场

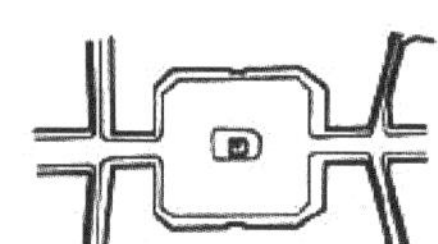

古典主义广场（构图端庄典雅）
巴黎旺多姆广场

现代广场（强调多功能和人的环境心理要求）纽约林肯中心广场

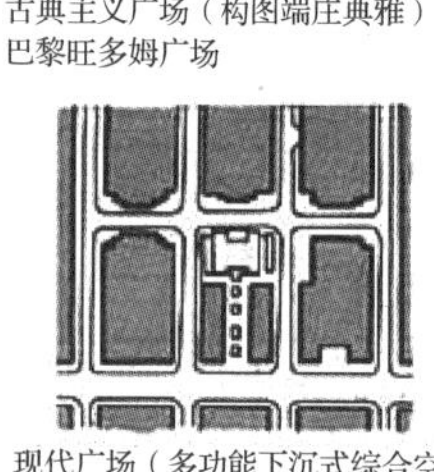

现代广场（多功能下沉式综合空间型）纽约洛克菲勒广场

图4-24　城市广场发展示意图

图4-25　北京天安门广场

图4-26　莫斯科红场

4.3.3　城市广场的分类

城市广场性质取决于它在城市中的位置与环境、功能及广场上主体建筑与主体标志物等的性质，并以主体建筑物、塔楼或雕塑作为构图中心。城市广场一般兼有多种功能，根据其性质分为：市政广场、纪念广场、交通广场、商业广场、文化休闲广场以及附属广场等。

（1）市政广场

市政有较大场地供群众集会、游行、节日庆祝联欢等活动之用，通常设置在有干道联通，便于交通集中和疏散的市中心区，一般是市政府、城市行政区中心等所在地。

市政广场应具有良好的可达性和流通性，车流量较大。市政广场一般面积较大，为了让大量的人群在广场上有自由活动、节日庆典的空间，一般以硬质材料铺装为主，如北京天安门广场（图4-25）、莫斯科红场（图4-26）等。也有以软质材料绿化为主的。市政广场布局形式一般为规则式，甚至是中轴对称式，标志性建筑常位于轴线上，其他建筑及小品对称或对应布局。广场中一般不安排娱乐性、商业性很强的设施和建筑，以加强广场庄重严整的气氛。

（2）交通广场

交通广场起交通、集散、联系、过渡及停车等作用。一种类型是设在人流聚集的车站、码头、飞机场等处，提供高效便捷的车流、人流疏散功能。另一种类型是设在城市交通干道交汇处，通常有大型立交系统（图4-27、图4-28）。为了解决复杂的交通问题，交通广场可以从竖向空间布局上进行规划设计，分隔车流、人流，保证安全畅通。交通广场设计还要考虑合理安排广场的服务设施和景观问题，特别是站前广场，要考虑人行道、车行道、公共交通换乘站、停车场、人群集散地、交通岛、公共设施（休息亭、公共电话、厕所、小卖部）、绿地及排水、照明等设施。

交通广场的绿地设计应以满足行人庇荫、组织车流的需要为主，采取平面、立体的绿化种植吸尘减噪。其次可以考虑必要的美化和装饰，并配合各种广场设施作局部造景。

图4-27　某火车站广场

图4-28　日喀则火车站广场

（3）纪念性广场

纪念某些人物或事件的广场，广场中心或侧面以纪念雕塑、纪念碑、纪念物或纪念性建筑作为标志物，主体标志物应位于构图中心，其布局及形式应满足气氛及象征的要求（图4-29、图4-30）。广场本身应成为纪念性雕塑或纪念碑底座的有机构成部分。建筑物、雕塑、竖向规划、绿化、水面、地面纹理应相互呼应，以加强整体的艺术表现力。

图4-29　哈尔滨防洪纪念广场

图4-30　唐山抗震纪念广场

（4）商业广场

用于集市贸易、购物的广场，或者在商业中心区以室内外结合的方式把室内商场与露天、半露天市场结合在一起。商业广场大多数与步行街相结合，使商业活动集中，既方便顾客购物，又可避免人流与车流的交叉，同时可供人们休憩、交游、饮食等使用，它是城市生活的重要中心之一。广场中宜布置各种城市小品和娱乐设施（图4-31、图4-32）。

（5）文化休闲广场

文化休闲广场主要为市民提供良好的户外活动空间，满足节假日休闲、交往、娱乐的功能要求，兼有代表一个城市的文化传统、风貌特色的作用，是城市中分布最广泛、形式最多样的广场，包括花园广场、文化广场、水边广场、运动广场、雕塑广场、游戏广场、居住区广场等类型（图4-33）。在内部空间环境塑造方面，常利用点、面结合及立体结合的广场绿化、水景，保证广场具有较高的绿化覆盖率和良好的自然生态环境。具有层次性，常利用地面高差、绿化、建筑小品、铺地色彩、图案等多种空间限定手法对内部空间作第二、第三次限定，以满足广场内从集会、庆典、表演等聚集活动到较私密性的情侣、朋友交谈等各种空间要求。在广场文化塑造方面，常利用

图4-31　西安钟鼓楼广场1

图4-32　西安钟鼓楼广场2

图4-33　西安大雁塔休闲广场

具有鲜明城市文化特征的小品、雕塑及具有传统文化特色的灯具、铺地图案、座凳等元素烘托广场的地方文化特色。与前述的广场类型相比，文化休闲广场具有以下更鲜明的特点：

参与性。该类广场设计以活动为主旨，充分满足城市居民特别是广场附近居民多样化的活动要求，如健身、展览、表演、集会、休息、赏景、社交等多种功能。

生态性。强调绿化和环境效益，强调植物配置在广场构成中的作用，形成一定的植物景观是该类广场的一大特点。

丰富性。不仅空间形式丰富，大小穿插，高低错落，充满变化，而且小品的种类齐全多样。

灵活性。充分结合环境和地形，可大可小，可方可圆，成为最贴近居民、最方便使用的公共活动场所。

(6) 附属广场

附属广场是依托一些城市大型建筑的前广场，属于半公共性的活动空间，功能具有综合性。如果能有效地对附属广场进行规划设计，可以产生许多有特色的小广场，对于改善城市空间品质和环境质量有着积极的意义。

随着社会经济发展和城市规模的不断扩大，城市广场的多功能、多层次性更强，也就是说，大多数城市广场是多元化、复合型的。

4.3.4 城市广场景观设计的基本原则

(1) 整体协调原则

一方面，城市广场作为城市结构中的一个构成要素，必然与其他组成要素（如物质实体要素、社会形态要素等）相互影响和作用，任何一个要素都不是孤立存在的。因此城市广场的设计必须从城市整体出发，要考虑广场与周边建筑、城市地段的时空连接，在规模尺度上也应做到与城市性质的匹配。另一方面，广场本身也应具有整体性，广场空间各构成要素要符合场地使用的主体特征及氛围，并应明确主次，有主、配基调之分，秩序井然。

(2) “以人为本”原则

现代城市广场是人们进行交往、观赏、娱乐、休憩的重要城市公共空间，其设计的目的就是使人们方便、舒适地进行各种活动，所以城市广场的设计必须贯彻“以人为本”的原则。从人的行为习惯出发，对人在广场上活动的环境心理行为特征进行分析，创造出不同性质、不同功能、不同规模且各具特色的城市广场，以适应不同年龄、不同阶层、不同职业市民的多样化需要。现代城市广场规划设计要充分体现对“人”的关怀，以“人”的需求、“人”的活动为主体，强调广场功能的多样性、综合性，强化广场作为公众中心的“场所”精神，使之成为舒适、方便、富有人情味、充满活力的公共活动空间。

(3) 突出主题与特色的原则

广场是城市中最重要的公共空间，是展示城市规划、城市建设与城市文化生活的窗口。当前我国的广场建设表现出缺乏个性、千场一面的问题，因而城市广场空间的主题和个性特色塑造非常重要。广场设计必须适应城市的自然地理条件，必须从城市的文化特征和本地的历史背景中寻找广场发展的脉络。

广场的标志性。城市的形象往往是通过广场的空间形象体现。

广场的地方性。广场的地方性表现在民族的、历史的、地域的特性与特征。特色鲜明的广场应当

图4-34　大雁塔广场雕塑

图4-35　大雁塔广场地面装饰

是最适合该城市、该地段而非"放之四海而皆准"的广场。广场建设应结合时代特征，将城市和地段文化、自然地理等条件中富有特色的部分加以提炼，并结合创新，物化到广场中，从而使广场呈现出鲜明的地方特色（图4-34、图4-35）。

广场的历史文化内涵。富有魅力的城市广场空间不仅具有良好的外在形象，更重要的是具有丰富的历史文化内涵，这也是使市民产生认同感、归属感，使城市、地段具有可识别性的关键因素之一。广场的历史文化内涵首先可以通过广场周围的建筑体现出来。广场周围建筑群的时代特征是对城市历史或时代风貌的概括和体现，反映了城市历史的延续性。

（4）实现可持续发展的生态原则

现代城市广场的设计应从城市生态环境的整体出发。一方面，设计的绿地、花草树木应与当地特定的生态条件和景观生态特点相吻合，尊重自然；另一方面，广场设计要充分考虑本身的生态合理性，如树木、水面和花草与人的活动需要等。同时，气候特点对人们日常生活影响很大，不同的地理气候条件造成不同的城市环境形象和品质。如亚热带地区四季分明，冬日的向阳和夏季的遮阴是过往游人的主要需求。由于广场的生态效益主要取决于植物与水体的质和量，因而在广场布局中应着意于全面安排园林绿地的内部构成与种植结构，力求提高植物覆盖率，注重体现生物多样性原则，扩大植物种类选择的范围，突出生态型植物配置，强调文化、生态、景观、功能相结合，以获得最大的环境效益和生态效益。

4.3.5　城市广场的景观设计要点

（1）尺度

城市广场的规模与尺度，应结合围合广场的建筑物的尺度、形体、功能以及人的尺度、视角来考虑（图4-36）。大而单纯的广场对人有排斥性，小而局促的广场则令人有压抑感，而尺度适中有较多景点的广场具有较强的吸引力。具有特殊主题的广场（如政治集会、纪念性广场）应有相应规模以满足其特殊需求。对于广场的适宜尺度，一般应遵循以下几条原则：

①平均面积：140m×60m；

②亲近距离：12m；

③良好距离：24m；

④最大尺度：140m；

⑤视距与楼高构成的视角：18°～27°；

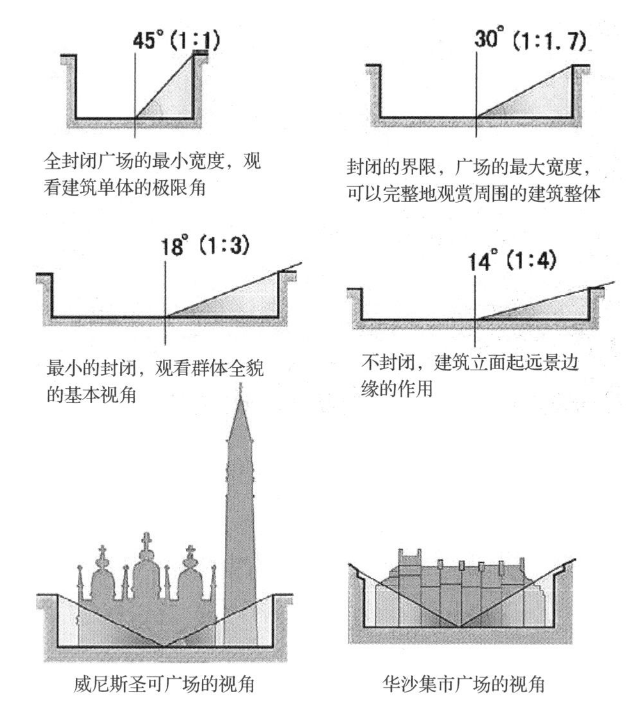

图4-36　广场空间与视角

a.限定
包括点、线、面的设置，亦可称为中心的限定，广场空间中的标志物就是典型的中心的限定。

b.围合
用某种构件（墙、绿化、建筑等）所需的空间，不同的构件及围合方式产生强与弱、封闭与开放的空间感觉。

c.覆盖
用某种构件（布幔、华盖）或构架遮盖空间，形成弱的虚的限定。

d.基面抬起
抬高的空间与周围空间及视觉连续的程度，依抬起高度的变化而定。

e.基面托起
与基面抬起相似，在托起的基面的正下方形成从属的空间限定。

f.基面下沉
使基面下沉划分某个空间范围，在视觉上加强下沉部分在空间关系中的独立性。

g.基面倾斜
顺应地形的渐变的空间限定。

h.基面变化
基面质地及地面纹理的变化作为限定的辅助手段。

图4-37　广场空间的限定

⑥视距与楼高的比值：1.5～2.5。

广场的良好尺度是设计成功的必要条件，它取决于功能要求、观赏要求及客观条件等方面的因素。“广而非场”是国内许多城市广场存在的严重问题，它意味着空间感差、场所感差，是我们在广场设计中必须避免的严重问题之一。

为了避免广场给人以“荒芜的感觉”“一眼看穿”“大面积的水泥铺地”“空间组织单调”等等不良影响，在对其进行设计时必须考虑控制广场的尺度。

（2）空间限定

广场场地在空间上宜采用多种手法（图4-37），如中心的界定、围合、覆盖、基面抬起、基面托起、基面下沉、基面倾斜等，以满足不同功能及环境美学的要求。一般可采用坡地、下沉式、台阶式等方法来界定空间。地面铺砌应根据地面特点，采用植被、硬地，或天然状的岩石等的组合方式，铺地材料应注意肌理的设计。场地纹理变化可暗示表面活动方式，划分人、车、休息、游戏等功能，对广场特征、气候和尺度产生影响。它还可以刺激人的视觉和触觉，不同质感可影响人行速度。细的纹理（苔衣、整石铺面、修剪的草地、沙砾等）可用以强调原有地形的品质和形状，增强尺度感成为上部结构的衬托。基底纹理可以为人们提示外部空间的尺度参照。

（3）视觉复杂性

乔达和尼尔在加拿大温哥华市区广场的研究发现：“同稀松与单调相对的密度与多样性具有知觉上的重要性”，并建议在设计中融合多种样式，颜色与材质——喷泉、雕塑，不同的可歇脚的地方，幽僻的角落，植物与灌丛，水平标高的变化；如果想从广场看到丰富的景观，广场设计就应充分利用这些视觉资源。

（4）使用与活动

为确保在每个广场上都能成功地组织功能与活动，需要考虑下列的相关问题：①广场设计是否适应闲逛者或过路者，如果两者兼有，广场应设计次一级的分区来避免冲突。②如果希望人们从广场抄近路，就应消除包括高程变化在内的人行道与广场间的障碍。③为了鼓励人们在广场上停留，应设置充足的设施，设计引人注意的兴趣元素并且限定明确的边界。如果安排有音乐会、集会等活动，必须提供不受其干扰的开发地带。④妥善协调处理男性对公共、交互式前庭空间体验的偏好与女性对放松、安全的后院空间体验的需求。⑤鼓励高频率地使用，以把蓄意破坏行为以及令人不快的因素的影响降到最小或使之消失。

（5）微气候

气候方面应仔细考虑日照、温度、眩光、风、降水和整体的舒适度。可以通过遮阴、绿化以及夏季采取蒸发降温、冬季利用日照和防风设施等生物气候设计手段创造宜人的户外环境。

（6）边界

广场应作为一个独特的场所来理解，但对路人来说又必须可见且功能上可达。保持向附近人行道的开放很关键，成功的广场总有一条甚至两条边界向公共道路开放，以吸引人。例如可以结合一些边角空间和幽静处创造多种多样的休息和观景机会（图4-38）；可以借助高差变化、植物丰富度和座椅的安排来划分次要级区域；将广场与人行道之间的必要的高差控制在0.92m之内等。

图4-38 广场边界结合休息区的处理

（7）人流

许多广场最主要的使用者是出入附近建筑物的行人。排除当地天气、广场的美学意义及其他因素，人们会选择从人行道（公交站牌、停车场、十字路口）到建筑入口的最短、最直接的路径。广场设计必须对此进行考虑和分析，预测人流的路径，保证其通行畅通。

（8）座位

人们在那些有地方可坐的场所停留时间最长，其他因素也都会产生影响，如食物、喷泉、桌子、阳光、阴凉、树木，但最简单的便利设施，即一个可坐的地方，对广场来说是更为重要的因素。广场中座位设计应满足各种常见类型使用者的需求。可以将观景台阶、花池边缘、挡土墙等“隐性”座位融入设计之中（图4-39、图4-40），以提供整体的座位容量而又不至于使座椅泛滥。座位布置适应从阳光充足到气候阴冷的多样化选择范围；设置不同朝向的座位，以便观赏水景、远景、嬉戏者以及植物和行人。在座位的材质选择上，避免使用如水泥、金属、石头等看起来“冷冰冰”的，甚至可能会刮坏衣服的材质等。

（9）种植

在植物种植设计过程中，要充分了解配置地的

图4-39 广场座椅与台阶的结合

图4-40 某广场一角的座椅

图4-41 广场绿化与铺装的结合

图4-42 广场绿化与道路的结合

环境、气候、光线、土壤状况、空间大小等，做到适地适树，使植物种植达到最佳观赏效果和最佳生长效果。在设计时应注意：

①由于植物是具有生命的设计要素，其生长受到土壤肥力、排水、日照、风力以及温度和湿度等因素的影响。因此设计师在进行设计之前，就必须了解与广场相关的环境条件，然后才能确定适合在此条件下生长的植物。

②在城市广场等空地上栽植树木，土壤作为树木生长发育的"胎盘"，无疑具有举足轻重的作用。因此土壤的结构必须满足三个条件：可以让树木长久地茁壮成长；土壤自身不会流失；对环境的影响具有抵抗力。

③城市广场的绿化种植设计应满足城市广场中不同类型和功能的要求。广场的种植配置是城市广场绿化设计的重要环节，主要包括两方面的内容：第一是各种植物相互之间的配置，根据植物种类选择树丛的组合及平面和立面构图；第二是城市广场植物与城市广场中的其他要素（如广场铺地、水景、道路等）相互间的整体关系（图4-41、图4-42）。适合广场种植的植物有6类：乔木、灌木、藤本植物、草本植物、花卉及竹类。植物作为三维空间的实体，以各种方式交互形成多种空间效果，植物的高度和密度影响广场空间的塑造。

（10）公共艺术和雕塑

公共艺术应广泛赋予公众以积极的益处——喜悦、适意、创意、欢乐、社会性——一言以蔽之，一种幸福的感觉。广场的公共艺术应能营造一种欢乐喜悦的气氛，激发娱乐活动和创造性，并且有助于增进观景者之间的交流。

广场中设置的雕塑元素，应与广场自身的尺度相适应且位置恰当，以免阻碍人流方向和视线。雕塑等主体标志物与广场的关系通常有5种，见图4-43。

（11）铺装

主要人流路线应符合人们的“优先线路”，否则人们会踏过草坪甚至灌木而抄近路直接到达要去的地方。铺装应有适度的变化，以引导人流和创造过渡空间。例如“欧洲最美丽的客厅”——罗马市政广场（图4-44），其地面铺装独具匠心：采用不同颜色板材铺砌成美观大方的图案，给人以方向感和方位感；线条的划分，有效地缩小了空间的尺度，使广场空间更加充实、宜人。锡耶那市的坎波广场是由9个三角形的铺装面形成倾斜的扇面广场，平时游客和市民在此谈天说地，看成群的鸽子在广场上嬉戏，整个空间流动着浪漫的生活气息。

对地面铺装的图案处理可分为以下几种：

①规范图案重复使用（图4-45、图4-46）。

②整体图案设计，指把整个广场看作一个整体来进行整体性图案设计。在广场中，将铺装设计成一个大的整体图案，会取得较佳的艺术效果，并易于统一广场的各要素和增强广场的空间感（图4-47）。

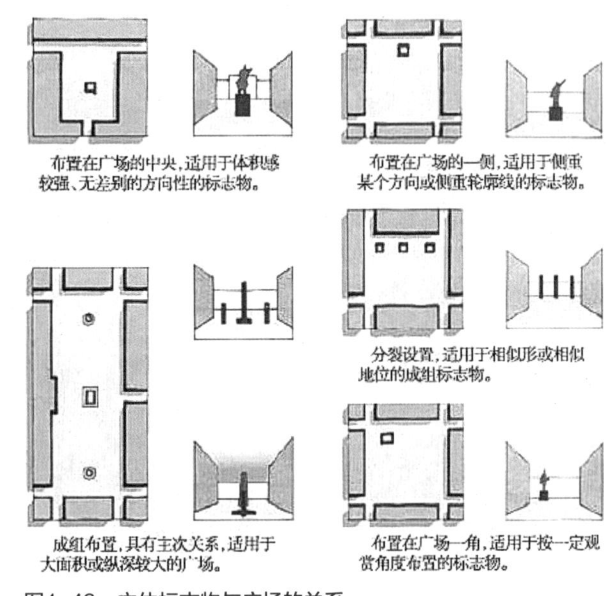

图4-43　主体标志物与广场的关系

图4-44　罗马市政广场

图4-45　波浪形地面铺装，凹槽利于渗水

图4-46　有韵律感的波浪形铺装

图4-47 彩色同心圆式铺装

图4-48 广场中的木质铺装

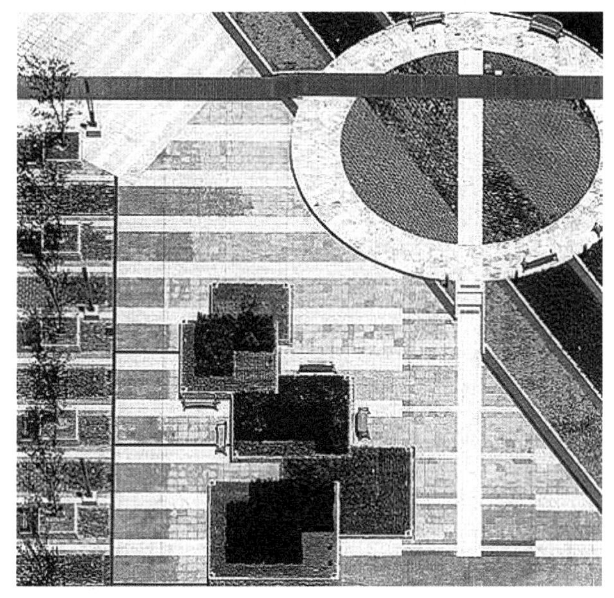
图4-49 广场铺装图案的多样化

图4-50 比较成功的广场一角

③广场边缘的铺装处理，使广场边界明显区分，使广场空间更为完整（图4-48）。

④广场铺装图案的多样化。最理想的广场应该是：周围建筑物明显地把广场划分出来，尺度宜人，广场是朝南的，有足够的座位和人行活动的铺地，喷泉、树木、小商店、凉亭和露天茶座等设备齐全。广场利用率和效果的好坏，常以广场的座位、朝向、种植、交通可达性和零售设施的基本数量等来衡量（图4-49、图4-50）。

4.4 公园

4.4.1 公园定义及作用

（1）定义

《中国大百科全书·建筑、园林、城市规划》中公园的定义为：城市公共绿地的一种类型。由政府或公共团体建设经营，供公共游憩、观赏、娱乐等的园林。《城市绿地分类标准》CJJ\T85—2017指出：公园绿地是城市中向公众开放的，以游憩为主要功能，有一定的游憩设施和服务设施，同时兼有健全生态、美化景观、防灾等综合作用的绿地用地。

从这两者中进行分析比较，可以看出公园包含以下几个方面的内涵：首先，公园是城市公共绿地的一种类型；其次，公园的主要服务对象是城市居民，但随着现在城市旅游的开展及城市旅游目的地的形成，公园将不再单一地服务于市民，也将服务于旅游者；再次，公园的主要功能是休闲、游憩、娱乐，而且随着城市自身的发展及市民、旅游者外在需求的拉动，公园将会增加更多的休闲、游憩、娱乐等主题的产品。

(2) 公园的功能与作用

①社会文化功能

A.休闲游憩功能

公园内的活动空间、活动设施为城市居民提供了大量户外活动的可能性，承担着满足城市居民休闲游憩活动需求的主要职能。

B.精神文明建设和科研教育基地

随着全民健身运动的开展和社会文化的进步，公园在物质文明建设的同时也日益成为传播精神文明、科学知识和进行科研与宣传教育建设的重要场所。各种社会文化活动如歌唱、舞蹈、交谊、健身以及各种展览宣传活动等在公园中开展，促进了人类身心健康，陶冶了市民的情操，提高了市民的文化艺术修养水平、社会行为道德水平和综合素质水平，人民的生活质量也得到提升。

②经济功能

A.防灾、避难场所

公园具有大面积公共开放空间，不仅为市民提供了平日聚集的活动场所，同时公园还担负着防火、防灾、避难等功能。例如公园可作为地震发生时的避难地、火灾时的隔火带，大型公园还可作为救援直升机的降落场地、救灾物资临时堆放场所。1976年的唐山大地震、2008年的汶川大地震，让我们认识到提高防灾意识以及防灾、避难场所建设在城市发展中的重要性。

B.预留城市用地，为建设未来城市公共设施之用

公园的兴建，在短期内可以为城市居民提供休闲活动场所；在远期范围中，作为城市公共用地的公园又可以作为城市预留土地，为城市未来公共设施的建设提供一定的可能性，从而作为城市土地急需之用的主要预留用地。

C.带动地方、社会经济的发展

由于城市环境的恶化，公园作为城市的主要绿色空间，在带动社会经济发展中的作用越来越明显。公园的最显著作用是能使其周边地区的地价和不动产升值，吸引投资，从而推动该区域的经济和社会的发展。另外，公园也使得周边地区的工商业、旅游业、房产业、服务性行业等得到良好、迅速的发展，例如西安曲江池遗址公园。公园综合了文化、历史、休闲等要素，使城市重新焕发活力，甚至成为城市重要的节点、标志物。

③环境功能

A.生态功能

公园是城市绿地系统中最大的绿色生态斑块，是城市中动植物资源最为丰富之所在，被人们亲切地称为“城市的肺”“城市的氧吧”“城市的绿洲”。公园对于改善城市生态环境、保护生物多样性以及维持城市的生态平衡等方面起着积极的、有效的作用。

B.美化城市景观

公园是城市中具有自然特性的场所，往往具有水体和大量的绿化，是城市的绿色软质景观，它和

城市的其他如道路、建筑等灰色硬质景观形成鲜明的对比，使城市景观得以软化。同时公园也是城市的主要景观所在。因此，其在美化城市景观中具有举足轻重的地位。

④公园的其他功能

除以上的社会文化、经济、环境功能外，公园在阻隔性质相互冲突的土地使用、降低人口密度、节制过渡城市发展、有机地组织城市空间和人的行为、改善交通、保护文物古迹、减少城市犯罪、增进社会交往、化解人情冷漠、提高市民意识、促进城市的可持续发展等方面都具有不可忽视的功能和作用。

4.4.2 综合公园景观规划设计

（1）综合公园的定义与分类

综合公园是在市、区范围内为城市居民提供良好游憩休息、文化娱乐活动的综合性、多功能、自然化的大型绿地，其用地规模一般较大，园内设施活动丰富完备，适合各阶层的城市居民进行一日之内的游赏活动。例如上海长风公园、湖北宜城楚都公园（图4-51、图4-52）等。综合公园作为城市主要的公共开放空间，是城市绿地系统的重要组成部分，对于城市景观环境塑造、城市生态环境调节、居民社会生活起着极为重要的作用。

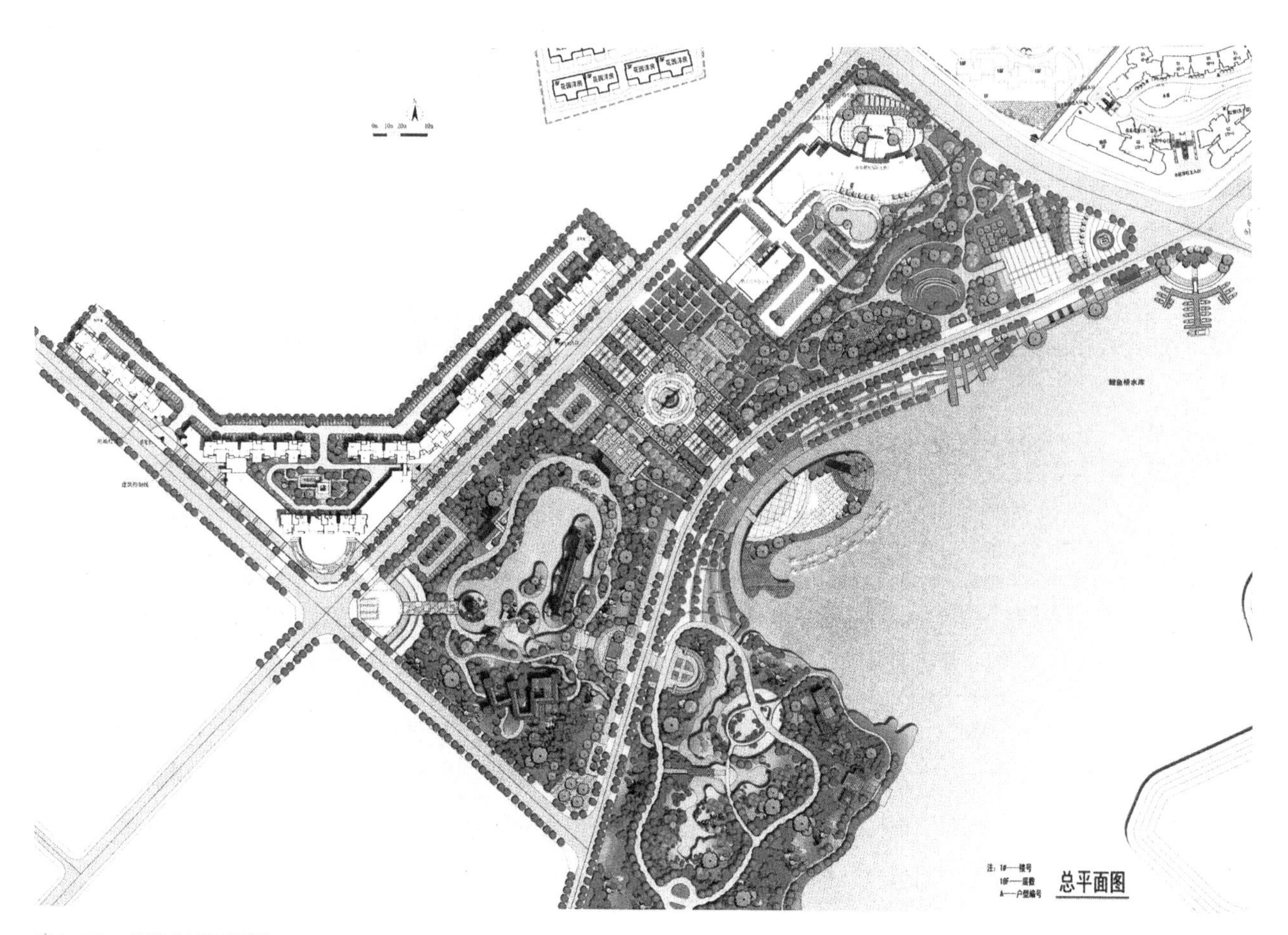

图4-51 楚都公园平面图

图4-52　楚都公园效果图

按照服务对象和管理体系的不同，综合公园分为全市性公园和区域性公园两类（表4-10）。

综合性公园分类表　表4-10

类型	服务对象	面积	服务半径	可达性（乘坐公共交通）
全市性公园	全市居民	10～100公顷	3～5km	约10～20分钟
区域性公园	一定区域的城市居民	10公顷左右	1～2km	约5～10分钟

（2）公园容量的确定

公园设计必须确定公园的游人容量，作为计算各种设施的数量、用地面积以及进行公园管理的依据，防止在节假日和举行游园活动时游人过多造成园内过分拥挤，有必要时应对游人入园的数量加以限制。

公园游人容量一般按下式计算：$C=A/A_m$

式中：C——公园游人容量（人）；

A——公园总面积（m^2）；

A_m——公园游人人均占有面积（m^2/人）。

市、区级公园游人人均占有公园面积以60m^2为宜，居住区公园、带状公园和居住小区游园以30m^2为宜。近期公园绿地人均指标低的城市，游人人均占有公园面积可酌情降低，但游人人均占有公园的陆地面积不得低于20m^2。风景名胜公园游人人均占有公园面积，宜大于100m^2。水面和坡度大于50%的公园，游人人均占有公园面积应适当增加（表4-11）。

水面和陆坡面积较大的公园游人人均占有面积指标　表4-11

水面和陆坡面积占总面积比例（%）	0~50	60	70	80
近期游人占有公园面积（m^2/人）	≥30	≥40	≥50	≥75
远期游人占有公园面积（m^2/人）	≥60	≥75	≥100	≥150

（3）综合公园规划的原则

①满足功能，合理分区。

②园以景胜，巧于组景。

③因地制宜，注重选址。

④组织导游，路成系统。

⑤突出主题，创造特色。

（4）综合公园的出入口设计

①出入口的确定

公园的出入口一方面要满足人流进出公园的需求，另一方面要求具有良好的外观和独特的个性，以美化城市环境。出入口的位置确定主要取决于公园与城市环境的关系、园内功能分区的要求，以及地形特点等全面综合考虑。

公园出入口一般分为主要出入口、次要出入口和专门出入口3种。主要出入口是公园大多数游人出入公园的地方，一般直接或间接通向公园的中心区。它的位置要求面对游人的主要来向，直接和城市街道相连，位置明显，但应避免设于几条主要街道的交叉口上，影响城市交通组织。次要入口是为方便附近居民使用或为园内布局地区或某些设施服务的。主、次入口都要有平坦的、足够的用地来修建入口所需的设施。专用入口是为园务管理需要而设的，不供游览使用，其位置可稍偏僻，以方便管理，又不影响游人活动为原则。

前广场要考虑游人集散量的大小，并和公园的规模、设施及附近建筑情况相适应，一般以

图4-53　公园入口设计

（30~40）m ×(100~200)m居多。公园附近已有停车场的市内公园可不另设停车场;而市郊的公园因大部分游人是乘车或骑车来公园的，所以应设停车场和自行车存放处。

②出入口的设计

公园出入口是游园的起点，给人以观赏的第一印象。故在设计时，既要考虑方便适用，又要美观大方，使之具有反映该园性质特点的独特风貌。

公园入口常采用的设计手法有：

先抑后扬：入口处多设障景，入园后再豁然开朗，造成强烈的空间对比。

开门见山：入园后即可见园林主体。

外场内院：以大门为界，大门外为交通场地，大门内为步行内院。

T字形障景：进门后广场与主要园路T字形相连，并设障景以引导（图4-53）。

此外，公园大门建筑还应注意造型、比例、尺度、色彩及与周围环境相协调等问题（图4-54）。

（5）综合公园规划布局

公园的布局要有机地组织不同的景区，使各景区间有联系而又有各自的特色，全园既有景色的变化又有统一的艺术风格。对公园的景色，要考虑其

观赏的方式，何处是以停留静观为主，何处是以游览动观为主，而静观要考虑观赏点、观赏视线。往往观赏与被观赏是相互的，既是观赏风景的点也是被观赏的点。

图4-54 唐大慈恩寺遗址公园入口设计

图4-55 唐大慈恩寺遗址公园

图4-56 北京北海公园远景

公园的景色布点与活动设施的布置，要有机地组织起来，在公园中要有构图中心（图4-55）。在平面布局上起游览高潮作用的主景，常为平面构图中心。平面构图中心的位置，一般设在适中地段，较常见的是由建筑群、中心广场、雕塑、岛屿、"园中园"及突出的景点组成。在立体轮廓上起观赏视线焦点作用的制高点，常为立面构图中心。立面构图中较常见的是由雄峙的建筑和雕塑、耸立的山石、高大的古树及标高较高的景点组成。

公园立体轮廓的构成是由地形、建筑、树木、山石、水体等的高低起伏而形成的，常是远距离观赏的对象及其他景物的远景（图4-56）。在地形起伏变化的公园里，立体轮廓必须结合地形设计，填高挖低，造成有节奏、有韵律感的、层次丰富的立体轮廓。在地形平坦的公园中，可利用建筑物的高低、树木树冠线的变化构成立体轮廓。

公园规划布局的形式有规则的、自然的与混合的3种：

①规则的布局强调轴线对称，多用几何形体，比较整齐，有庄严、雄伟、开阔的感觉。当公园设置的内容需要形成这种效果，并且有规则地形或平坦地形的条件，适用于这种布局的方式。

②自然的布局是完全结合自然地形、原有建筑、树木等现状的环境条件或按美观与功能的需要灵活地布置的，可有主体和重点，但无一定的几何规律。要自由、活泼的感觉，在地形复杂、有较多不规则的现状条件的情况下采用自然式比较合适，可形成富有变化的风景视线。

③混合的布局是部分地段为规则式，部分地段为自然式，在用地面积较大的公园内常采用，可按不同地段的情况分别处理。例如在主要出入口处及主要的园林建筑地段采用规则的布局，安静游览区则采用自然的布局，以取得不同的景园效果，如上

海复兴公园。

（6）综合公园的功能

①游乐休憩方面

为增强人民的身心健康，设置游览、娱乐、休息的设施，要全面地考虑各种年龄、性别、职业、爱好、习惯等的不同要求，尽可能使来到综合公园的游人能各得其所。

②文化节庆方面

举办节日游园活动，国际友好活动，为少年儿童的组织活动提供场所。

③科普教育方面

宣传政策法令，介绍时事新闻，展示科学技术的新成就，普及自然人文知识。

（7）综合公园设置的内容与分区

①内容

根据综合公园的功能，可设置多种活动内容。

观赏游览：观赏山石、水体、名胜古迹、文物、花草树木、盆景、花架、建筑小品、雕塑和小动物，如鱼、鸟等。

安静活动：品茗、垂钓、棋艺、划船、散步、锻炼等。

儿童活动：学龄前儿童与学龄儿童的游戏娱乐、障碍游戏、迷宫、体育运动、集会及科学文化普及教育活动、阅览室、少年气象站、少年自然科学园地、小型动物园、植物园、园艺场等。

文娱活动：露天剧场、游艺室、俱乐部、娱乐、游戏、戏水、音乐、舞蹈、戏剧、技艺节目的表演及居民自娱活动等。

科普文化：展览、陈列、阅览、科技活动、演说、座谈、动物园、植物园等。

服务设施：餐厅、茶室、休息亭、小卖部、摄影、灯具、公用电话、问讯处、物品寄存处、指路牌、园椅、厕所、垃圾箱等。

园务管理：办公、治安、苗圃、生产温室、花棚、花圃、变电室或配电间、广播室、工具间、仓库、车库、修理工场、堆场、杂院等。

②影响设置内容的因素

风土民情：公园内可考虑按当地居民所喜爱的活动、风俗、生活习惯等地方特点来设置项目内容。

公园在城市中的位置：处于城市中心地区的公园，一般游人较多，尤其是节假日，要考虑不同年龄、不同爱好的游人的游憩要求。在城市边缘地区的公园则更多考虑安静观赏的要求。

公园附近的城市文化娱乐设施情况：公园附近已有大型文娱活动设施，如剧场、舞厅等，则公园内可不再设置这些项目。

公园面积的大小：大面积的公园设置的项目多、规模大，游人在园内的时间一般较长，对服务设施有更多的要求。

公园的自然条件情况：例如有山石、岩洞、水体、古树、树林、竹林、较好的大片花草、起伏的地形等，可因地制宜地设置活动项目。

（8）公园竖向设计

竖向控制应在公园总体规划的基础上，根据四周城市道路规划标高和园内主要活动内容，充分利用原有地形地貌组织竖向设计。地形设计应同时考虑园林景观和地表水的排放并有利于植物生长。竖向设计有以下几个要点：

图4-57 挡土墙与景观的结合

图4-58 公园中不同的道路铺装

①竖向设计必须保持整体的连续性。

②用地边缘必须与周边标高相衔接，内部应和路面及水体密切配合，并有利于排水。

为保证公园内游园安全，水体深度一般控制在1.5～1.8m之间。硬底人工水体近岸2m范围内的水深不得大于0.7m，超过者应设护栏。无护栏的园桥、汀步附近2m范围以内，水深不得大于0.5m。

③为在有限的公园用地内获得较多的审美感受，可进行竖向设计，利于景观的展现与游人的观赏。

④保留原有古树、名木原地面标高，使植物环境符合生态地形的要求。

⑤竖向设计坡度应稳定，不稳定的土坡应设挡土墙等可靠设施（图4-57）。

⑥设计的土方填挖量宜内部平衡，尽可能利用原地形，减少土方工程量。

（9）公园园路设计

公园道路联系着公园内不同的功能分区、建筑物、活动设施、景点，起着组织空间、引导游览等作用。同时也是公园景观、骨架、脉络、景点纽带、构景的要素。

公园中的园路常分为3种：主要道路、次要道路和游步道。园路宽度应符合表4-12规定。

园路宽度（单位：m） 表4-12

园路级别	陆地面积（公顷）			
	<1	2～10	10～50	>50
主路	2.0～3.5	2.5～4.5	3.5～5.0	5.0～7.0
支路	1.2～2.0	2.0～3.5	2.0～3.5	3.5～5.0
小路	0.9～1.2	0.9～2.0	1.2～2.0	1.2～3.0

道路的设计还包括路面的铺装设计。路的铺装设计应根据不同性质的道路而异。在公园中主、次道路除用宽度来区分以外，还可用不同材料来表示（图4-58），这样可以引导游人沿着一定方向前进。一般主、次道路采用比较平整、耐压力较强的铺装面，如混凝土、沥青等。小路则可采用较美观、自然的路面，如冰纹石块镶草皮、水泥砖镶草皮、鹅卵石等。

（10）公园的建筑布局

公园中的建筑形式要与其性质、功能相协调，全园的风格应保持一致。公园中建筑是为开展文化娱乐活动、创造景观、防风避雨而设的；也有一些建筑可构成公园中的主景，虽然占地面积小，仅占全园陆地面积的1%～3%，但却可成为公园的中心、重点。

公园中的建筑类型很多，因其使用功能与游赏要求的不同，可分为几种类型：

图4-59 古典园林中的休息亭

图4-60 中山岐江公园中的景观廊架

①服务类建筑，如茶馆、饭店、厕所、小卖部、摄影服务部、冷饮室等；

②休息游赏类建筑，包括亭、台、楼、阁、观、榭、廊、轩等；

③专用建筑，通常包括办公楼、仓库等。

公园的建筑设计可根据自然环境、功能要求选择建筑的类型和基址的位置。不同类型的建筑在规划设计上有不同的要求。如专用建筑、管理附属服务建筑在体量上要尽量小，位置要隐蔽，且保证环境的卫生。在设计时，应全面考虑建筑的体量、空间组织关系以及建筑的细部装饰等，作整体性的设计。同时还需要注意与周围环境的协调，并满足景观功能的各项要求。建筑布局要相对集中，组成群体，尽量做到一房多用，有利于管理。如遇功能较为复杂、体量较大的建筑物时，可按照不同功能分为厅、室等，再配以廊相连、院墙分隔，组成庭院式的建筑群，可取得功能、景观两相宜的效果。

公园中的建筑既要有浓郁的地方特色，又要与公园的性质、规模、功能相适宜。古典园林的修复、改建应以古为主（图4-59），尽可能地表现出原来的风貌。而新建公园要尽可能选用现代建筑风格（图4-60），多用新材料、新工艺，创造新形式，营造具有现代景观特征及时代特色的新景观。

（11）公园的供电及给排水设计

①公园的供电设计

公园内照明设计宜分线路、分区域控制。电力线路及主园路的照明线路宜埋地敷设，架空线必须采用绝缘线，线路敷设应符合相应的规定。供电规划应提出电源接入点、电压和功率的要求。公共场所的配电箱放置在隐蔽的场所，外罩考虑设置防护措施。园林建筑、配电设施的防雷装置应按有关标准执行。园内游乐设备、制高点的护栏等应装置防雷设备，并提出相应的管理措施。

②公园给排水及管线设计

公园用水一般采用城市供水系统的自来水。面积特大的公园，可采用独立的供水系统或公园内部分区供水。

根据公园内植物灌溉、喷泉水景、人畜饮用、卫生和消防等需要，进行供水管网布置和配套工程设计。使用城市供水系统以外的水源作为人畜饮用水和天然游泳场用水，水质应符合国家相应的卫生

图4-61 唐苑1

图4-62 唐苑2

标准。瀑布、喷泉的水一般循环利用。

公园的雨水可有组织地排入城市河湖体系。公园排放的污水应接入城市污水系统，或自行作污水处理。

公园内水、电、燃气等线路布置，不得破坏景观，同时要符合安全、卫生、节约和便于维修的要求。电气、上下水工程的配套设施、垃圾存放场及处理设施应设在隐蔽地带。

（12）公园的种植设计

植物的配置要与山水、建筑、园路等自然环境和人工环境相协调，要服从于功能要求、组景主题，注意气温、土壤、日照、水分等条件适地适种。

植物设计要把握基调，注意细部。通常以乡土树种为主，以外来珍贵的驯化后生长稳定的树种为辅。另外，植物配置要利用现有树木，特别是古树名木，使其成为公园中独特的林木景观。

植物设计宜形成人工植物群落，乔木与灌木、落叶树与常绿树、地被植物及草坪配置适宜，并重视景观的季相变化（图4-61、图4-62）。

植物配置还应对各种植物类型和种植比例作出适当的安排。一般公园中，对不同植物种类的用量和比重有一个大致的规定。通常，密林占40%；疏林和树丛占25%~30%；草地为20%~25%；花卉占3%~5%。常绿树和落叶树比例则应因不同地区而有所不同，华北地区常绿树占30%~50%，落叶树占50%~70%；长江流域常绿树和落叶树比例约为11：1，而华南地区的常绿树占到70%~90%。由于公园的大小、性质及环境不同，上述比例会有所不同，视具体情况而定。

4.4.3 植物园景观规划设计

（1）植物园定义与分类

搜集、保存、培养各种植物，进行科学研究、科学普及教育，既有科学内容又有艺术外貌，可供观光游憩的园地，多称植物园，亦称树木园。

植物园主要分为两大类：①根据植物园主要功能可分为以科研、科普为主的植物园以及为专业服务的植物园；②按从属关系、研究重点可分为：国家科学院系统的植物园、各部门的公立植物园、高等院校附设的植物园以及私人经办或公私合营的植物园。

图4-63 新加坡滨海湾花园立体植物园

（2）植物园的规模

用地面积，大者数千公顷，小者数公顷。一般在70～200公顷。植物多样性是植物园的灵魂，保存活植物种类数量，多者5万～8万种，一般约1万种。至20世纪末我国植物园活植物保存量多在1000～5000种（图4-63）。

（3）植物园功能

①植物的引种驯化，保护植物多样性是植物园的根本任务。

②植物栽培研究。

③植物新品种选育。

④植物资源保护、保存、利用研究和交换。

⑤植物科学技术、新成果展示宣传，并向社会提供新技术、新种源。

⑥营造优美的园林景观和设施，供游览观光。

⑦普及植物科学知识，向公众进行生物多样性科学知识、科学方法和科学思想教育，提高公众科学素养，接待学生学习、实习。

⑧特殊植物园艺、工艺品生产、销售（盆景、盆栽、植物、工艺品等）。

（4）植物园选址

要按园林绿地系统规划选择地形起伏变化，有山有水，水源充足，排水良好，土壤肥沃深厚，交通便利，位于城市的上风、上游方位，没有污染（水、气、土），最好选有丰富天然植被，适合植物生长的地方做建园基地。

按原生态设计原则，充分利用原有地形、地貌、植被、水系、自然景观和人文景观，根据当地地理位置、植物区系、自然条件、经济条件和技术条件，运用现代科学技术成果和先进设计理念，以景观生态学为指导，发掘地方文化内涵，努力创造植物园的个性和特色，提高植物园的自身价值和生命力。

（5）植物园规划分区

一般按植物分类系统、使用功能或植物生态特征分区，亦有按植物地理、植物经济价值、植物形态等分区，还有按民族植物学等新学科进行分区。现代植物园多用综合分区，更多按植物观赏性与园林景观相结合进行专类分区（表4-13）。

植物分区参考表 表4-13

系统分类	园区类型（按植物系统及进化分类）
经济分类	芳香园、油料园、淀粉区、纤维区、药物园、果园、甜蜜园、竹园、橡胶园
观赏分类	蔷薇园、杜鹃园、牡丹园、芍药园、木兰山茶园、枫树园、樱花园、桂花园、竹园、兰园、盆景园、彩叶园、白色园、红花园、冬园、秋园、英国园、意大利园、日本园、中国园
地理分区	热带植物区、高山植物区、北欧植物区、远东植物区、中亚植物区、澳洲植物区、亚洲植物区、北美、南美、地中海植物区
生态分区	高山植物区、沙漠植物区、湿地植物区、水生植物区、岩石园、荫生园
功能分区	引种驯化试验区、种苗区、科研区、园务管理区、职工生活区、游客服务区、科普教育馆、展示区、儿童植物园、示范区（家庭花园、绿地形式）

（6）植物园规划设计

①植物园景观规划

植物园景观规划设计要贯彻科学性与艺术性相结合的原则，力求使植物园具有科学内涵及园林的外貌。植物园应具有比一般公园更精彩、更美丽的园林景观。因此，植物园应有完整的景观规划——景区、景点系统布局，确定植物园的景观特色。

一般展览区用地面积较大，可占全园总面积的40%~60%，苗圃及实验区用地占25%~35%。

②植物园道路系统规划

植物园除了与公园道路系统相同外，应有完善的步行道，便于接近、观察植物。植物园道路、停车场均应设计成生态化道路、生态化停车场。

③植物园建筑规划

植物园是以展出活植物标本和进行科研为主的公园。因此，园中的建筑也因其功能的不同，而有不同的类型，通常主要有以下4种：

展览性建筑：如展览温室（图4-64、图4-65）、展览荫棚、植物博物馆、蜡叶标本馆等。

点景休息类建筑（含小品）：如亭、廊、榭、塔、小桥、汀步、桌椅、园灯等。

服务性建筑：如小卖部、茶室、书报亭、厕所等。

科研及管理建筑：如科研大楼、生产性温室和荫棚、办公楼、图书馆、宿舍、杂用房等。

《公园设计规范》GB 51192—2016中规定，总量控制建筑面积为植物园各种建筑面积总和占公园总面积的7%。

④植物规划配置

首先需确定植物园准备收集活植物种类（种及品种）数，每种植物种植数量及用地面积。确定重点收集、主要收集和一般收集的种类（名录）。

植物园的植物配置除了追求科学性和艺术性外，还要力求生态性，每种植物都有群植、孤植配置和群落配置植物园在创建初期引种的物种到位之前，应有先锋树种作临时绿化，逐步以正式物种替换。

⑤竖向规划

植物园应选取丰富多变的自然地形，在平坦地区建造植物园则应人工创造多种地形：山脊、山

图4-64　贝尔法斯特植物园

图4-65　贝尔法斯特植物园中温室一角

坡、山坳、谷底、草原、河谷、滩地、溪流、湿地、湖泊等，为植物生长创造多种微地形、小气候。

植物园必须创造良好的种植条件：种植层有深厚肥沃的土壤，并有良好的排水条件。

4.4.4 儿童公园景观规划设计

（1）儿童公园的定义与分类

儿童公园是单独或组合设置的，拥有部分或完善的儿童活动设施，为学龄前儿童、学龄儿童创造和提供以户外活动为主的良好环境，供他们游戏、娱乐、开展体育活动和科普活动并从中得到文化与科学知识，有安全、完善设施的城市专类公园。

儿童公园分为综合性儿童公园、特色性儿童公园和小型儿童乐园三类。

（2）儿童公园户外活动要点

①年龄聚集性

年龄相仿的儿童多在一起游戏。游戏内容也因年龄不同而不一致：3～6岁的儿童多喜欢玩秋千、跷板、沙坑等，但由于年龄小，独立活动能力弱，常需家长伴随；7～12岁的儿童，以在户外较宽阔的地方活动为主，如攀登架、滑梯等。

②季节性

四季和气候的变化对儿童的户外活动影响很大。气候温暖的春季、凉爽的秋季最适合儿童的户外活动；而严寒的冬季和炎热的盛夏则使儿童的户外活动显著减少。同一季节，晴天活动的人多于阴雨天。

③时间性

白天在户外活动主要是一些学龄前儿童。放学后、中晚饭前后是各种儿童户外活动的主要时间。节假日期间多在上午9～11时，下午3～5时形成儿童游玩的高峰，其他时间次之。

④“自我中心”性

2～7岁儿童，活动时注意力不受环境的制约和影响，表现出一种不注意周围环境的“自我中心”状态。

（3）儿童公园分区及主要设施（表4-14、图4-66、图4-67）

儿童公园功能分区及主要设施　　表4-14

功能分区	布置公园功能分区及主要设施
幼儿活动区	6岁以下儿童的游戏活动场所应选择在居民区内或靠近住宅100m的地方，以方便幼儿到达为原则；1岁半～5岁的儿童，一般主要游戏场所有椅子、沙坑、草坪、广场等静态的活动区域；5岁左右的儿童喜欢玩转椅、小跷跷板、滑梯等。要设置休息亭廊、凉亭等供家长休息等使用。游戏场周围常用绿篱围合，出入口尽可能少。该区的活动器械宜光滑、简洁，尽可能做成圆角，避免碰伤
学龄儿童区	服务对象为小学一、二年级的儿童，设施包括螺旋滑梯、秋千、攀登架、电动机、浪木等；还要有供开展集体活动的场地及水上活动的步水池，障碍物活动小区。有条件的地方还可以设开展室内活动的少年之家、科普展览室、电动器械游戏室、图书阅览室以及动物角等
青少年活动区	服务对象为小学四、五年级及初中低年级学生。在设施的布置上更有思想性，活动的难度更大，设施主要内容包括爬网、高架滑梯、溜索、独木桥、越水、越障、战车、索桥，还有爬峭壁、攀登高地等。此外，可开设少年宫、青少年科技文艺培训中心等
体育活动区	体育活动场地包括健身房、运动场、游泳池、各类球场（篮球场、排球场、网球场、棒球场、羽毛球场等）、射击场，有条件还可以设自行车赛场甚至汽车竞赛场等
文化、娱乐、科技活动区	培养儿童集体主义感情，扩大知识领域，增强求知欲和对书籍的喜爱，同时结合电影厅、演讲厅、音乐厅、游艺厅的节目安排达到寓教于乐的目的
自然景观区	在有条件的情况下可以考虑设计一些自然景观区，让儿童回到山坡、水边，躺在草地上，聆听鸟语，细闻花香，如在有天然水源的区域布置曲溪、小溪、浅沼、镜池、石矶，创造自然绿角，这里是孩子们安静读书、看报、听（讲）故事的佳境
管理区	管理工作包括园内卫生、服务、急救、保安工作等

图4-66 儿童公园游戏设施1

图4-67 儿童公园游戏设施2

(4)儿童公园规划布置要点

①儿童公园的主要服务对象是3~15岁的少年儿童。儿童公园的面积不宜过大。

②按照不同年龄儿童使用比例划分用地，如湛江儿童公园是按幼儿区1/5、少年儿童区3/5、其他1/5的比例进行用地划分的。

③为创造良好的自然环境，绿化用地面积应占50%左右，绿化覆盖率宜占全园的70%以上。

④道路网宜成环路、简单明确，便于儿童辨别方向，寻找活动场所。

⑤幼儿活动区最好靠近大门出入口，以便幼儿行走和童车的推行。

⑥儿童公园中的建筑和小品应形象生动，并可运用易为儿童接受的民间传说故事和童话寓言故事为主题。

⑦儿童喜水，戏水池、小游泳池及观赏水景可给儿童公园带来极其生动的景象和活动内容。同时，也要考虑全园的排水，特别是活动场地的排水，以提高场地的使用率。

⑧儿童玩具和游戏器械是儿童公园活动的主要内容，必须按一定的分区，组合布置好。

⑨各活动场地中应设置必要的座椅和休息亭廊等，供带孩子来游玩的老人和成年人使用。

(5)儿童公园绿化设计

儿童公园一般都位于城市生活区内，环境条件多不理想。为了创造良好的自然环境，在公园四周均应以浓密的乔、灌木和绿篱屏障加以隔离。园内各区之间有一定的分隔，以保证相互不干扰。在树种选择和配置上应注意以下四方面的问题：

①忌用下列植物：

A.有毒植物：凡花、叶、果有毒或散发难闻气味的植物，如凌霄、夹竹桃、苦楝、漆树等。

B.有刺植物：易刺伤儿童皮肤和刺破儿童衣服的植物，如枸骨、刺槐、蔷薇等。

C.有过多飞絮的植物：此类植物易引起儿童患呼吸道疾病，如杨、柳、悬铃木等。

D.易招致病虫害及浆果植物：如乌桕、柿树等。

②应选用叶、花、果形状奇特、色彩鲜艳，能

引起儿童兴趣的树木，如马褂木、扶桑、白玉兰、竹类等。

③乔木宜选用高大荫浓的树种，分枝点不宜低于1.8m。灌木宜选用萌发力强、直立生长的中、高型树种，这些树种生存能力强、占地面积小，不会影响儿童的游戏活动。

④在植物的配置上要有完整的主调和基调，以造成全园既有变化但又完整统一的绿色环境。但树种不宜过多，应便于儿童记忆、辨认场地和道路。

图4-68 北京奥林匹克公园鸟瞰图

(6) 建筑和小品的设计

儿童公园中的建筑和小品等硬质景观的设计要根据儿童的心理、生理要求进行规划设计。

①造型应形象生动

应与历史事件、人物故事、神话小说、动物形象相联系。如卡通式的小屋、蘑菇亭“月洞门”“灰姑娘城堡”“龟兔赛跑”“守株待兔”等建筑及小品都很受儿童的喜爱，且寓教于游戏之中。

②色彩应鲜明丰富

孩子对色彩比较敏感，尤其喜欢红、黄、蓝等色泽明快的色彩，对白色也有特殊的好感，设计时可适当采用。

③比例尺度要适宜

力求体量小，使用方便。同时，要注意安全防范，最好采用自然式的曲线或圆角，亦可根据需要设置孔洞，以便儿童观望、钻爬、游戏等。

4.4.5 体育公园景观规划设计

(1) 体育公园的定义与分类体育公园是市民开展体育活动、锻炼身体和游览休息的专类公园，除设有供练习和比赛用的体育场地和建筑物外，还设有文化教育以及服务性建筑，并有相当大的绿化面积，供居民休息散步，是公园和运动场地的综合体(图4-68~图4-70)。体育公园的中心任务就是为群众的体育活动创造必要的条件。

体育公园按照规模及设施的完备性不同，可分为两类:一类是具有完善体育场馆等设施，占地面积较大，可以开运动会的场所；另一类是在城市中开辟一块绿地，安排一些体育活动设施，如各种球类运动场地及一些群众锻炼身体的设施。

(2) 体育公园设计原则

①主题要突出

体育公园即以体育锻炼为主，其他一切服务、设施、环境均以此为中心开展，并且使其在一年四季都能得到充分的利用，因此要室内、露天设施相结合。

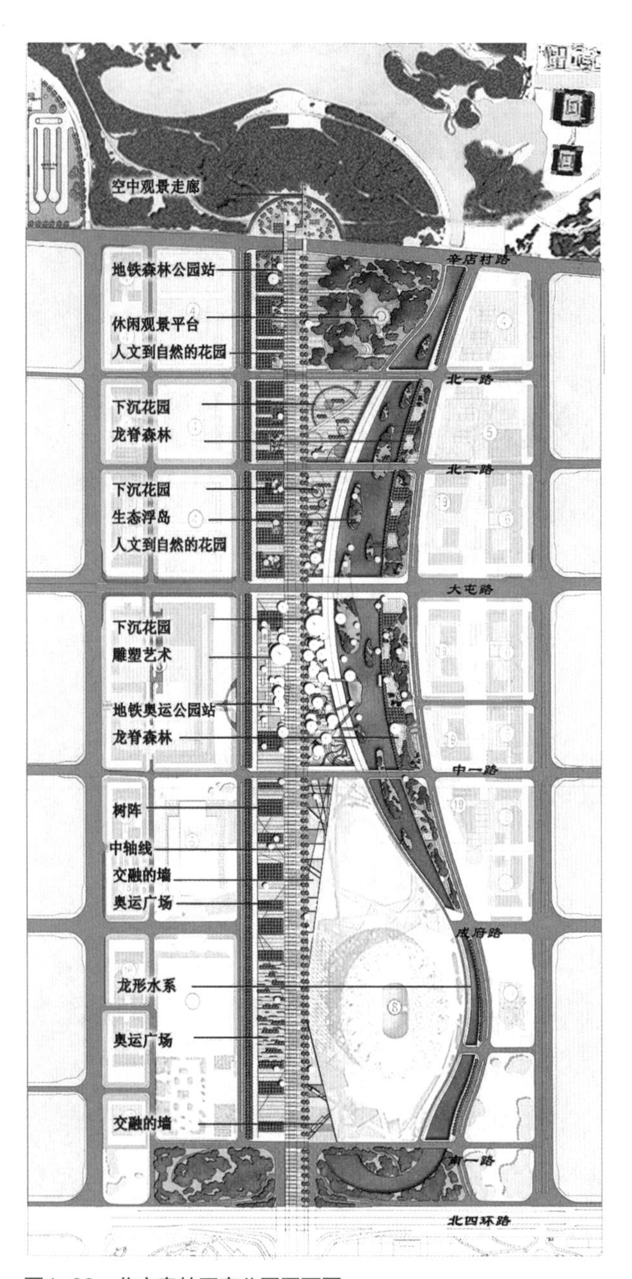

图4-69　北京奥林匹克公园平面图

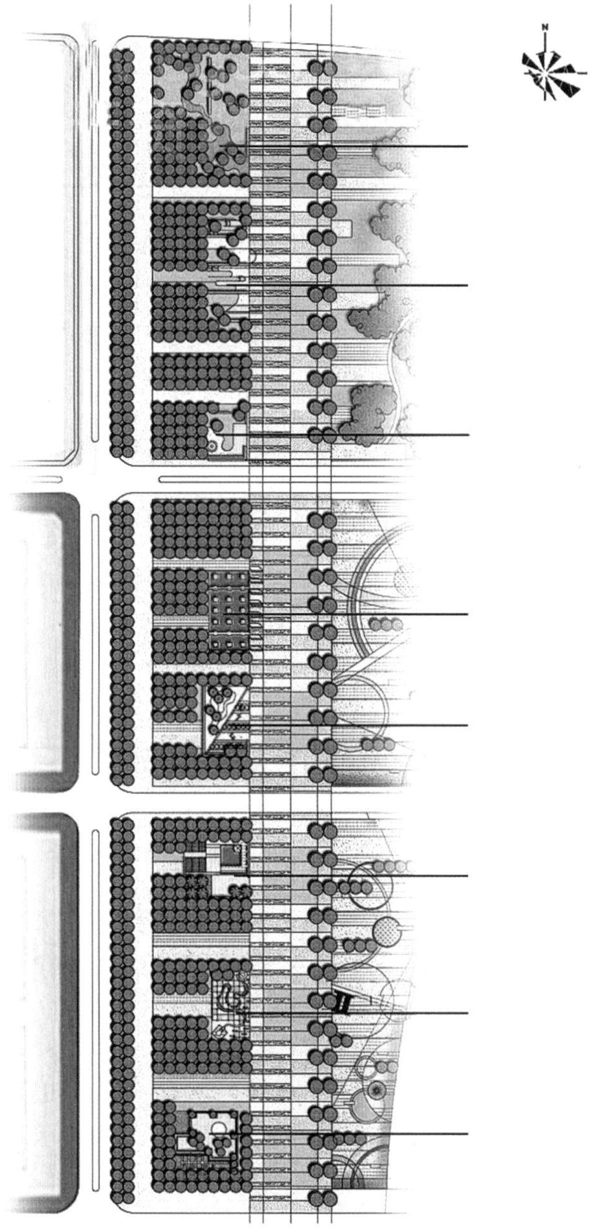

图4-70　北京奥林匹克公园重要景观详细节点

②**通用化设计**

即普遍、全体、共有的意思。满足不同年龄层使用者的大众要求，尤其考虑学龄前儿童、老人和残疾人的使用。

③**科学性和可操作性原则**

以大众健身为目的，做到科学健身、合理收费、方便管理。并应使其为体育竞赛、训练以及休息和文化教育活动创造良好的条件。

④**安全性原则**

体育公园是运动的场所，相对于一般公园来说，安全性尤为重要。首先，医疗设施要全面，医护人员要专业，以备突发事件的紧急处理。其次，运动设施要勤俭勤修，不能再使用的一定要及时更换，暂时不能更换的要有明显的警告标志。再次，考虑儿童、老人以及残疾人使用的合理尺度甚至专门设计，但又不能孤立设置，而是要与正常使用者相融，做到人性化设计。最后，材料要环保卫生，可以废物利用，吸引活动者。

⑤技术性原则

要求配备专业锻炼设施、专门健身教练，为每位参与者制定符合自身需要的锻炼计划。

（3）体育公园功能分区与规划要点

①室内体育活动场馆区

室内体育活动场馆区一般占地面积较大，一些主要建筑如体育馆、室内游泳馆及附属建筑均在此区内。另外，为方便群众的活动，应在建筑前方或大门附近安排一个面积比较大的停车场，停车场应该采用草坪砖铺地，安排一些花坛、喷泉等设施，起到调节小气候的作用。

②室外体育活动区

室外体育活动区一般是以运动场的形式出现，在场内可以开展一些球类等体育活动。大面积、标准化的运动场应在四周或某一边缘设置一观看台，以方便群众观看体育比赛。

③儿童活动区

儿童活动区一般位于公园的出入口附近或比较醒目的地方，主要是为儿童的体育活动创造条件。设施布置上应能满足不同年龄阶段儿童活动的需要，以活泼、欢快的色彩为主，同时应以儿童喜爱的造型为主。

④园林区

园林区的面积在不同规模、不同设施的体育公园内有很大差别。在不影响体育活动的前提下，应尽可能增加绿地面积，以达到改善小气候条件、创造优美环境的目的。在此区内，一般可安排一些小型体育锻炼的设施，诸如单杠、双杠等。同时老年人一般多集中在此区活动，因此，要从老年人活动的需要出发，安排一些小场地，布置一些桌椅，以满足老年人在此进行一些安静活动（如打牌、下棋等）的需求。

（4）体育公园的绿化设计

体育公园的绿化应为创造良好的体育锻炼环境服务，绿化尽量做到简单、生态，应具有较好的隔离效果，根据不同功能区进行植物种植设计。

园林区是体育公园中绿化设计的重点，对整个公园的环境起到美化和改善小气候的作用。选择具有良好观赏价值和遮阴效果的庭荫树，营建层次分明的疏林，林下设立老年活动区或布置少量的健身器材，为老年人提供良好的活动氛围。同时，可结合少量的景观建筑，如亭、廊、花架等，栽种花灌木或藤本植物，形成立体绿化，以提高体育公园的绿化率，亦可以用绿篱、花卉做一些反映运动主题的园林雕塑小品。

出入口的绿化应简洁、明快，具有一定的标示性。可设置一些花坛和草坪，结合停车场进行布置。在花坛或花境的色彩设计上，要做到色彩鲜艳，具有强烈的运动感，创造一种欢快、活泼、轻松的气氛。

体育场馆周边的绿化与一般建筑附属绿地的绿化类似，需注意不能影响游人的集散。

体育运动场面积较大，场地内铺设耐践踏的草坪。在场地四周，可适当种植一些高大乔木，为游人提供遮阴的场所。同时，还可密植乔、灌木，形成防护隔离带。

4.5 滨水景观

4.5.1 滨水景观的概述

滨水区这一词汇是近几年才出现的新名词，在中国正式出版的词典上，几乎没有明确的解释。在英文中滨水可以翻译为“waterfront”。在1991年版的《牛津英语词典》中对此词的解释为“与河流、湖泊、海洋毗邻的土地或建筑。城镇邻近水边的部分”。韦氏字典的解释为：“河流边缘、港湾等土地”。美国传统词典的解释为：“靠水边的地；城镇临水的部分，尤指船只停靠的码头区”（图4-71、图4-72）。

滨水景观是指对临近所有较大型水体区域的整体规划和设计而形成的优美风景，按其毗邻的水体性质不同，可分为滨河、滨江、滨湖和滨海景观。滨水景观主要是指对于位于城市范围内的较大型水体区域进行规划设计而形成的优美风景。滨水一般指同海、湖、江、河等水域濒临的陆地边缘地带。水域孕育了城市和城市文化，成为城市发展的重要因素。世界上知名城市大多伴随着一条名河而兴衰变化。城市滨水区是构成城市公共开放空间的重要部分，并且是城市公共开放空间中兼具自然地景和人工景观的区域，其对于城市的意义尤为独特和重要（图4-73、图4-74）。

4.5.2 滨水景观的分类

（1）按土地使用性质分类

按土地使用性质，滨水区可分为滨水商业金融

图4-71 澳大利亚布里斯班的黄金海岸1

图4-72 澳大利亚布里斯班的黄金海岸2

图4-73 新西兰自然水体

图4-74 新西兰奥克兰港口景色

区、滨水行政办公区、滨水文化娱乐区、滨水住宅区、滨水工业仓储区、滨水港口码头区、滨水公园区、滨水风景名胜区、滨水自然湿地等。

图4-75 中国传统滨水区-周庄

图4-76 西方传统滨水区——威尼斯

图4-77 西方现代滨水区——美国巴尔的摩

(2)按空间特色与风格分类

按空间特色和风格，滨水区可以分为以下3类：

①以中国江南水乡为代表的东方传统滨水区

其典型代表是周庄、同里等（图4-75）。主要特点是水陆两套互补的交通系统，形成多种多样的滨水街道和广场，及形式多样、尺度宜人的桥梁景观等。江南水乡可以充分地体现出东方传统滨水空间的有机性、自然性、历史文化等特征。

②以意大利水城为代表的西方传统滨水区

典型代表是水城威尼斯（图4-76）。与江南水乡相比，除了滨水建筑特征上所体现的文化传统不同外，从滨水空间上看，意大利水城的城市河道空间更具有层次感，滨水广场、街道的开放性更强，更强调滨水活动的多样性。

③现代滨水区

典型代表是上海黄浦江外滩地区、美国巴尔的摩内港区等（图4-77）。随着全球化的城市进展，许多传统的滨水区正面临着各种各样的冲击，原来的和谐共荣的滨水环境正在消失。经济的发展和对技术效益的追求带来各种各样的负面效应——水体的污染，环境充斥着噪声、灰尘等，严重影响了滨水人居环境。因此，现代滨水区面临着如何改善滨水环境，恢复已经失去的滨水文脉环境，并将现代丰富多彩的生活与滨水环境完美结合等问题。

(3)按空间形态分类

①带状狭长形滨水空间

如城市里的江、河、溪流等。由于江河溪流的宽度不同，形成的带状滨水空间就不同。如江南水乡的滨水空间与上海黄浦江滨水空间就明显不同，前者滨水尺度小，两岸关系更为密切，后者则相反。

②面状开阔形滨水空间

如湖、海等，此种滨水空间一边朝向开阔的水域，往往更强调临水一边的景观效果。

（4）按园林景观生态分类

①作为斑块性质的滨水区

具体地说，主要指属于斑块类型中的环境资源斑块，例如局部地区的湖沼、池塘区域。在环境资源斑块与本底之间，生态交错带比较宽，两个群落之间的过渡比较慢（图4-78）。

②作为廊道性质的滨水区

主要指江、河，其主要的效应表现为限制城市无节制发展，有利于吸收、排放、降低和缓解城市污染，减少中心区人口密度和交通流量，使土地集约化、高效化。作为廊道的滨水区，包括河道、河漫滩、河岸和高地区域。城市河流廊道的主要功能在于生态价值和社会经济价值（图4-79）。

4.5.3 滨水景观的基本原则

（1）整体优化原则

从滨水区自身来看，滨水区的设计在整体上应具有和谐感和整体感。从滨水区和城市的关系来看，应加强滨水自然景观资源与城市的融合性，依托现有的城市结构，明确滨水区的地位。各种形式的滨水空间，都是城市公共开放空间的有机组成部分。

因此，城市的滨水区与市区之间要加强联系，防止将滨水地区孤立地规划成一个独立体。另外，还要求设计者研究滨水空间对城市的影响，以促进城市的整体活力和繁荣（图4-80）。

（2）地域特色原则

每一景观都有与其他景观不同的个体特征，这些个体特征的差异又反映在景观的结构与功能上。滨水区景观设计应该强调利用城市所在地域的区域

图4-78 典型滨湖景观——扬州瘦西湖内港区

图4-79 布拉格滨湖景观

环境特征，保持和维护特定区域环境及生态位的独特性，因势利导，选用地方材料，造就各具特色的滨水空间环境（图4-81）。

图4-80 中国现代滨水区

（3）遗留地保护原则

即对原始自然保留的宝贵的历史文化遗迹要实行绝对的保护。基于景观生态学原理的景观规划设计，要求人类对自然的介入应约束在环境容量以内，不破坏生态系统的物流、能流的基本通道，创造既服务于人，又与自然环境相融合的最佳场所。

城市往往是沿河、沿江发展起来的，因此滨水区往往是城市中历史文化比较丰富的地区。滨水区的开发和建设也越来越注重这种文化的挖掘和继承，形成富有文化内涵的景观，成为一个具有“记忆”的地区。

在进行景观规划时，应对这样的区域加以绝对的保护。注重自然景观的保护，尤其是环境敏感区的保护，对不得不破坏的自然景观应加以补偿或修复。对水源地、名胜古迹、重要的城市森林绿地，加以格外的保护（图4-82）。

图4-81 西安浐灞湿地公园

图4-82 秋日瑞士

（4）人性化原则

在滨水区景观设计中，设计师要注意一切设计都联系着人的生活与尺度。在滨水空间的营造上，一定要考虑人的多层面、多方位的不同需要，以达到空间环境与人行为活动的有机统一。

（5）安全性原则

确保城市堤防的稳固，防止因绿化植被或其他景观设施破坏大堤结构，防止堤防在洪水来临时管涌、溃堤等事故的发生，确保城市居民的生命和物质财产不受水灾的侵扰是城市堤岸的首要职责，是综合开发城市堤岸、提高城市土地利用率、美化城市环境、创造多重经济效益的前提和基础。滨水景观的安全性规范参考《堤防设计工程规范》GB50286—2013。

（6）亲水性原则

亲水、近水是人的天性，人们对水有着心理与生理的需求。所谓亲水性是指人能够触摸到水的一种感受，或者说是一种很容易就能达到的物理现象，也可以说是手能触及的心理现象。滨水区设计重要的一点就是要能够满足人们亲水的愿望，亲水性几乎是滨水区规划建设能否成功的关键（图4-83、图4-84）。

（7）综合性原则

滨水区的景观规划与设计是一项综合性的工作。对滨水区的分析不是某单一学科所能解决，也不是某一专业人员所能完全理解并作出合理的决策的。滨水区的景观规划与设计需要多学科合作，包括景观规划者、土地和水资源规划者、景观建筑师、景观设计师、生态学家、地理学家等。

图4-83　滨水景观中的亲水设计

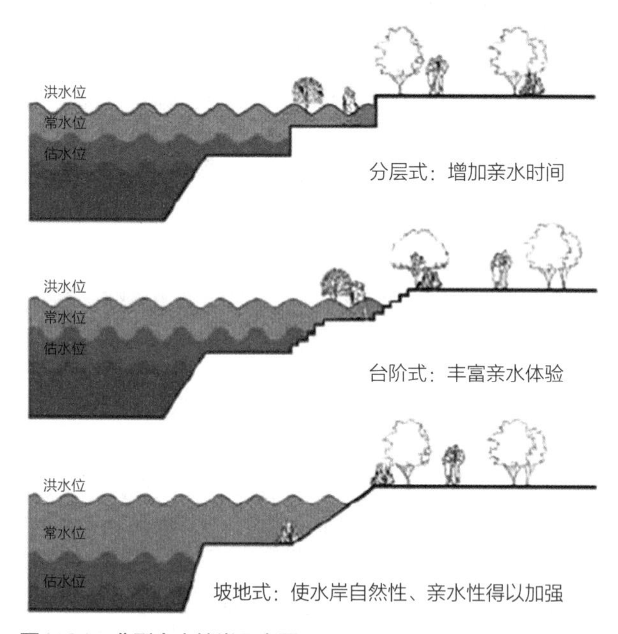

图4-84　典型亲水护岸示意图

（8）功能性原则

滨水资源与城市生活紧密相连。由于水资源的多样性和兼容性，滨水区既是自然生态资源，也在城市中扮演多重角色，因此滨水景观的设计也要注重功能性，要满足城市的多种需求。

①休闲功能

滨水景观要为市民提供一个滨水休闲的空间，构建景观开放的亲水性人文活动空间，满足人们亲水休闲的需要。

②交通功能

利用滨水资源，完善辅助交通手段，丰富城市功能，也可以作为景观的一个部分，吸引游客观光。

③旅游功能

很多滨水资源本身具有很高的观赏价值，或者具备深厚的历史文化底蕴。滨水景观的设计，要配合城市旅游发展的需要，同时提供必要的旅游配套设施，满足游客在滨水区开展旅游活动的需要。

4.6 校园景观

4.6.1 校园景观概念

校园景观设计学是一门综合性景观设计，它主要强调土地的设计，即通过对有关土地及一切人类户外空间的问题进行科学理性的分析，设计问题的解决方案和解决途径，并监理设计的实现。校园景观设计学所关注的问题是土地和人类户外空间的问题，它与现代意义上的城市规划的主要区别在于，校园景观设计学是物质空间的规划和设计，包括城市与区域的物质空间规划设计，而城市规划更主要关注社会经济和城市总体发展计划（图4-85）。

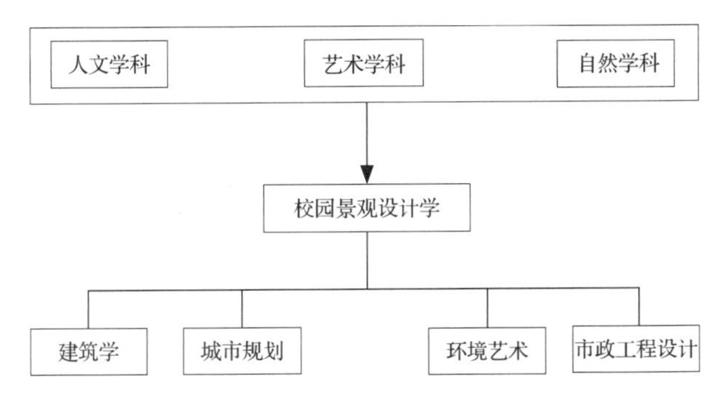

图4-85 校园景观学所处的学科地位及相关学科关系

4.6.2 校园景观设计的基本原则

（1）营造交往场所，强调可参与性

校园景观设计的首要目标是为了营造一个富于活力和促进师生交往的良好场所环境。

①新经济条件下的大学校园对交往提出了更迫切的要求

如前所述，新经济对人才的要求发生了转向，对学生提出了新的要求——创造性和具有独立思考能力，这就需要校园建设能够创造一种促进师生交流和互相启发、锻炼表达能力与沟通能力的场所。这种场所不仅仅体现在建筑内的课堂上，更应该贯穿学生生活，包括室外课余活动空间，良好的校园景观为人们提供更多的交往空间（图4-86）。

②学生的生活方式特点

学生在学校的大部分时间里都过着三点一线的生活：宿舍—教室—食堂。大学生每天上课6个小时，8小时睡眠，4个小时吃饭以及干生活琐事，还有6个小时可供自己支配。这其中，参加文化休闲活动、体育活动，以及室外晨读、散步、室外社团及文艺活动占了很大的分量。即大学生无论是三点一线的生活规律，还是参与室外文化活动，都有很大一部分时间处在校园环境中，于是校园环境成为学生日常生活所依赖的空间。

③景观空间具有较强的公共性，为人们的交往提供了平台

如果对学生主要生活空间从私密到公共进行划分，可以发现，宿舍（2~8个学生共有）—教室（20~200个学生共有）—户外空间（全校学生共有），呈现由私密到公共的不同性质。事实上，公共

图4-86 交往空间对学生创造性、独立性和沟通性都产生影响

图4-87 包豪斯艺术大学和哈佛大学——有较强的交往空间示意

性越强的空间人们相遇和交往的机会越多。“公共场合下自然发生的接触，一般都是很短暂的。以这类简单的层次为起点，接触就可以随参与者的意愿发展到别的层次。而相聚在同一空间是这些接触的必要前提。”作为全校学生共有的户外景观空间，它以一种轻松自然的方式，提供了更多不同的交往机会（图4-87）。

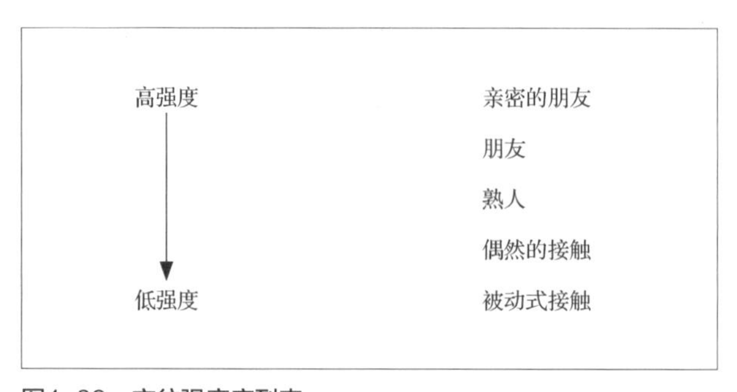

图4-88 交往强度序列表

④为校园环境提供活动的内容，是促进交往活动的良好条件

在丹麦建筑理论家扬·盖尔的《交往与空间》一书中，他分析了交往的强度（图4-88），认为“没有户外活动，最低程度的接触就不会出现”。他的分析表明，公共场合的人及其活动是引人入胜的因素，户外活动和社会性活动依赖于户外空间环境的质量和合适环境条件，进而促进了人们的交往强度。在校园中，除了创造良好的环境空间质量，设计者还可为其设计更丰富的交往的活动场所。

（2）生态原则

生态是环境景观设计永远的主题，尊重、重视和利用现有的校园自然景观资源，创造一个人工环

图4-89 西安思源学院——绿化景观

图4-90 斯坦福大学——绿化景观

境与自然环境和谐共存、相互补充，面向可持续发展的理想校园生态环境是最根本的原则。

校园景观设计的另一个重要目标是为了营造校内良好的生态环境，这样校园往往散布在城市或郊区，良好的环境成为城市的绿肺，起到调节城市空气质量，为周围市民提供休闲场所的功能。根据2018年我国教育部颁发的《普通高校校园规划建筑面积指标》建标191—2018，校园建筑的容积率在0.5左右，而一般房地产项目的容积率在1以上，因而校园有充裕的条件优化其景观的设计。

①不破坏原有的植被。从一开始的设计，就要对现有的生态环境进行分析，例如：坡地分析、植被分析、日照分析等，尽量少的土方开挖，尽量保留原有植被，避免破坏生态平衡。

②强调环境的地域特色。包括根据南北气候的不同布置室外空间和采用具有当地地域文化特色的植栽两个方面。

③采用可循环利用的建设材料，即景观材料应尽量采用对环境有利、污染少、可回收的绿色环保材料。

俞孔坚教授认为，景观生态设计有以下几条基本原理：①自然优先原理；②整体设计原理；③设计适应性原理；④多科学性原理（图4-89、图4-90）。

（3）均衡性原则

整齐式是最基本的均衡。再自然式的园林绿地也应该保持有重心，给人以均衡、稳定、舒适之

图4-91　校园四季植物的均衡搭配（西安思源学院）

感，而不应该产生偏斜的现象。在植物的布置上也要均衡四季，在时间上有观赏的延续性。

由于校园景观含有固定性景观和生长性景观两方面的内容，景观成为校园整体设计中唯一具有时间性因素的部分。校园景观的固定因素是指广场、室外家具、空间围合等，不随时间的因素而变化；校园景观的生长因素是指植物、花木等随着时间和四季变化而变化。

景观的时间目标是要求随着时间的变化，景观生长性因素能够呈现出一种动态的四季变幻特色景观，这些因素使整个校园无论春夏秋冬都能呈现出有活力的气氛（图4-91）。

（4）整体性原则

校园功效各异，景观子系统必须在上一级系统宏观把握基础上，运用统一的设计语言、统一的色彩系统，保持自身的完整性与整体性，强调不同层面、不同区域景观设计的统一性，将各种序列空间合理组织好（图4-92、图4-93）。

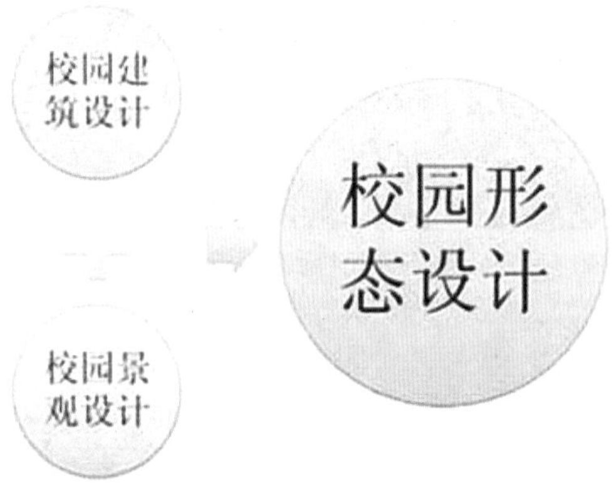

校园建筑设计

校园景观设计

校园形态设计

图4-92　三要素在校园整体性中的关系

图4-93　同济大学部分建筑与景观形成一体

（5）延续性原则

①与校园总体方案相吻合的景观环境方案，应在校园总体方案指导下进行设计，应是校园总体方案的延伸和拓展。

②与校园建筑应有机联合，融成一体，寻求建筑“生长”在自然环境中。

A.内外空间交换，绿地可局部伸入室内，延伸至室内空间。

B.制作一些通透性好的半开敞的“灰空间”，如门厅、廊架、平台等。

C.在硬质景观（广场、硬地、铺装等）中采用与建筑物类似的建筑材料，作为延伸处理。

③原有山林坡地、水面应尽量让其自然地融入校园环境中。

④与校园的历史文脉相延续。

（6）人本化原则

人本化原则即以人为本的设计原则。校园的建筑、景观环境都必须以应用者为中心，以他们的行动作为模数和参照，形成完善、安全、舒适的，供师生学习、交换、聚散、步行休闲、文化娱乐、生活及夜间照明的系统。

①空间分割合理

中心区轮廓明显，方位标记突出，道路直达便捷，色彩对照强烈，视线走廊通透、聚焦（图4-94）。

②标准舒适、安全，方便管理

教学楼教室周边南北向的植物应以低矮为主，形成宽阔明亮的采光环境。所有室外家具和设施必须符合学生标准和行动模式。主、次干道分明，休闲步道1.5~2.0m左右即可。水边宜建生态性驳岸，可设缓坡草地深入水中。

③可辨认性强

由于应用者定期调换（新生入学），来访者众多，建立辨认特点（易于辨认）、结构特点（方向、主次等）、景观特点（主楼、雕塑、主广场等）、标识系统（指示路牌、建筑物标牌、公厕等公共设施标牌）（图4-95）。

（7）人文化原则

校园景观环境应能体现各种人文精力，能最大限度地强化勉励学生、教师职工的内在精力特质，潜移默化，沾染人的情绪，提升人的道德品德、艺术修养，完善人格，保持学校蓬勃向上、清新、净美的气质。一般可运用以下方法将校园精力渗透到物化的环境之中:

图4-94　道路直达便捷

图4-95　指示牌

①环境作风的建立

充分利用校区内奇特的自然景观和建筑环境，创立作风浓郁的环境特点，是建立富有内涵的校园环境的重要方法。

②历史环境的保护与纪念环境的创造

每个学校都有自己的历史，将这些历史反映到校园环境中。在学校扩建和改建中，尤要注意保存具有历史意义的空间场合和建筑实体，并让新的空间和实体与原有空间和实体相呼应，可设置一些纪念性环境，如人物、纪念园、纪念林、壁画、纪念亭、展现廊等来突出文化内涵和传统精力。

③现代精力的融入

在设计中加入能反映现代学校教学宗旨、勉励学生向科学高峰英勇攀登的现代精力，体现学校前进的朝气是必不可少的，可用一些抽象的、现代感较强的、质朴或现代的材料制作雕塑或标记物（图4-96）。

（8）再次围合空间

校园景观设计营造适宜的二次围合的空间尺度和氛围。校园景观的固定性因素中又分为抽象空间因素、具象空间因素和物质因素三个部分。抽象空间因素是在规划设计时就要综合进行考虑，并由规划布局已经确立了的空间因素隐含在环境之中，使用者往往对之不能直观、具体感受到，需要利用景观元素对其进行二次划分。具象环境因素包括景观的边界、树木和室外家具的围合、地面的高低变化等等，对抽象空间因素的尺度进行二次划分，使之更接近人的尺度，符合使用者的心理需求（图4-97、图4-98）。

（9）景观性原则

景观是一种物质和精力的展现，运用视廊、节点、边界、路径、地标、景区、开放、半开放、闭合的空间、重要视点等相干设计元素，运用借景、

图4-96　胡佛纪念塔（斯坦福大学的地标性建筑）

图4-97　植物的空间二次划分作用

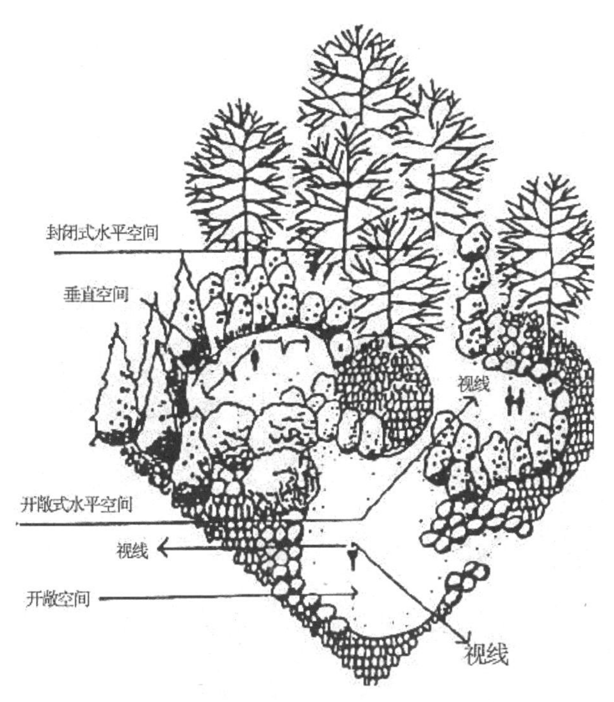

图4-98 植物的配置组合成各种空间

图4-99 加利福尼亚大学——利用原有地貌，加强生态优势

图4-100 斯坦福大学楼前开阔空间

组景、透景、隔景等设计技巧，将天、水、气、山、地、绿引入校园，形成布局紧凑、张弛有致，富于节奏感、韵律感，简洁大方而又丰富多变、引人入胜的校园空间效果。

4.6.3 校园景观设计的目标

（1）生态系统完善

①加强生态优势

从整体上把握校园现状的生态优势，进行适当改革和领导后，形成一个功效合理、景观精巧的新的生态构架：原有地形地貌尽可能保持，减少土方量；原有水系要有序引导疏通；原有植物，尤其是大树，尽可能保存并养护好，避免施工时的伤害（图4-99）。

尽量保持原有的地形和山水态势外，随着对生态研究的扩大，天空这一元素亦被引入。人们视平线前上方45° 的视野内若无法看到天空，是不符合自然的生态设计。因此设计师需精心考虑教学楼及宿舍楼前方的景观生态环境。国内外著名大学的重要教学楼与宿舍区都注重室内采光与楼间距的把握，尽可能保证在重要教学楼的正南方有大面积的宽广地带，保证充分的日照及开阔的天空视野（图4-100）。

②创造人工与自然和谐的绿色校园

校园建设中所创造的人工景观必须与保存、修整的自然景观相呼应、和谐，形成完整的大景观构架，即“天人合一”。

校园景观设计的出发点不应是繁复的人工堆砌，清新的空气比人工景观造型本身更有实用价值。大批供氧植物的配置令空气清新，使学生

图4-101 宜人的校园绿化（西安思源学院）

不易因缺氧而贪睡和疲惫，保持清醒的头脑（图4-101）。

在校园四周应尽可能以高大植物加以围合，以植物墙遮挡校园外喧哗的社会环境，以利于内外空间的划分。适当在校园入口处点缀开花的攀爬植物和灌木，以色彩强化校园重点部位。学生在自修疲惫时以凝望绿篱调节身心。绿篱若过于密实，仍会产生压抑感，在修剪上“齐中有透，虚实呼应”最为上乘。

（2）功效组织合理

校园的功效分区一般分为：校前区、教学区、行政区、文体区、学生生活区、教职工生活区、生态林区、湖泊水体区、科研生产区、后勤区等。其可分为全集中型、主集中型、疏散型等（表4-15）。

赣南师范学院黄金校区的景观格局指标（理解校园功效组织的概况） 表4-15

景观类型	多样性指数	相对均匀度指数	优势度指数	分离度指数
教学景观	2.517	0.840	0.479	903.784
生活设施景观	2.774	0.695	1.215	402.853
娱乐设施景观	2.025	0.565	1.559	472.018
绿地景观	2.334	0.842	0.439	644.406
水域景观	1.008	0.727	0.378	9964.66
道路景观	2.432	0.715	0.969	1342.606

图4-102 丰富的空间景观

图4-103 北大未名湖畔——山水地形丰富

图4-104 清华大学——荷塘月色

校园的外部环境空间包含校前区、入口大门、功效各异的广场、庭园、人行道与车行道、山地、水面、绿地、运动场、展现场、实验场、露天剧场、屋顶平台、屋顶花园等等。其中广场、庭园、露天剧场、展现场等是流线中的“亮点”，吸引学生停留、驻足，并由点带线，领导全部流线。线、点、面的联合讲究丰富、变更，避免横平竖直式布局，而由各种雅观多变的曲线、直线相联合，正向、斜向相搭配，产生丰富的景观视觉效果，符合青年学生的心理需求（图4-102）。

在教学楼旁的景观设计必定是全校园最有序的设计。整齐修剪的林荫道，带有竖向拉伸感的植物，厚重的植物色彩，易使学生生性好动的特点受到场合精力的束缚，快速进入严谨认真的学习气氛中。

（3）景观特点明显

校园应充分利用本校地形、水面的优势，并巧妙运用校园外的景观造景、借景，做到崇尚自然，奇特。同时，应具有鲜明的时代特点和一定的艺术程度，具有较高思想内涵，优先人文、张扬传统文脉，并融入现代精力（图4-103）。

每个校园都有自己的人文历史，新建校园有自己新的奋斗目标，在景观设计上应充分彰显出这些个性特点，突出校园精力。可通过景观造景如雕塑、碑刻、小品、标记物等来表现校园人文（图4-104）。

4.6.4 校园景观的设计要素

（1）校园景观的设计模式要素

①中心区域景观

作为校园的核心区域，一般位于校园的几何中心，以校园的最重要的教学功能为主，同时校园内的大型重要集会活动都会在这里进行。这一区域的景观以强调开放、交流的气氛为主，其又具有校园标志性和仪式性的功能，因而景观的设计需要有强烈的特色，能代表一定的文化追求，在学生中留下深刻的良好印象。

②边缘林木景观

边缘林木景观是对基地原有的生态环境进行刻意保护的原始环境，或预留发展环境。这一景观常常位于校园的边缘地区，它对调节良好的生态环境有贡献，不能以一般围合空间尺度概念要求。

③建筑组团之间的景观

建筑组团之间构成的是一个居中层次的空间，这个空间可以是几个组团刻意围合而成，也可以是组团之间的空闲场所。几个组团刻意围合的空间景观具有较强的中心性，景观设置需要结合空间形态的需要，具有较强的可观性和参与性。而组团之间的空闲场所，则应采取配角的姿态，简单大气，以突出更重要的空间景观。

④建筑物围合的院落景观

建筑物围合的院落空间是较为亲近人的景观空间，由于其近人的尺度，其空间形态需要考虑人的观感和尺度，以及高宽比的关系。而这一空间形态下的景观设计，可借用中国传统园林“天人合一”以及借景等造园手法，使建筑与室外生态环境相融合。

⑤穿插在建筑物之间的景观

这是最小层次的景观，它常常以小尺寸和建筑空间相融合，在建筑平台、室内中庭、走廊花池、绿化天井、屋顶花园等立体层次上展现生态环境与人工环境的密切交融。

⑥道路景观

道路景观一般沿着道路呈线状分布。行道树绿化是车行道路景观的主角。同时，沿道路交通流线布置的绿化放大空间，可提供更多的停驻交往场所。

另一个重要的道路景观是人行道路景观。通常这是一个相对安全的步行区域，亦与各功能区的步行系统组成完整的步行网络，避免机动车的干扰，创造安静的学习生活环境。

⑦校前区景观

随着校园的社会化、开放化发展，校园与城市相叠合的区域——校前区越来越受到人们的重视。在校前区空间规划上，关键要处理车流和人流的关系。作为校园的“门面”，在景观设计上需要结合校门的设计，着重体现庄重、简洁和仪式性的形象。

⑧标志性景观

标志性景观是指校园中具有地标作用的景观设计。它可以是一个高度与众不同的塔，也可以是一片识别性较高的林地。它应具有与众不同的特点，在视觉上提供形象认识的标志。

⑨小品布置景观

园林小品在校园环境中是不可缺少的组成部分。在校园中除去美丽的花木外，常常设有陶冶人的情操、激发人们的志向、体现对使用者关怀的各种设备。

校园中的园林小品应朴素大方、生动活泼、经济实用、占地面积小。适宜校园点缀的小品如坐凳、花坛、指示牌、宣传栏、花架、雕塑、景墙、碑刻等（图4-105、图4-106）。

图4-105 中心广场一角及罗丹的雕塑（斯坦福大学）

图4-106 小品——指示牌

（2）校园景观包含的要素

①空间要素

A.抽象空间要素

抽象空间要素，是指根据规划确定的空间形状、尺度、边界和相关功能等。

B.具象空间要素

具象空间要素是由景观设计对空间的二次围合和划分。对抽象要素中确定的建筑外围的空间进行尺度上的优化，使其更利于人们的交往和停留。

②固定性物质要素

固定性物质要素主要是指园林建筑、园林构筑物、室外家具、地面铺装、照明设施等等。在进行固定性物质要素的设计时，应该考虑形式、风格以及使用功能，是更为深入和具体的设计。

③自然要素

A.树木、灌木

树木和灌木不仅仅有绿化美观的作用，在室外空间也具有一定的围合作用。利用这一元素运用的造景方式有：

面状造景，主要是指成片密集的树林，往往应用于校园的非中心景观区，一半利用略带起伏的坡地，或原有的植物树林来进行造景。

现状造景，主要是指行道树和校园空间构图中具有引导性的区域，植物以高大的乔木为主。

点状造景，是根据校园的需要配置，包括一些孤立的树种和一些树丛两种。

B.山石水体

花坛和绿篱：花坛一般具有一定形状，植物的搭配与花池的造型一同组成。绿篱可修剪成各种造型，常用常绿针叶树成堆密集种植。

草地：草地在园林景观里随处可见，同时在校园景观中也是不可或缺的元素。

水体：水体是从古至今造园的重要元素。“一池三山”是中国古典园林最常见的造景方式。

山石：山石主要分为参与性和观赏性的。参与性山石一般是指山与水的结合，既可以远观，同时人们还可以进行攀爬活动，参与其中。观赏性的山石一般常与植物搭配堆砌而成。

图4-107　剑桥大学康河草坡微地形

微地形：它的处理和应用，近年来非常受到欢迎。起伏的缓坡草坪，不仅创造了优美的环境，同时也利用了地形排水，节省土地，适宜各种活动。剑桥大学康河草坡微地形就是一个典型的实例（图4-107）。

4.6.5　校园景观设计的成果表达

（1）空间部分

明确设计空间的意象，以及二次围合的空间形态、尺度分析。根据需要设计下沉广场、滨水平台、室外台阶、广场铺装、构筑物等（表4-16）。

各类地表排水坡度（单位：°）　　表4-16

地表类型	最大坡度	最小坡度	最适坡度
草地	33	1.0	1.5~1.0
运动草地	2.0	0.5	10.0
植栽草地	视土质而定	0.5	3.0~5.0
铺装场地 平原地区	1.0	0.3	—
丘陵地区	3.0	0.3	—

（2）室外家具部分

对室外家具的位置、摆放方式，以及家具的详细设计以具体的图例进行表达。这部分设计属于景观的固定性物质要素部分。

（3）植物配置部分

与园林专业合作，明确各个区域的植物物种配置，搭配合理，四季明确、均衡。花池、山石、微地形等的设计属于景观的自然要素部分。

4.7　景观生态规划设计

4.7.1　景观生态规划设计的重点

（1）景观生态过程——格局的规划设计

斑块、廊道和基质是景观生态学用来解释景观结构的基本模式，普遍适用于各类景观，包括荒漠、森林、农田、草原、郊区和建成区景观。景观中任意一点或是落在某一斑块内，或是落在廊道内，或是在作为背景的基质内，这一模式为比较和判别景观结构、分析结构与功能的关系和改变景观提供了一种通俗、简明和可操作的语言。这种语言和景观与城乡规划师及决策者所运用的语言尤其有共通之处，因而景观生态学的理论与观察结果很快可以在规划中被应用。这也是为什么景观生态规划能迅速在规划设计领域内获得共鸣，特别是在一直领导世界景观与城乡规划设计新潮流的哈佛大学异军突起的原因之一。美国景观生态学奠基人理查德·福尔曼与国际权威景观规划大师卡尔·斯坦尼兹（Carl Steinitz）紧密配合，并得到地理信息系统教授斯蒂芬·欧文（Stephen Ervin）的强有力技术支持，从而在哈佛开创了又一代规划新学派（Wencheetal,

图4-108 景观生态与规划设计

1996)，使景观生态学真正与规划设计融为一体（图4-108)。

运用这一基本语言，景观生态学探讨地球表面的景观是怎样由斑块、廊道和基质所构成的，如何来定量、定性地描述这些基本景观元素的形状、大小、数目和空间关系，以及这些空间属性对景观中的运动和生态流有什么影响。如方形斑块和圆形斑块分别对物种多样性和物种构成有什么不同影响；大斑块和小斑块各有什么生态学利弊；弯曲的、直线的、连续的，或是间断的廊道对物种运动和物质流动有什么不同影响；不同的基质纹理（细密或粗散）对动物的运动和空间扩散的干扰有什么影响等。围绕这一系列问题的观察和分析，景观生态学得出了一些关于景观结构与功能关系的一般性原理，为景观规划和改变提供了依据。

（2）景观生态学的度量体系与景观生态规划设计

除了上述运用景观生态概念和原理在近年景观规划中产生了重要影响外，景观生态学的度量体系也对景观生态规划向着更科学和定量化的方向发展有重要的意义。景观生态学度量体系被认为是将生态知识应用于规划设计的有效工具，特别是景观生态学的形式语言和景观设计语言是可以相通的。对景观生态来说，景观结构由成分和构建两个基本要素组成。成分不包含空间关系信息，是由数目、面积、比例、丰富度、优势度和多样性指标等来衡量。景观构建则是景观地物类型的空间特征，是与斑块的几何特征和空间分布特征相联系的，如尺度和形状、适应度、毗邻度等。连续性是景观生态学的一个重要结构（也是功能）的衡量指标，它尤其在生态网络概念上非常有意义，而网络的连续性可以根据图论的原理来进行衡量（图4-109、图4-110)。

景观生态学对景观有上百种度量方法，但许多度量方法都是相关联的，在景观生态规划中主要有以下几个核心度量：①景观成分度量。斑块的多度（PR）和类型面积比例（CAP)、斑块数目（PN）和密度（PD)、斑块尺度（MPS)。②景观构建度量。用边长面积比（SHAPE）衡量的斑块形状、边缘对比度（TECL)、斑块紧密性（RGYR）和相关长度（I)、最近毗邻距离（MNN)、平均毗邻度（MPI)、接触度（CONTAG）等。这些生态度量对景观的规划、管理和决策具有重要意义。但就目前来说，在景观生态学的定量分析基础上的景观设计还远没有成熟，从这个意义上来说，景观生态设计才刚刚开始，任重而道远。

（3）景观安全格局途径

从19世纪末开始，景观设计的生态途径源于

图4-109 生态用于景观规划

对景观作为自然系统的认识，景观生态设计的发展则有赖于对景观作为生态系统的深入的科学研究。在理论和方法上，从朴素的、自觉的自然系统与人类活动关系的认识，到区域、城市绿地系统和自然资源保护规划，再到以时间为纽带的垂直生态过程的叠加分析和基于生物生态学原理的生态规划，都强调人类活动对自然系统的适应性。而今天，基于现代景观生态学的景观生态规划，则强调水平过程与格局的关系和景观的可持续规划。同时，在设计技术的方面，随着地理学、环境科学、生态学和计算机科学的不断发展，景观生态设计从手工的地图分层叠加技术，到GIS和空间分析技术，再到景观模拟与景观模型化的发展，景观生态设计逐渐走向成熟。

大地景观是多个生态系统的综合体，景观生态规划以大地综合体之间的各种过程和综合体之间的

图4-110 生态景观的连续性

空间关系为对象，对景观综合体过程格局的设计，能更好地协调人类活动，有效地保障各种过程的健康与安全。景观生态安全格局理论的发展为景观生态规划提供了新的理论依据，在把水平生态过程与景观的空间格局作为对象的同时，以生态决策为中心和规划的可辩护性思想又向生态学规划理论提出了更高的要求——景观安全格局理论。

多层次的景观安全格局，有助于更有效地协调不同性质的土地利用之间的关系，并为土地开发利用的空间格局确定提供依据。某些生态过程的景观安全格局理论也可作为控制突发性灾害（如洪水、火灾等）的战略性空间格局。景观安全格局理论与方法为在有限的国土面积上，以最经济和高效的景观格局，维护生态过程的健康与安全、控制灾害性过程、实现人居环境的可持续性等提供了新的思维模式，对在土地有限的条件下实现良好的土地利用格局、安全和健康的人居环境，恢复和重建城乡景观生态系统，有效地阻止生态环境的恶化具有现实意义。

05

Procedures for Landscape Design

第5章

园林景观设计程序

章节导读

园林景观设计的程序为：设计准备阶段、设计分析阶段、设计构思阶段、设计制作阶段、设计评价和设计的实施六个阶段。在了解园林景观的相关基础知识及设计元素、组成方法后，对于园林景观设计的程序的学习是进行图纸表达和设计形成的重要环节。

5.1 园林景观设计的程序

园林景观设计一般可分为基础研究、方案设计和成果制作三个步骤，而本章将园林景观设计的程序分为设计的准备、设计的分析、设计的构思、设计的制作、设计的评价、设计的实施六个阶段,进行更加具体、详细的讲解（图5-1）。

5.1.1 设计的准备阶段

（1）前期交流（互动设计）

景观设计是由浅入深、由粗到细的过程。前期交流的目的是对园林景观设计的项目环境和设计要求具备初步的认知，此步骤是做好景观设

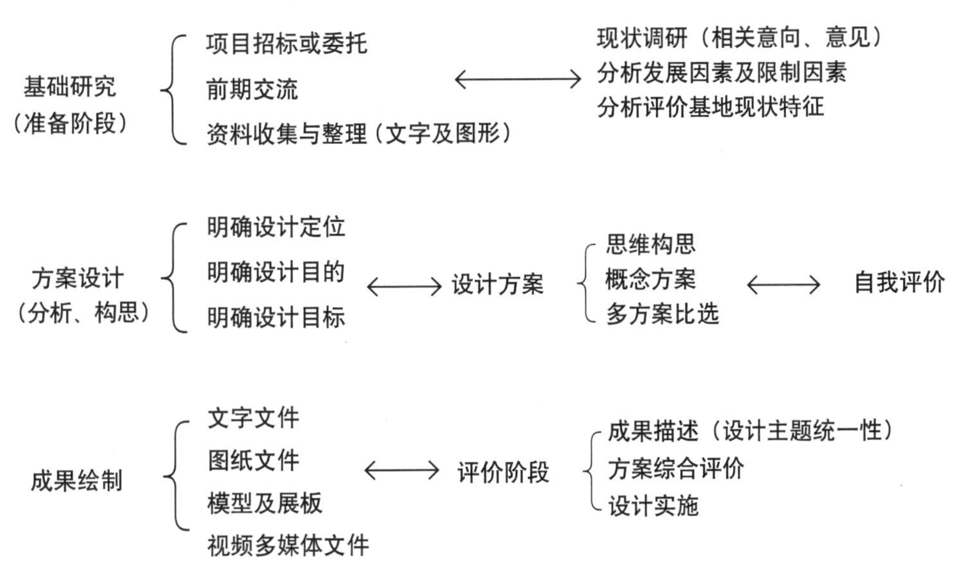

图5-1 城市景观设计流程与工作内容

计的基础。前期交流主要包括搜集基地资料，基地勘察与现状调研，了解政府及各职能部门、开发商、专家及公众的意向和意见，分析基地发展的优势和限制因素，分析评价设计基地的现状特征，以及相关案例调研与考察等环节。在设计前应对基地进行全面、系统的调查分析，为设计提供细致、可靠的依据。

(2)资料收集与整理(项目背景、地域文化等)

在设计的前期需要经过单独的资料收集与整理的阶段。设计者将所收集的资料，经过分析、研究，定出总体设计的原则和目标，编制出进行景观设计的要求和说明。

在此阶段，对已有的素材进行甄别和总结是必要的。设计开始之前，设计者搜集到的素材形式和内容是非常丰富多样的，甚至有些素材还包含互相矛盾的方面。这些素材中哪些是必需的，哪些是可以合并的，哪些是欠精确的，哪些是可以忽略的，都需要预先作出判断。整理工作应当达到这样的效果：设计者设计时尽量少翻看原资料，大部分素材应该能够在设计者头脑中形成定性的印象。其实，园林景观设计所需要的最精确资料是原始地形，其余多数并不需要特别精确的记忆。

基础资料包括文字资料和图纸资料。对基础资料的搜集是园林景观设计认知阶段的重要环节。通常通过走访政府相关职能部门及当地居民来获取基础资料。

①文字资料

A.自然条件资料

地理位置、设计区域周边环境及基地面积。

气候、气象条件：包括温度、湿度、风向、风速及频率、降雨量、日照、冰冻及小气候等。

地形地貌：包括大区域的地形地貌条件以及基地内的地形地貌条件。

地质：包括了地震地质等地质构造。

水文：包括水系的流量或储量、常年水位、河道的整治规划、现有防洪设施等。

土壤：包括土壤的类型、结构、pH值、含水性、承载能力。

动植物：包括动植物种类、植被类型、乡土树种、当地园林树种及生物链等。

收集资料应根据项目的规模、内外环境的使用目的分清主次,有些技术资料可到有关部门查询。

B.历史资料

历史资料包括城市历史发展沿革、地址的变迁、历史文物、地域内的重要历史人物、重大历史事件等。

C.经济资料

经济资料包括该城市经济总量历年的变化情况、GDP状况、财政收入、固定资产投资、产业结构及产值构成、城市优势产业、城市各部门经济情况、城市土地经营及城市建设资金筹措安排等。

D.文化古迹资料

文化古迹资料包括文学艺术、民风民俗和历史文化古迹等内容。

文学艺术：包括当地的诗词歌赋、民间文学、音乐、舞蹈、戏曲、绘画以及神话传说等。

民风民俗：是特定区域内历代人们共同遵守的行为模式，受自然条件和社会文化差异的影响而形成的，所谓“百里不同风，千里不同俗”恰当地反映了风俗因地而异的特点。

历史文化古迹、历史街区及历史建筑遗存等。

E.人口资料

人口资料包括基地人口统计及人口构成等。

F.道路交通资料

道路交通资料包括了基地周围的交通、城市道路网结构、交通枢纽及设施。

G.城市环境资料

城市环境资料包括基地周围以及区域内厂矿、单位、商业或居住等不同性质的用地类型。

H.相关规划资料

相关资料包括基地所在区域的城市总体规划、分区规划、控制性详细规划等一系列专项规划的详细情况的文字文件。

I.其他资料

其他资料包括市政公用设施、市政管网布局、公共服务设施分布、建构筑物及土地权属等。

②图形资料

图形资料包括基地所在区域的城市总体规划、分区规划、控制性详细规划及其他专项规划等图形文件，基地的区位图、周边区域的现状地形图、反映基地及周围区域的图片（包括航拍图、历史图片和现状图片）及城市重要地标景观节点的相关图片等等。

③调研的注意事项

在搜集基础资料时，进行现场调研的重要性是不言而喻的。再详尽的资料也代替不了对现场的实地观察，现场调研体现为一种补充资料的必要途径。同时，用以熟悉设计基地的自然和人文景观要素及现状实际情况。调研要坚持实践原则，要发现和解决实际问题，在调研过程中的主要注意事项包括：

A.了解项目相关人士的意向和意见

政府和相关职能部门：政府和相关的职能部门是基地管辖区域内的管理者。他们制定区域社会经济发展计划，熟悉区域内的发展现状和发展状况。他们具有全局观点，对基地的建设发展能提出有益的建议，是进行景观设计需要参考的重要因素之一。

开发商：开发商通常是项目的委托方，是项目的直接利益相关者。他们的意见会影响到基地景观设计的全过程，乃至设计能否实施的关键问题。他们的意见以及建议同样是设计者需要参考的重要因素之一。

专家：专家可以从专业技术的角度，客观地对设计提出可能存在的技术问题及解决途径，是设计项目质量及实施的技术保障。

公众：公众是设计项目实施后的直接使用者或是主要的利益相关者，他们可从自我的角度体现相关问题。满足公众的基本需要是园林景观设计项目实施的根本目的。

B.分析发展因素和限制因素

发展优势：结合资料收集和现场调研，及时地从各个方面分析总结设计项目发展的优势，趋利避害，以引导项目合理开发建设。

自然和社会环境的限制：在设计中充分考虑基地所在区域内自然、经济、社会与文化发展水平等限制要素，因地制宜，避免盲目和过度开发。

上层规划要求：注意上层规划要求中包括功能定位、建筑红线退让、绿地率、容积率、建筑限高、城市设计指引及其他的相关要求。

工程技术的限制：包括了相关专业的专项设计规范，以及施工机械、施工技术与建材等方面的限制。

资金的限制：开发建设资金会限制项目建设规模、所能采用的施工技术和材料以及建设时序等，是设计项目实施的重要保障。

C.调研结束后及时分析评价基地现状特征

综合评价：综合评价是对基地所在区域的自然

环境（涉及自然地理的气候气象、地质地貌、水体和生物等）和人文环境（涉及历史背景、社会政治、经济与文化等）的综合分析。

景观评价：景观评价是对基地所在区域的自然景观要素与人文景观要素的景观分析。及时地构建景观设计的基本框架，提炼重要的景观要素，强化基地的景观特征，达到景观设计的最佳效果。

5.1.2 设计的分析阶段

设计的分析阶段，就是通过对项目的前期准备阶段后，正式进入了设计阶段。不同类型的园林景观设计，在不同的时间、地点扮演着不同的角色。如城市公园是城市园林绿地系统的重要组成部分，是提高城市居民文化生活不可缺少的重要因素。但是不同类型的公园又在城市中扮演着不同的角色，所以在我们开始设计时，设计人员碰到的第一个问题就是对设计项目进行分析，确定角色定位问题。

（1）为谁设计

为谁设计，就是在对项目背景和地域文化经过实地调研后，对基地所在区域的自然景观要素和人文景观要素进行综合评价后，确定明确的设计定位。

（2）为什么设计

为什么设计，是明确设计的目的是什么，是设计最终想要达到的终期目标，是一个既符合实际、又能满足人们需求的可以达到的目标。在设计中，一般应从经济、社会、生态、文化四个方面来制定总体规划目标。

（3）在哪里设计

在哪里设计，是指在充分考虑当地自然、社会、经济、文化等现状条件，充分利用自然条件，结合城市经济发展与城市文化水平后，确定一个适当合理的设计目标，这是构筑良好园林景观的前提。

5.1.3 设计的构思阶段

设计的构思是设计者在对基地现状调研、分析与评价的基础上，根据设计的目标，围绕设计主题而进行的一系列设计思维活动。通常它遵循相应的设计思路，方案构思的重要性表现在它的优劣将直接影响到方案设计效果的好坏。

主题与设计构思是相互协调、相辅相成的。设计者可拟定设计主题，构思设计方案，这就要求设计者应具备良好的专业素质和广博的知识。

立意之后的构想阶段可以让设计者有充分的施展空间，从而可以清楚地看到方案立意到设计构思的延续性，同样也可以看到设计构思对设计活动具有更直接的指导性。在设计构想阶段，设计者应对将要设计的工作有清晰的认识，在制定设计原则时必须充分考虑到可实施性的问题，同一立意往往可以通过不同的操作体现。

（1）文字到图像的转换（创造性思维）

文字到图像的转换是以造型艺术翻译语言艺术。文字与图像，是两种不同的语言，将前者变为后者，必须进行艺术上的再创造。在进行方案设计的构思阶段，结构是一种概念，将它打散研究，利用设计独特的表现形式传达文字精神及对设计美感考虑，发挥主观理解、主观考虑，从而设计出完整的、富有创意的设计方案（图5-2）。

（2）联想、演绎与推理（概念方案）

景观设计首先应满足所设计区域用地使用功能

图5-2 传统元素符号在建筑中的应用

上的要求，以及方便快捷的区域内外交通联系。如果忽视使用功能及交通问题，则很难设计出好的景观设计作品，或只是中看不中用的，内容与表象脱节的“形象”作品。

在概念方案设计中运用联想、演绎与推理的方法进行设计分析，使得主题与设计构思相互协调、相辅相成。

①联想

联想属想象的范畴，但又不同于想象。联想就是在头脑中由一事物想起另一件事物的心理活动，其形式有类似联想、接近联想、对比联想、因果联想、自由联想。想象则是在原有感性形象的基础上在头脑中创造新形象的过程。想象高于联想，而联想是想象的基础。学生有了较强的联想能力，就能顺利地把新学知识纳入已有的知识结构，建立新旧知识之间的本质联系，辨别它们的本质区别。

②演绎

演绎是从一个整体开始，是一种推理的方法，是由一般原理推出关于特殊情况下的结论，是在相反的方向上起作用的。

演绎推理是一种重要的认识方法。学生可以选取确实可靠的设计命题作为前提，经过推理证明或反驳某个设计构思。演绎推理是设计、发展假说的一个必要环节。科学假说需要经过实践的检验。而检验的方法就是：以假设理论为大前提，根据不同的条件，推导出可以相比的结论，从而设计对比，从中选优。

③推理

推理是数学的基本思维过程，也是人们在学习和生活中经常使用的思维方式，在景观设计中也显得尤为重要。结合设计实例和日常生活中的设计实例，能够较好地让学生体会设计之间的联系，在方案构思的过程中解决问题。合情推理和演绎推理相辅相成，经过归纳、发现、猜测、探索的过程将设计与生活链接，形成严谨的理性思维与科学精神。

（3）推翻、借鉴与重组（多方案比较）

客观地说，在项目的设计中能够具备良好的设计理念和构思原则的方案并不多见。这就需要设计者运用自己的创造性、专业性和严谨性对初步的概念方案再进行不断地推翻、借鉴与重组，进行多方案的比较，最终确定设计方案，这将直接导致特定项目的最终实施的可能性。

通常在园林景观方案的设计构思阶段主要包括了功能结构设计、道路系统设计分析、景观结构设计分析及绿化与植物设计分析等内容。景观设计首先应满足设计区域用地使用功能上的要求，以及方便快捷的区域内外交通联系。主要包括以下几个方面：

①规划要满足人们的需要，要为人们提供生活需要的优美环境，满足社会各个阶层的娱乐要求；

②规划要考虑自然美和环境效益；

③规划必须反映管理的要求和交通的便利；

④保护自然环境，有些情况下自然景观需要加

以恢复或进一步强调；

⑤除了在非常有限的范围内，尽可能避免使用规则形式；

⑥选用当地的乔木和灌木；

⑦基地内部道路与所有基地周边道路成循环系统；

⑧基地内部靠主要道路划分不同的区域。

（4）设计纠偏（自我评价）

在设计的纠偏过程中，需要反复地构思：作为园林景观设计它是否反映着城市发展的种种表象；设计的倾向性是否优于最后的成果而起到引导作用。设计的自我评价可以从以下几个方面进行：

①功能是否完善

设计中要考虑方案是否能体现景观各种功能的衍生与完善，尤其是对使用者的特征变化、使用行为和心理、所承载的社会功能等需要充分呼应。

②风格的多样性与差异性

在信息交流频繁、思想文化沟通、艺术风格多元、功能需求复杂的今天，多种园林景观所体现的时代变化特征，并与其他门类设计风格的趋向是一致的。

③文化的表达

在设计中是否做到了对基地区域内时代特征、传统文化的深层次挖掘，是否做到了传统形式的借鉴与继承能更好地反映设计的形式、内涵等方面。

5.1.4 设计的制作阶段

（1）确定表达的方式

设计的制作阶段即设计的最终设计成果阶段。设计成果一般由文字、图纸、模型或展板及音像文件4部分组成。文字和图纸是景观设计成果的主要文件，是设计项目成果必不可少的组成部分。模型、展板及音像文件是直观景观设计的辅助形式，一般用于设计成果汇报或展示，可根据项目的需要来制作。

①文字文件

文字文件主要包括景观设计说明书和根据项目要求而做的相关研究报告。说明书主要阐述关于设计区域的基础研究，对区域现状综合评价分析，明确设计目标、设计主题与构思，方案设计阶段的功能结构、道路交通、景观结构与绿化系统等环节的设计分析，以及设计成果的说明。它是园林景观设计的重要文件。根据设计项目特殊需要，有时可进行针对性的相关专题的研究，并提出研究报告，为区域景观设计提供参考。

②图纸文件

图纸是园林景观设计的图形文件，它与文字共同构成景观设计成果的主体文件。图形文件包括反映区域的区位图（图5-3）、用地现状分析图（图5-4）、现状综合评价图，景观设计的功能结构、道路交通、景观结构及绿化与植物等设计分析图，景观设计的平面图，道路、公共服务设施及植物配置等分项设计图，根据需求可选取能表现区域景观设计特征的若干重要节点设计平面或效果图（图5-5），设计区域主要沿街、沿江、沿河或沿海等滨水面的立面图等。通常景观设计分析图或效果图等图纸文件无比例条件的限制，而设计平面图要按比例绘制，一般为1：500～1：2000，常用的是1：1000的比例，或根据设计区域已有的地形图比例绘图。

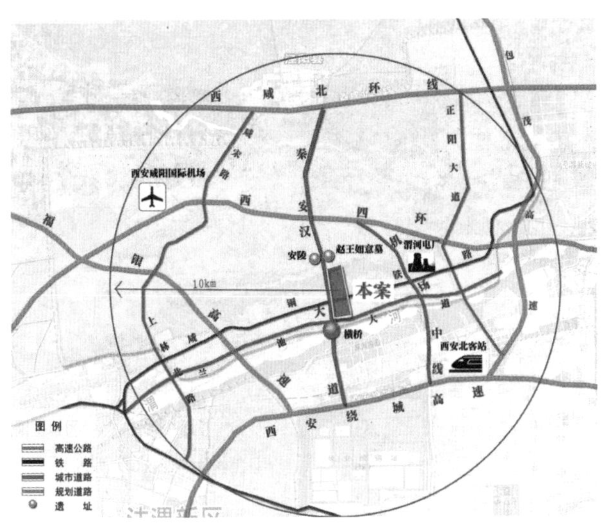

图5-3　秦咸阳宫国家遗址公园基地区位示意图

③模型或展板

通常模板或展板在设计成果汇报或展示时使用。展板方便设计成果的展示，内容包括设计成果图纸，以及反映设计构思过程的若干分析图。

④音像等多媒体文件

音像等多媒体文件是通过声音与图像直观且动态地展示设计成果的文件形式，另外，可利用PPT展示文件配以录音讲解。通过现代技术进一步发展，在景观设计成果的汇报中引进三维动画演示，它可以通过更直观生动的虚拟设计景观效果，给人身临其境的感受。多媒体文件演示时间通常为10～20分钟，对突出设计成果的特征有锦上添花的作用。

（2）确定描述的风格

所谓风格意味着对空间、活动和素材富有特征的安排。素材的安排则与景观场所如何使用、需要表现什么有密切关系。从已有的设计中照搬照抄并不合适，除非它们还非常适宜现存特定环境中的一部分，或者设计者有意撇开功能需求去营造某种特

图5-4　秦咸阳宫国家遗址公园基地用地现状分析图

图5-5　秦咸阳宫国家遗址公园局部效果图

图5-6　枯山水(日本园林)

图5-7　各国城市景观示意图

定的传统场景。

现代设计师应当从时代特征、地方特色出发，发展适合自己的风格，这也许能让新风格从过去脱颖而出，顺延文脉的发展。就像法国宫廷花园壮丽的轴线诞生的原动力来自于显示控制与征服力量的强烈意愿；浓郁氛围的日本庭院产生于精心的维护和一系列复杂的文化背景；意大利城市广场的特色源于富有生气的社会生活方式。时代的发展使得人们对园林景观的塑造从功能需求到文化思想都发生了变化，园林景观的新风格的产生具有了丰厚的背景。风格相比于形式，具有更为深厚的思想文化渊源，园林景观风格的多样性则体现了设计者对社会环境、文化行为的深层次理解（图5-6、图5-7）。

5.1.5　设计的评价

景观设计方案完成后，需要听取开发商及公众等各方面的评价和意见，以及组织政府相关部门和专家综合的政策与技术评审。并根据各方面的意见，对设计方案进行调整、修改与完善，最终形成切实可行的景观设计成果，并提交。

由于时间不同、位置不同、评价者代表的利益集团不同等，会导致评价标准的不同。例如，在城市大型综合公园的建构中，对于委托人、投资者、管理者等，他们的价值取向和关注目标一般并不等同于专业设计人员的理解和认识，而是更多地从集团利益、自身的知识结构等角度来思考。因此，设计者与业主或管理者的评价标准就会有冲突。另外，在日益开放的园林景观的建构过程中，目标的确立和设计标准的制定已经不太可能由某一个人或某一社会集团完全出于自身的利益来确定。所以，设计者应尽可能采用综合反映社会各阶层利益的评价标准，并在此基础上探寻特定地域、特定时间里的园林景观设计的主导意愿和价值取向。

在此提出评价的三个维度:社会效益、环境效益、经济效益。它们构成了园林景观整体性原则所要求的评价标准体系，即社会评价、环境评价、经济评价。

（1）社会评价

当代社会，用社会评价标准来反映和比较人的需求满足程度和生活质量的高低，越来越占有重要地位。由于社会发展观的变化，衡量社会进步的量化指标的重心也由经济评价指标向社会评价指标转移。

与此同时，园林景观有其自身的社会评价标准，更加强调对人的关怀以及社会公正。例如，景观如何满足人的精神需求，体现出对社会行为的支持等等。在此致力于揭示城市空间中的主导评价，而对一定时期内局部的、不影响城市整体建设的次要价值取向则需要根据具体情况加以斟酌。社会评价标准主要有：

①社会性：保证大众对园林景观的共创共享，提供步行、游憩、社交聚会的场所，增进人际交流和地域认同感，有利于培养公民的自豪感；

②文化性：具有文化品位，展示城市历史特色，保护文化遗存，使城市文脉得以延续；

③易识别性：通过强化形式信息，增强环境的感染力，突出主题，有个性，易于识别；

④舒适性：环境压力小，设施完备，使人身心轻松；

⑤易达性：交通方便，可望也可及；

⑥安全性：步行环境无汽车干扰，无视线死角，夜间有照明，有专人管理，治安状况好；

⑦愉悦性：有趣味，有人情味。

近几年，随着社会、经济的发展，在各地先后建成一些较受欢迎的景观环境，其成功的原因之一就在于它们体现出较强的社会评价标准，注重对周围大环境的尊重、以人为本的追求理念以及当代城市的文化品位的表现。

（2）环境评价

环境评价一方面体现在环境空间形体艺术特征的各个侧面以及细节上，包括园林景观本身的形式美、自身的和谐以及与周围环境的和谐；另一方面，环境评价也包括园林景观环境在改善环境质量方面的优势。实践证明，必须在设计建设的开始就引入环境评价因素。

综合起来，环境评价主要有：

①艺术性：公共空间每一部分以及各部分之间的相互关系符合审美的要求，提供优美的景观；

②有机性：空间整体和谐统一，有机灵活，丰富多彩；

③生态性：环境优美、卫生，合理配置绿化，减少污染和噪声，尊重自然，保护生态，注重可持续发展。

就我国园林景观设计的现状来看，环境设计水平有了相当程度的改善和提高，园林景观日益在城市中发挥重要的作用。

（3）经济评价

经济是世界城市化的原动力，城市形态的改变和城市设计思想的发展都应以当时当地的经济变革为先导。城市公共空间需要经济基础的支持，事实证明，城市公共空间的发展如果缺乏经济的支持力量就会逐渐衰退。另一方面，城市公共空间本身的规划和建设活动又是城市经济发展的一种调节性措施，甚至可以纳入经济发展战略来推动一定范围内经济的发展。在当今社会中，越来越多的经济和效率因素被充实到空间的评价标准中。经济评价标准主要有：

①效率性：公共空间能够保证或促进各项功能和活动的有效运行以及效率。

②经济性：公共空间建设和维护符合资金上的可行性，并有能够保证和促进空间内及周边区域经济的稳定和繁荣。在设计建设的开始就引入经济评价因素，并通过整体性原则来协调社会、环境和经济各自所占的比重，就很有可能带来空间内和周边

区域的经济繁荣。这不仅使城市从中获益，也会激发开发商的积极性，并促进城市空间的建构。“环境就是经济”，越来越多的管理者、开发商达成这样的共识。

（4）综合评价

园林景观设计的整体性原则，倡导的是社会、环境和经济诸方面的综合与协调。

园林景观的建构是多因子共存互动的过程，因此对于具体的空间建设实例来说，有效的评价体系往往是各种评价标准在具体情况下的加权和综合。因此，园林景观设计整体性原则也包含了评价标准和价值取向上的整体性。

一般来说，社会、经济、环境效益是相辅相成的，以它们当中的某一个为出发点，有可能会带动其他效益的协调发展。这是因为，公共环境本身是多重复合的，包括社会、文化、经济和物质诸方面，公园景观设计所能驾驭的内容之间也存在许多关联性。

5.1.6 设计的实施阶段

这里所说的设计的实施阶段并不是施工图阶段，而是在设计的实施阶段设计者与甲方之间为了更好地进行设计项目的实施，而对整个项目做的一个整体的设计实施的策划过程。如项目的实施建议与投资匡算，这就需要设计者运用其专业性来保障设计的顺利进行。一般根据实施年限（时间）来确定适宜的设计目标，使得基地景观特征在一定时间内能够达到预定目标。设计目标一般分为近期、中期、远期，即分期进行目标确定。通常的景观目标多指基地景观效果的终极目标。

之所以把设计的实施阶段作为设计程序中的一个部分，也是因为在景观设计中，许多因素是无法仅靠图纸或文字来表达或控制的。设计者必须将现场指导作为整个设计的组成部分。在设计方和委托方签署的合同中也经常会附加专业服务的内容，即使没有，尽责的设计者也会定期到工地巡视，进行观察研究并提供改进的建议。

5.2 园林景观设计的方法

5.2.1 空间与布局

日本建筑师芦原义信对空间是这样定义的：“空间基本上是由一个物体同感觉它的人之间产生的相互关系所形成的，这一相互关系主要是由视觉确定的。即使同一空间，根据风雨日照的情况有时印象也大为不同。”人们日常生活中的各种活动都是穿梭于各种不同的空间中，从内部空间到外部空间，从私密的空间到公共的空间等等。因此，在景观设计中对于各种空间的把握，将是非常有趣、非常有价值的。

在景观设计中，我们需要重点把握好各种形式的外部空间，以满足各种视觉功能与实用功能的需求。

（1）空间的分割

本小节重点着眼于水平和垂直两个要素限定和划分特定类型的空间。

①水平要素对空间的限定

A.基面

水平面作为一个图形平放在反差很大的背景上，就限定出一片简单的区域。为了使水平面能被看作一个图形，在其表面和周围区域的表面之间，必须在色彩、明度和质感上具有可以感知的变化，水平面的边界越清晰，则区域越明确。景观设计中，常常在一个大的平面上限定一个空间区域。

图5-8就清楚表明了这类限定空间的方法，即如何在一个平面上划分出一个功能区：草坪上一个圆形的小广场就限定出了一片简单的区域，在边界上稍作强调，小广场的区域感就更加强烈了。

基面抬升

水平面抬升到地面以上，沿着抬高的平面的边缘发生了变化，则会在视觉上强化了该区域与周围地面之间的分离感，产生了限定该区域的界限。地面的一部分升起来，就形成平台或墩座，它可以是已经存在的地形条件，也可以是人工建造有意抬高，使其高于周围环境或者强化它在地景中的形象，或者就是为了简单地划分出一块独特的空间。在水平面上作抬升是最简单的空间划分的方法之一。如图5-9所示，平面上将休息停留的区域略作抬高，很好地保持了视觉设计上的连续性，把休息空间强调出来了。

当然，设计经常会需要特意打破视觉和空间的连续性。为了进一步体现需要表现的空间，设计者可以把高差做的大一点。如雅典卫城，依托自然地形的高差，布置主体建筑，体现出建筑物的等级与重要性（图5-10）。

基面下沉

一个水平面下沉到地面以下，利用下沉部分的垂直表面来限定一个空间的容积。基面下沉造成的垂直表面形成该区域的界限。与基面抬升的情况不一样，它形成的是空间内可见的墙或遮挡物。

踏上一个抬高的空间可以感受到空间的向外性与重要性，那么低于周围环境的下沉空间，则暗示向内性或空间的庇护与保护的特点。如图5-11所示西安钟楼金花广场，在喧闹的市中心用基面下沉的手段作广场，一个向内的下沉空间就表现出来了，从视线与空间上打破与周围环境的连续性，与钟楼环岛喧嚣的交通隔离开来，给市民以庇护与保护的感觉。

图5-8 空间的水平划分形式

图5-9 基面抬升划分

图5-10 雅典卫城区域利用地形高差体现建筑等级

图5-11 西安钟楼金花广场的下沉空间形式

图5-12 顶面与地面限定空间形式

图5-13 垂直面高度与空间封闭性的关系

B.顶面

水平面位于头顶之上，则在顶面与地面之间先定出一个空间的容积。

正如一棵大树其伞形结构提供了某种维护一样，如图5-12所示，它的顶面与地面之间限定出了一个空间区域，顶面的边缘是这一区域的界限，顶面的高度、大小、形状决定了该空间的特征形式。

②垂直要素对空间的限定

A.直线线式要素

一个垂直的线要素，如一根柱子、一座方尖碑或一座塔，它们在地面上确定了一个点。这个细长的线要素竖直向上，除引领观者通向其空间位置的轨迹之外，是没有方向性的，它引出的是一个“场”。它可以标出某一景观空间的中心，或者为某一空间提供一个焦点，或者终止一根轴线。

B.独立的垂直面

一个独立的垂直面可以清晰地表达它所面对的空间。在限定一个空间的容积的时候，垂直面可以作为该空间的基本面，把空间分割成两个独立而又有联系的地带。

当然，根据外部空间设计的理论，独立垂直面的高度与人的眼睛高度有密切的联系，它影响到垂直面在视觉上表现空间的能力。30cm高度的垂直面可以限定空间的边缘，但几乎没有封闭性，勉强区别领域的程度；60cm高度的垂直面有一定的围合感，视觉上有连续性，没有达到封闭的程度；垂直面在1.2m高度时，身体的大部分看不到了，产生一种安心感，同时划分空间的隔断加强起来，视觉上仍有充分的连续性；当垂直面跟我们身高差不多时，人就完全看不到了，一下子产生出封闭性，并且产生出一种强烈的围护感（图5-13）。

C.L形面

L形垂直面从它的转角处沿对角线向外划定一个空间区域。这一造型的转角处，被强烈地限定和围起，产生半私密的空间，而这一转角的对角处却是一半公共的空间。

D.平行面

一对垂直的平行面，在它们之间划分出一个空间区域，该区域开敞的两端赋予空间一种强烈的方

图5-14 排列的柱廊形成的垂直平行面限定空间

图5-15 成排的行道树限定的线式空间

向感。它可以自然地表现在景观设计中并且用于运动和流线的空间里，这些线式空间可以由柱廊或成排的树木来限定（图5-14、图5-15）。

E.U形面

U形面限定了一个空间的范围，造型的封闭端具有围合性、界定性，在开敞端又有向外性。它可以用来限定一个城市空间，或结束一条轴线。当某一要素沿着其开放端布置的时候，这一要素就成为这一区域视觉的焦点，并有强烈的围护感（图5-16）。

图5-16 罗马卡比托利欧广场

（2）主次划分

差异可以表现为多种形式，唯独主从差异对整体的统一性影响最大。自然界中，干与枝、花与叶都呈现一种主从的差异，它们正是凭借这种差异的对立形成一种统一与协调的有机整体。

景观设计中的主要部分或主体与从属体，一般都是由功能使用要求决定的。从平面布局上看，主要部分常成为景观的主要布局中心，次要部分成为次要的布局中心。次要布局中心既有相对独立性，又要从属主要布局中心，要能互相联系、互相呼应。

主从关系的处理方法有：

组织轴线：主体位于主要轴线上，或最突出的位置，从而分清主次。

运用对比手法，互相衬托，突出主体。

（3）主体的控制

重点处理景观的主体和主要部分，以使其更加突出。重点处理不能过多，以免流于繁琐，反而不能突出重点。

常用的处理方法：

①以重点处理来突出表现景观功能和艺术内容的重要部分，使形式更有力地表达内容。如主要入口，重要的景观、道路和广场等（图5-17）。

②以重点处理来突出景观布局中的关键部分，如主要道路交叉转折处和结束部分等。如辰山植物园英国方案中对水面的主次处理（图5-18）。

③以重点处理打破单调，加强变化或取得一定的装饰效果，如在大片草地、水面部分，在边缘或地形曲折起伏处作重点处理等（图5-19）。

图5-17　大雁塔北广场

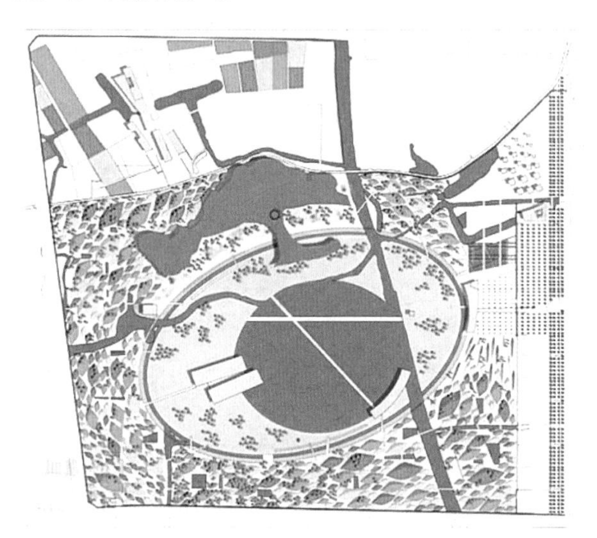

图5-18　辰山植物园英国方案

图5-19　咸阳绿地系统规划主要道路节点

5.2.2　比例与尺度

一切造型艺术都存在比例和尺度是否和谐的问题。和谐的比例可以带给人美感，和谐的尺度可以让人在环境中感到舒适。所谓比例是指某物一个部分与另外一个部分或整体之间的适宜或和谐的关系。尺度则是指某物比照参考标准或其他物体大小时的尺寸。然而如何才能获得美的比例，如何确定合理的尺度，本小节中将详细介绍。

（1）比例控制

从古至今，曾有许多人不惜耗费巨大精力去探索如何构成良好的比例，如何用科学的数字将审美量化出来，得出一系列数字量化的美学比例。

①黄金分割比

黄金分割比又称黄金律，是指事物各部分间一定的数学比例关系，即将整体一分为二，较大部分与较小部分之比等于整体与较大部分之比，其比值为1：0.618或1.618：1，即长段为全段的0.618。0.618被公认为最具有审美意义的比例数字。上述比例是最能引起人的美感的比例，因此被称为黄金分割比。

黄金分割比定义为，一条线段被分为两段，其中短段与长段的比值等于长段与二者之和的比值。边长比为黄金分割比的矩形称为“黄金矩形”。在

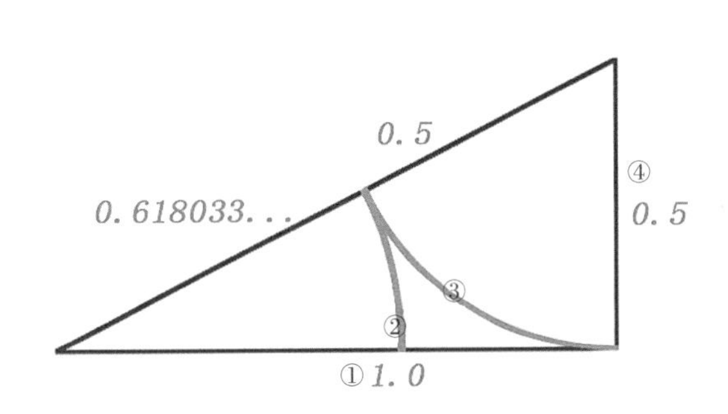

图5-20 黄金分割三角形

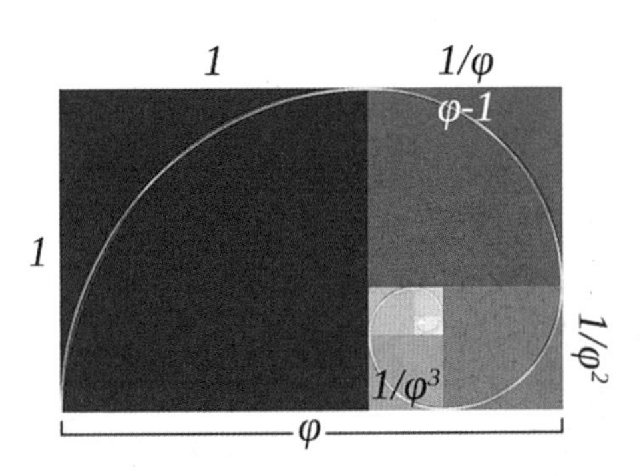

图5-21 斐波那契回调线（黄金分割线）

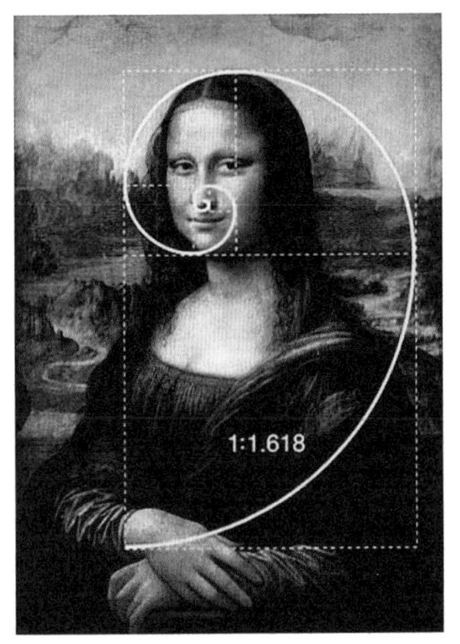

图5-22 黄金分割线在构图中的应用

图5-23 黄金分割线在建筑中的应用

设计中如何利用好黄金分割比例，将是非常有趣的（图5-20～图5-23）。

②模度尺

勒·柯布西耶创造了他的比例系统，即模度尺，用以确定“容纳和被容纳物体的尺寸”。他把希腊人、埃及人以及其他高度文明社会所用的度量工具视为“无比的丰富和微妙，因为它们创造了人体数学的一部分，优美、高雅，并且坚实有力；是动人心弦的和谐之源——美”。因此柯布西耶将他的度量工具——模度尺建立在数学和人体比例的基础之上。其理论为：假定人体高度为1.83m，举手后指尖距地面为2.26m，肚脐至地面高度为1.13m，这三个基本尺寸的关系是，肚脐高度是指尖高度的一半；由指尖到头顶的距离为432mm，由头顶到肚脐的距离为698mm，两者之商为698/432=1.615，再由肚脐至地面的距离1130mm除以698等于1.618，恰巧这两个数字一个接近另一个且等于黄金比率。利用这些基本的尺寸，不断地黄金分割得到两个系列的数字，一个称为红尺，一个为蓝尺，再利用这些尺寸构成的数字体系作为设计的模数（图5-24）。

除了科学的数字对比例美观有影响外，材料、结构、功能对比例的影响也是不容忽视的。另外，

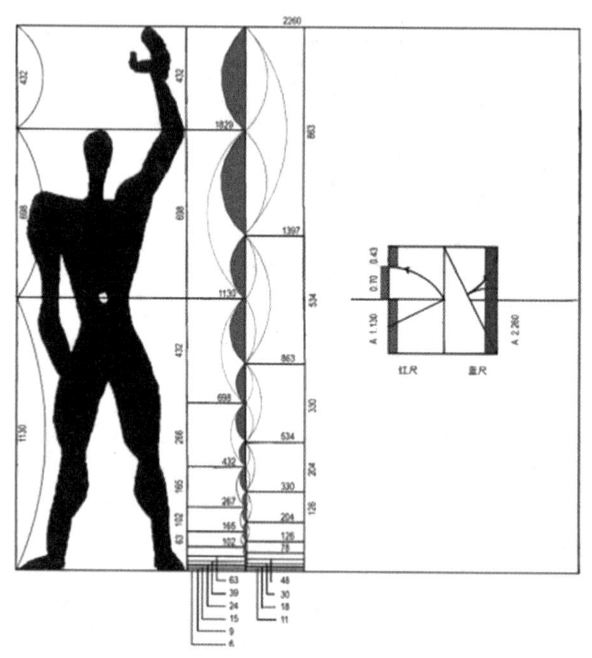

图5-24　勒·柯布西耶模度尺示意图

由于不同民族文化传统的不同，在长期历史发展的过程中，往往也会以其所创造的独特比例形式，而赋予建筑以独特的风格。总之，构成良好的比例是极其复杂的，它既有绝对的一面，也有相对的一面，企图找到一个放在任何地方都合适的、绝对美的比例，事实上是办不到的。

（2）尺度数据

和比例相联系的另一个范畴是尺度。尺度研究的是景观的整体或局部给人感觉上的大小印象和真实大小之间的关系问题。设计师特别感兴趣的是视觉尺度的说法，它并不是指物品的实际尺寸，而是某物与其正常尺寸或环境中其他物品的尺寸相比较时，看上去是大了还是小了。在景观设计中，有一些特定的要素，比如栏杆、扶手、踏步、坐凳等，为了适应功能的要求，基本上保持了不变的大小和高度，但是，如雕塑、小品等就需要把握好放在周围环境里面设计时的尺度，需要拿局部与整体相比较，避免失掉正确的尺度。

关于尺度的概念，理解起来并不深奥，但是实际处理中并非很容易。毕竟，景观设计中会设计很多大体量的景观，比如广场，单纯依靠其中一些小的要素来体现整体的尺度是十分不够的。把握外部空间的尺度可以借鉴日本建筑师芦原义信的外部空间理论。

①十分之一理论

外部空间可以采用内部空间尺寸8～10倍的尺度，称之为“十分之一理论”。举几个例子：

室内3m×3m的尺度，如小卧室，宜人亲切，私密；室外24m×24m的空间，正好是两住宅楼之间的距离，房屋前后，亲切私密。

室内8m×8m的尺度，如教室，属半公共半私密的空间；室外60m×60m的空间，正好是一个小型广场的空间，如居住区内的下沉小广场、生活区的核心，属半公共半私密的室外空间。

室内20m×20m的尺度，如报告厅，属公共空间；室外160m×160m的空间，正好是城市公共广场的尺度，如西安钟鼓楼广场，属公共空间。

十分之一理论实际上也不是很周密，只要把内部空间与外部空间这样一个关系作为参考来处理外部空间的尺度就可以了。8～10倍的尺度比较妥当，实际设计中根据功能的要求，可以适当地放大和缩小这个倍数。当然，像踏步这样的行走功能十分明显的部分，踢面与踏面的关系就不能成为10倍了；但是，如果外部空间的踏步完全按照室内空间的踏步去设计，就会因为过于狭窄而失败。

②外部模数理论

外部空间可以采用一行程为20～25m的模数，称为“外部模数理论”。

在外部空间中，实际走走看就很清楚。每20～25m进行有重复节奏感设计，或是材质有变化或是地面高差有变化，那么，即使在大空间里也可以打破其单调格局，会一下子生动起来。

5.2.3 流线与序列

（1）流线引导

由于功能、地形或其他条件限制，可能会使某些比较重要的公共活动空间所处的地位不够明显、突出，以致不易被人们发现。另外，设计过程中，也可能有意识地把某些“趣味中心”设置在较为隐蔽的地方，避免开门见山，一览无余。不论是哪种情况，都需要采取措施对人流加以暗示或引导，从而使人们可以循着一定的途径达到预定目标。但是这种引导和暗示不同于路标，而是属于空间处理的范畴，处理得要自然、巧妙、含蓄，能够使人于不经意间沿着一定的方向和路线从一个空间依次走向另一个空间。

空间流线的引导与暗示，作为一种处理手法，依据具体条件的不同，千变万化，但归纳起来有以下几种：

①以弯曲的垂直面把人流引向某个确定的方向，并暗示另一空间的存在，这种处理手法是以人的心理特点和人流自然地趋向于曲线形式为依据的。面对着一个弯曲的墙面，人将不由地产生一种期待感（图5-25）。

②利用地面的处理，暗示出前进的方向。通过地面的处理，形成一种强烈方向性或连续性的图案，这也会左右人前进的方向（图5-26）。

③利用空间的灵活分隔，暗示出另外一个空间的存在。让人不感到“山穷水尽”，人们便会抱有某种期望，而在期望驱使下作进一步的探求，则可以把人由此空间而引导至另一空间。

当然在实际中不能机械地按照以上三种形式生搬硬套，根据不同的情况可以相互配合设计共同发挥作用（图5-27）。

图5-25 2011西安世园会创意馆

图5-26 暗示空间（2011西安世园会）

图5-27 围透结合暗示空间（2011西安世园会）

(2)序列设置

为了摆脱设计中局部处理的局限，设计者需要探索一种统摄全局的空间处理手法——空间的序列组织。景观作为三度空间的实体，人们不能一眼看到它的全部，而是只有在运动中，也就是在连续行进的过程中，从一个景观的空间到另一个景观的空间，才能逐渐看到它的各个部分，从而形成整体印象。由于运动是一个连续的过程，因而逐一展现的空间变化也将保持着连续关系。从这里可以看出：人们在观赏景观的时候，不仅涉及空间变化的因素，同时还要涉及时间变化的因素。空间序列的组织任务就是要把空间的排列和时间的先后这两种因素有机地结合到一起。只有这样，才能使人不单在静止的情况下能够获得良好的视觉观赏效果，而且在运动的情况下也能获得良好的观赏效果。特别是在沿着一定的路线看完全过程之后，能够使人感到既协调一致，又充满变化，且具有时起时伏的节奏感，从而留下完整深刻的印象。下面以苏州留园为例分析空间序列（图5-28）。

组织空间序列，首先应使沿主要人流路线逐一展开的一连串空间，能够像一曲悦耳的交响乐那样，既宛转悠扬，又具有鲜明的节奏感。其次还要兼顾到其他人流路线的空间序列安排。

沿主要人流路线逐一展开的空间序列必须有起伏、有抑扬、有一般、有重点、有高潮。特别强调高潮，一个有组织的空间序列，如果没有高潮必然显得松散而无中心，这样的序列将不足以引起人们情绪上的共鸣。景观高潮是怎样形成的呢？首先要

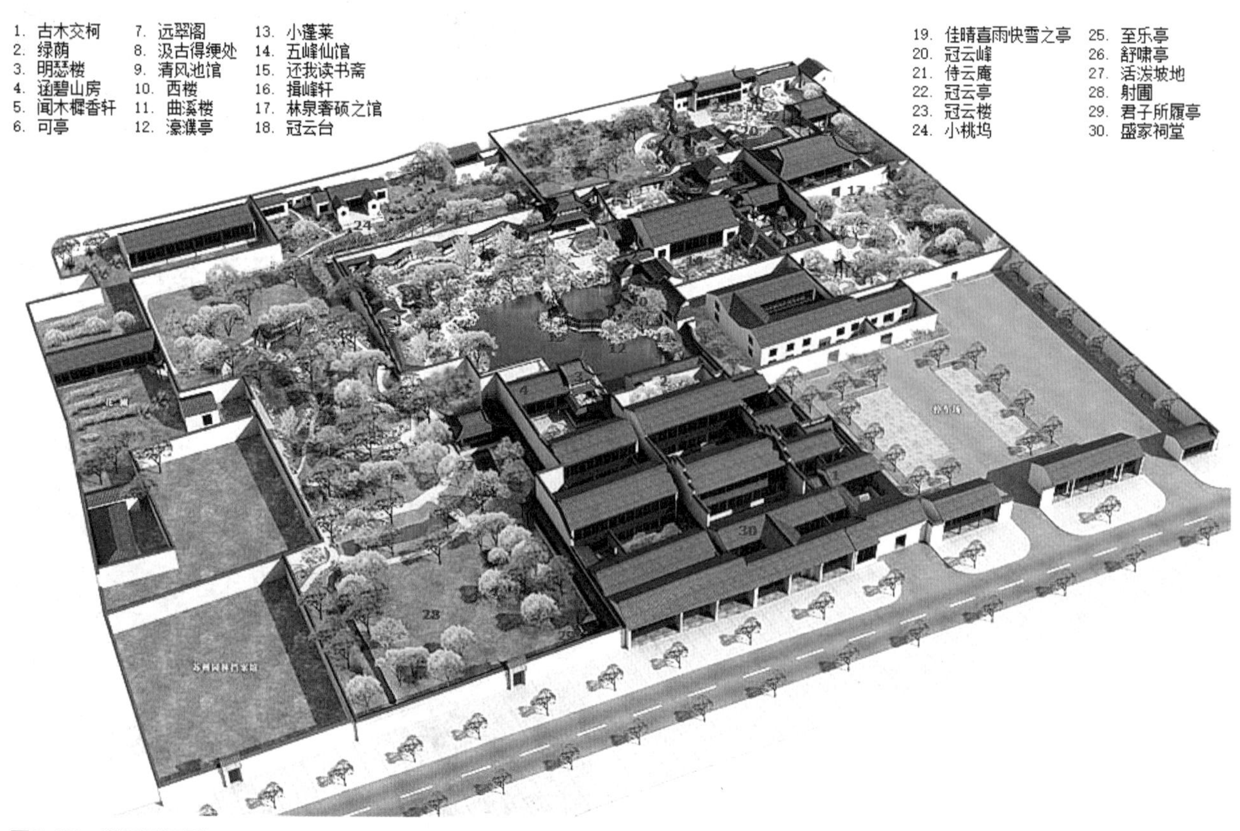

图5-28 留园平面图

把体量大的主题空间安排在突出的地方；其次，还要运用空间对比的手法，以较小或较低的次要空间来烘托、陪衬，使它能够得到足够的突出。

与高潮对立的空间是收束。在一条完整的空间序列中，既要放，又要收。收和放是相辅相成的，没有收束，即使主体空间再大，也不足以形成景观高潮。

从以上分析可以看出，空间序列的组织就是充分利用各种空间处理的手法，把个别独立的空间组织成为一个有秩序、有变化、统一完整的空间群。当然处理手法根据功能与实际的需求会有很多变化，因人而异，处理的结果也会有多种类型的空间序列形式。

5.2.4 节奏与景深

（1）韵律节奏

韵律本来是用来表明音乐和诗歌中音调的起伏和节奏感的，以往一些美学家多认为诗歌和音乐的起源和人类本能的爱好节奏与和谐有着密切联系。自然界中有许多事物和现象，往往会有规律地重复出现或有秩序地变化，也可激发人们的美感。例如把一颗石子投入水中，就会激起一圈圈的波纹由中心向四周扩散，这就是一种富有韵律感的自然现象。

人们把自然界中各种有韵律感的现象加以模仿运用，从而创造出各种具有条理性、重复性和连续性为特征的美的形式——韵律美。

韵律美按其形式特点可以分为以下几种：

①连续的韵律

以一种或几种要素连续、重复地排列而形成，各要素间保持着恒定距离和关系，可以无止境地连绵和延长（图5-29）。

②渐变的韵律

连续的要素在某一方面按照一定的秩序而变化，例如逐渐加长或缩短、变宽或变窄、变密或变稀，等等，由于这种变化是一种渐变的形式，故称渐变的韵律（图5-30）。

③起伏的韵律

渐变韵律如果按照一定的规律时而增加时而减少，如同波浪起伏，或具不规则的节奏感，即为起伏的韵律（图5-31）。

图5-29 道路的重复蜿蜒形成连续

图5-30 渐变的韵律感

图5-31 起伏的韵律（悉尼歌剧院）

图5-32 交错的韵律（2011西安世园会）

图5-33 狮子林借景虎丘塔

④交错的韵律

各组成部分按一定的规律纵横交错、相互穿插而成，形成一种丰富的韵律感（图5-32）。

总之，虽然各种韵律构图所表现的形式是多种多样的，但是它们之间都有一个如何处理好重复与变化的关系问题。在形体与空间的构图中，既要注意有规律的重复，也要有意识地组织有规律的变化，才能更好地解决景观设计中韵律美的问题。

（2）景观层次

外部空间层次可以丰富景观，避免单调，因此景观的层次也是设计时需要考虑的重要因素之一。正所谓“庭院以深远不尽为极品，切忌一览无余”。景观设计中，要在有限的空间内创造出景深不尽的感觉。

①空间的构景手法

中国传统的园林艺术在构景手法上有独创的成就，这方面对现代景观设计的发展有着重要的影响。这里主要引出几个常用的手法介绍给大家。

A.借景

将园外的景象引入园内，并与园内景象叠合的造园手法称为借景。借景是景观设计最重要的构景手法之一，借景可以弥补空间尺度小而不足且少费财力。

由于借来之景可望而不可即，故反生向往之情而平添意趣。“巧于因借，精在体宜”正是阐明了借景的基本原则。如图5-33所示为狮子林借景虎丘塔。借景的基本手法：一是堆山叠石，建筑高台楼阁，以抬高视点；二是在可借景的方向预留“视线走廊”，避免遮挡被借之景；三是设置框景引导游人视线，如画般展示所借之景；四是以水面借倒影或以镜面借镜映影；五是种树种花或设岸理水，养鱼或招引禽鸟、蜂蝶，借活景；六是栽种有季节特征的花木，借季相景；七是种竹听风声，种芭蕉、荷花听风雨声，借声景。借景又可分为远借、邻借、仰借、俯借和应时而借等几种类型。

图5-34 苏州园林利用月洞门吸引游客进入

图5-35 框景（2011西安世园会）

B.引景

引景即有意识地引导人流和视线的方法，视线引景以景观视线的朝向为标准。引景可分为向心引导和离心引导两种方式。向心引景即从景区外围关注中心某一景观，易产生吸引和亲切感。离心引景则是从某一景点向四面眺望，易于产生奔放的联想。游线引景的方法有三种：一是游路引导，因路得景；二是点景引导，因景物提示而引人入胜；三是标识引导，即以图形、纹样或声音、光照指引去向（图5-34）。

C.框景

框景是有意识地设置框洞式结构，并引导观者在特定的位置通过框洞赏景的成景手法。框景对于游人有极大的吸引力，易于产生绘画般赏心悦目的艺术效果（图5-35）。

D.障景

障景是在游路或观赏点上设置山石、壁照或花木等遮挡视线，从而引导游人改变游览方向的造景手法。障景添加“藏”的韵味，也是造成抑扬掩映效果的重要手段（图5-36）。

图5-36 借石雕障景

E.漏景

漏景又称泄景，一般指透过虚隔物而看到的景象，虚隔物可以是花窗、栅栏和隔栅等。景物透漏一方面易于勾起游人寻幽探景的兴致，另一方面透漏的景本身又有一种迷幻之美（图5-37）。

图5-37　通过窗花漏景

F.对景

对景主要指主客体之间，通过轴线确定视线关系的造景手法。对景由于视线的固定，视觉观赏远不如借景来的自由，因此对景有很强的制约性，易于产生秩序、严肃和崇高的感觉。所以对景常用于纪念性或大型公共建筑（图5-38）。

图5-38　南湖岛与佛香阁对景

G.夹景

夹景通常与对景相结合，在对景的轴线两侧安置成行的景物，以便进一步引导视线趋向所对的主景。

H.分景与隔景

分景是将较大的景区或景园划分成若干较小的景区，使之充实和丰富的造园手法。分景包括功能分区和空间组景两方面内容。功能分区为满足游人的不同功能要求；空间组景则用于组织空间序列，并营造不同特点的空间形象（图5-39）。

隔景是分景的具体手法。隔景以各种物质手段来实现分景的意图。隔景又有实隔和虚隔之分。实隔，以建筑、山石等分景，或以封闭的小桥来创造分景的画面性较强。以疏林、花墙、空廊等为通透隔断，或以水、路、地面高差及柱廊、雕塑等象征性隔断分景，均为虚隔手法。虚隔的特点为空间隔而不断，相互渗透。

图5-39　园林设计中经常利用水面的小桥

②景观层次的创造

利用空间的渗透，丰富层次变化，加强空间的景深感。对某一对象直接地看和隔着一层看其距离感是不尽相同的。倘若透过许多层次去看，尽管实

图5-40 丰富多样的空间层次

际距离不变，但给人的距离是远很多。如苏州园林中部的石林小院。一组建筑和庭院，约有十余处小空间，均以回廊、空窗、门洞相连通，庭院内置石峰，种翠竹芭蕉。置身其中，环顾左右，视线通过门窗洞，使得空间延续和流动，除可看到相邻庭院竹石小品的园景，更可窥见二重、三重，甚至更深远的空间和景物。在这里，曲折巧妙的空间布局，使室内外空间互相穿插，变化莫测，妙趣横生，空间层次可谓丰富多样（图5-40）。

景观空间层次的变化，主要是通过对空间的分隔和联系处理所造成的。例如一个大的空间，如果不加以分隔，就不会有层次变化，但完全隔绝也不会有景深的发生。只有在分隔之后又使之有适当的连通，才能使人的视线从一个空间渗透到另一个空间，从而使两个空间相互渗透，这时才会呈现出空间的层次变化。根据景观要求采取不同手法，常常隔而不断，空间既有分隔，又有联系。相邻庭院既分隔又贯通，形成空间的渗透、流动和多层次变化，产生园景深远幽邃、不可穷尽的感觉。分隔空间可用墙、亭廊、水面、山石等。例如万科第五园的庭院空间，非常善于利用水面、墙体、植物和建筑之间的关系来营造丰富的景观空间（图5-41）。

（3）视线分析

景观空间的布局结构不仅与地形环境有关，而且与观赏的视觉条件和要素有关。景观中所强调的是绘画美，一方面是指在静态观赏条件下感受到的具有画面构图般的景观美，另一方面是指随着视点移动，看到的是一幅连续不断的风景画面，主题、构图、质感均不相同。

视点在景观中的位置分布、高低变化，视距和视角等都会影响到观赏效果和景观空间的质量。这些视觉要素和规律是以客观理论分析为依据的，因而在很大程度上说明了景观空间形式美的理由。通过对古典园林的视觉要素的分析和发现，许多优秀的景观空间都存在着景观之间的和谐关系，体现了

图5-41 万科第五园的庭院空间

审美的视觉规律，而这都离不开对于视觉要素自觉或不自觉的意识和把握。

①视点

视点又被称为观赏点，即观赏风景的位置。严格地说，景观中的每一处都是视点，重要视点的确定与布局结构密切相关，设计中需要注意以下几个方面。

若视点在建筑中，那么建筑选址要充分考虑景观的条件，要考虑建筑的景观朝向与景象，它们关系到景物的观赏效果。

要考虑建筑本身作为观赏对象的要求，主体建筑在选址与布局上常常互为对景，遥相呼应，彼此关照，处于一定的视觉联系与制约之中。

景观内视点的高低变化为从不同的角度观赏风景创造了条件，也有利于增加景观的丰富性。无论是在现代景观还是古典园林中都可以感受到视点变化带来的丰富多变的景观感受。

②焦点

即视觉的中心，是景观空间中最引人注目的对象，它具有清晰可辨的独特形象，明确的体量，形状，色彩，质感，位置突出于所在的环境或背景。焦点也是标志，具有引导作用，有助于确定所在空间的方位，其形式变化多样，赋予环境鲜明的个性。景观设计时，要根据平面构成形式设计视觉焦点，组织空间，让人们欣赏时有重点、有主次、有高潮。例如苏州网师园景观视线分析：苏州网师园的视觉景观效果历来为世人称道，园林专业相关课程也将此作为景观原理范例。

③视距与视角

从静态观赏的角度看，景观画面的清晰度和构图与视距、视角有直接关联，它们反映了视点与景物的空间关系，都是影响空间景观质量和观赏效果的视觉要素。

按照芦原义信外部空间设计的理论，视距关系到对景物的视觉感受，因而也影响到空间的尺度、层次、质感。视距由近至远，景物由清晰至模糊。景观设计中常将人、建筑和树木当作可视空间尺度感知的参照物，根据视觉定律，25～100m左右的视距范围对景观感知和设计影响较大。

另一与视距有关的视觉要素是视角。垂直视角与景物的高度有关，水平视角与景物宽度共同作用形成眼睛看见的空间。一般认为，垂直视角30° 左右，水平视角45° 左右，为观察静物的最佳范围。换句话说，景物与视点的距离*D*与景观高度*H*之比为*D*/*H*=2时，可以完整地看到景物的形象及周边环境，这时的空间尺度也比较适宜。*D*/*H*在1～3的范围内，空间和景物之间的关系比较和谐；如果小于1，则产生封闭、压抑、景物拥塞的感觉；但大于3，会感到空旷、散漫，景物变得平淡。有时候则可利用*D*/*H*小于1或大于3的视觉特点来创造特殊的景观效果。

06

To Analyze the Landscape Space and Design in the Form of Cases

第6章

园林景观空间分析与案例解析

章节导读

本章运用不同类型的景观空间设计方案作为教学案例，从技术规范、行业需求、概念生成、设计方法、创意表达等多维度层面进行讲解、分析和点评，拓展专业思维上的广度和深度。培养学生的综合分析能力、创新思维能力、设计实践能力，使学生通过阶段性的学习能够独立完成小型景观课题的综合设计与表达。

园林景观空间多种多样，对其分析的方法和途径很多，人们以自身的认识来体验、感知园林景观；园林景观具有一定的可读性，它由一系列符号组成，可以通过视觉、感觉来领悟。因此，对园林景观空间环境的分析是有一定规律可循的。通过了解自然景观、人工景观表面所呈现出的形、色及实质所体现的精神与内涵，来“读”“写”我们心中的园林景观空间。

6.1 园林景观分析的内容与流程

园林景观空间的分析有一个完整的、系统的过程，它是通过感觉、视觉、触觉、嗅觉来完成的。为培养学生园林景观空间的分析能力，本书将针对7个不同类型板块进行专题训练，使学生全面了解园林景观。

园林景观分析的内容可从项目区位、功能分区、交通道路、空间序列、历史文化、生态自然、绿化景观、设施小品等入手，对其进行充分的了解，评判出园林景观的优劣。

6.1.1 园林景观空间分析内容

（1）项目区位

项目区位的分析，我们可从三个层级来进行了解，即行政区位、交通区位、经济区位，并且从分析区域整体发展的优势与劣势中来判定其对园林景观项目的影响。对于三个层级的认知我们可以理解为：首先是宏观层面，即对项目所在省域范围概况的了解；其次是中观层面，即对所在市域范围概况的认识；最后从微观层面确定项目所处的位置、范围及面积。

（2）功能分区

园林景观功能分区就是将整个空间划分为不同子空间，每个子空间都有其自身的作用。在对园林景观空间进行功能划分时，应着重考虑人对空间环境的需求，除此以外还应当考虑功能分区的动静、公私、开闭等人性化分区原则，以及各区域自身和周边的相互渗透与衔接，切合实际划分功能区，以此来调节人与环境之间的尺度与比例。

(3)交通道路

交通道路是园林景观空间的基础组成部分，主要作用是引导人的行为，联系各个区域等重要作用。它由两大部分内容组成：一是对外路网；二是对内路网。在做设计时我们除了要注意道路本身的布置原则以外，还应当注意路网形态、色彩、材质的选用是否具有实用性和艺术性。

(4)空间序列

空间序列就是处于空间内的自然或人文景观在时间、空间以及景观意境上按一定次序的排列，它反映了空间排列的递进关系与重要程度。在日常设计中，我们可将园林景观的空间序列简单概括为：起始段—引导段—高潮段—尾声段。在设计园林景观空间序列时应注意，空间自身的转承启合是否与景观空间的整体结构和布局相适应；另外就是各序列空间的排列是否起到了对人的行为与感受的引导、启发、酝酿、期待等作用，使人在园林景观的游览过程中达到寓教于乐的效果。

(5)历史文化

一个好的园林景观设计具有传承性、民族性、地域性等特性。历史文化对园林景观风貌的形成有着重要的意义，它体现了园林景观的精神和内涵。我们可通过对园林景观空间整体氛围的感知及所处区域的历史典故、历史人物、历史遗存来认识该地区的历史文化内涵；也可通过园林景观中的公共服务设施、公共艺术小品等细节来了解园林景观项目是如何隐喻、重塑和再现历史文化特色。

(6)生态自然

现实中的任何一处园林景观空间都是在自然环境下，经过一系列人工手段，带有目的性的雕琢和装扮后形成的。这里主要包含了对自然气候、自然地形、自然生态等内容的改造。我们平时所说的自然环境是一个“整体”概念，而园林景观空间只是其中的一个“局部”，他们之间要具有一定的平衡关系，从而才能协调发展。

(7)绿化配置

植物造景在园林景观中不仅仅有营造视觉艺术的效果，它还是发展和维护园林景观生态平衡的重要手段之一。我们可以通过比例、层次、形态、色彩及尺度等来营造不同的绿植景观。

(8)构筑物

构筑物的存在不仅增强了外部环境的效果和艺术氛围，并且通过构筑物的形态、色彩、含义等可以展示当地历史、文化、民俗等特色，进一步增强了园林景观空间的可识别性。除此以外，构筑物最为重要的作用是提供给游人在活动中所需的生理、心理等各方面的服务。在设计构筑物时应注意其形态、尺寸和色彩与整体景观氛围，是否协调统一，是否体现了当地历史、民俗文化内涵，彰显个性特色，是否做到了以人为本，满足各种人群的使用需求。

6.1.2 园林景观空间分析流程

(1)调研工作

在进行园林景观空间调研之前应根据本次园林景观空间类型先制定一份调研提纲，以便调研有序化地展开，提纲内容如下：

①调研的性质和目的；

②制定调研计划；

③项目的背景资料收集与分析；

④调研项目难点及解决办法；

⑤项目现场调研资料整理与分析；

⑥总结问题提出改造策略；

⑦制作成果。

(2) 任务分配

园林景观空间设计应当以小组为单位，需要完成的任务有收集背景资料、项目现状分析、实地调研与照片拍摄、场地数据测量、草图绘制、问题分析、改造意见、制作成果等。

(3) 资料收集

资料收集是分析园林景观的重要环节之一。资料收集渠道很多可通过查阅有关图书、期刊、论文、问卷调查来获取该项目的详细文字资料，还可通过实地考察、实际测量、现状拍照来获取项目数据及图片资料。

(4) 成果制作

园林景观空间认知成果制作包含三部分内容：一是图纸成果，二是基础资料总汇，三是汇报成果。

6.2 园林景观空间案例解析

6.2.1 道路园林景观设计

道路是园林景观的骨架，它的好坏很大程度上决定着一个区域的园林景观水平和带给人们的观感体验。要做好道路园林景观的设计必须把握道路园林景观空间的特点。道路园林景观相对于其他类型景观而言，在空间特征多呈带状分布；相对于静态点面空间，其最大特征是空间景观视觉呈现速度的变化。在道路延伸的同时，道路园林景观作为基础性园林景观游线或视觉走廊所起的作用，不仅仅是简单的常规交通组织功能性因素，它也是一个区域综合素质评估的重要指标。

案例分析：兴平市咸兴大道景观规划设计

1.项目背景

兴平市咸兴大道两侧景观规划是在西咸一体化与咸兴一体化背景下的重点建设项目，是兴平市最大的基础设施建设项目，对促进兴平市区域经济快速协调发展与城市扩张具有积极作用。咸兴大道在兴平市总体规划中，定位是快速路，过往的车辆主要以货车或客运车辆为主，同时也要有效的连接各个村镇的交通。

(1) 区位

兴平市位于陕西省关中平原中部，隶属于咸阳市。兴平市北依莽山，南临渭水，与周至县隔渭河相望，东经咸阳，距西安市40Km，它是咸阳市的一个县级市，也是一个新兴的工业城市。咸兴大道位于兴平市城区东部，西起兴平入口广场转盘处，东至秦都区交界线，长约11.6Km，宽65m，占地1200多亩。

(2) 经济

与咸兴大道有关的经济背景包括“金三角”经济圈与“关中天水经济区”，其已获批西三角经济圈版图。建设西安大都市、带动大关中、引领大西北，是关天经济发展目标。

(3) 文化

兴平市名胜古迹众多，其中著名的包括有马嵬驿民俗文化村、汉茂陵、霍去病墓、杨贵妃墓、兴平北塔等。通过建设咸兴大道的建设能够彰显兴平市历史文化。

（4）西咸都市圈的生态发展

兴平市作为一个新兴的工业化县级城市，在西安这个国际化大都市和西咸都市圈中扮演着重要的角色。所以，在此方案中，咸兴大道的建设成为咸兴一体化的经济长廊和工业硅谷，将发挥重大作用。

2.规划范围与现状

基地道路宽65m，南北两侧各规划50m，共165m宽，11.6km长，现存少量生产设施用地及公共设施和村庄。基地内包含苗圃农田，其在所有景观元素中占较大比例，规划中将有针对性地进行利用。

3.设计解析

（1）目标理念

“以经济长廊作用为骨，以农业与文化特色为魂”是咸兴大道景观建设的一大特色；理念则是“融合与生长”，即与城市肌理相“融合”，与城市景观共生。道路景观必将与城市景观互相影响，相互制约。因此，提出了“生长”的概念，将道路景观视为一个可持续发展的有机生命体，随着时间的推移，必将与周边景观体系相连接、相渗透。同时也坚持生态性原则、安全性原则、协调性原则、服务性原则，达到城市生态景观的延续、绿色交通的实现与文化传承的规划目标。

（2）规划区城市空间构造格局

根据兴平市产业规划和土地利用规划，未来土地利用和街区发展方向等示意城市构造的内容参照以下格局。

（3）总体景观构架

咸兴大道总体景观空间构架由“一轴、五片、三板块、四节点”的形式构成。“一轴”即咸兴大道。“五片”是指五处建筑性质各异的片区：化工片区、绿化片区、行政、商业片区、加工业片区。“三板块”则是以生态都市、商业都市和文化都市体现的景观序列，也是本方案最有特色的亮点。“四节点”包括了兴平市入口转盘、民俗体验公园、商务中心、汉文化主题广场。其中三大板块的设计分别为：

①生态体验空间——城市绿氧

城市绿氧是三大板块中的第一部分。这部分根据总体规划的要求是一片绿化区，在符合总体规划的基础上塑造了可耕花园、能源公园和民俗公园相结合的新城市景观类型（图6-1）。针对性地保护有

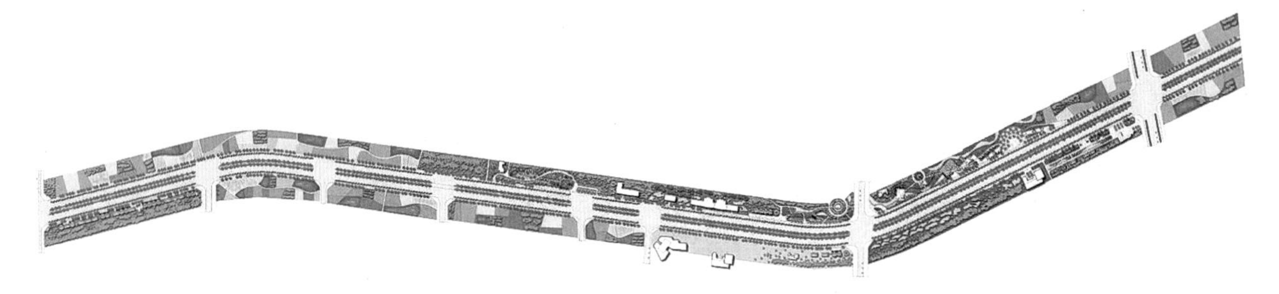

图6-1　生态体验空间——城市绿氧设计

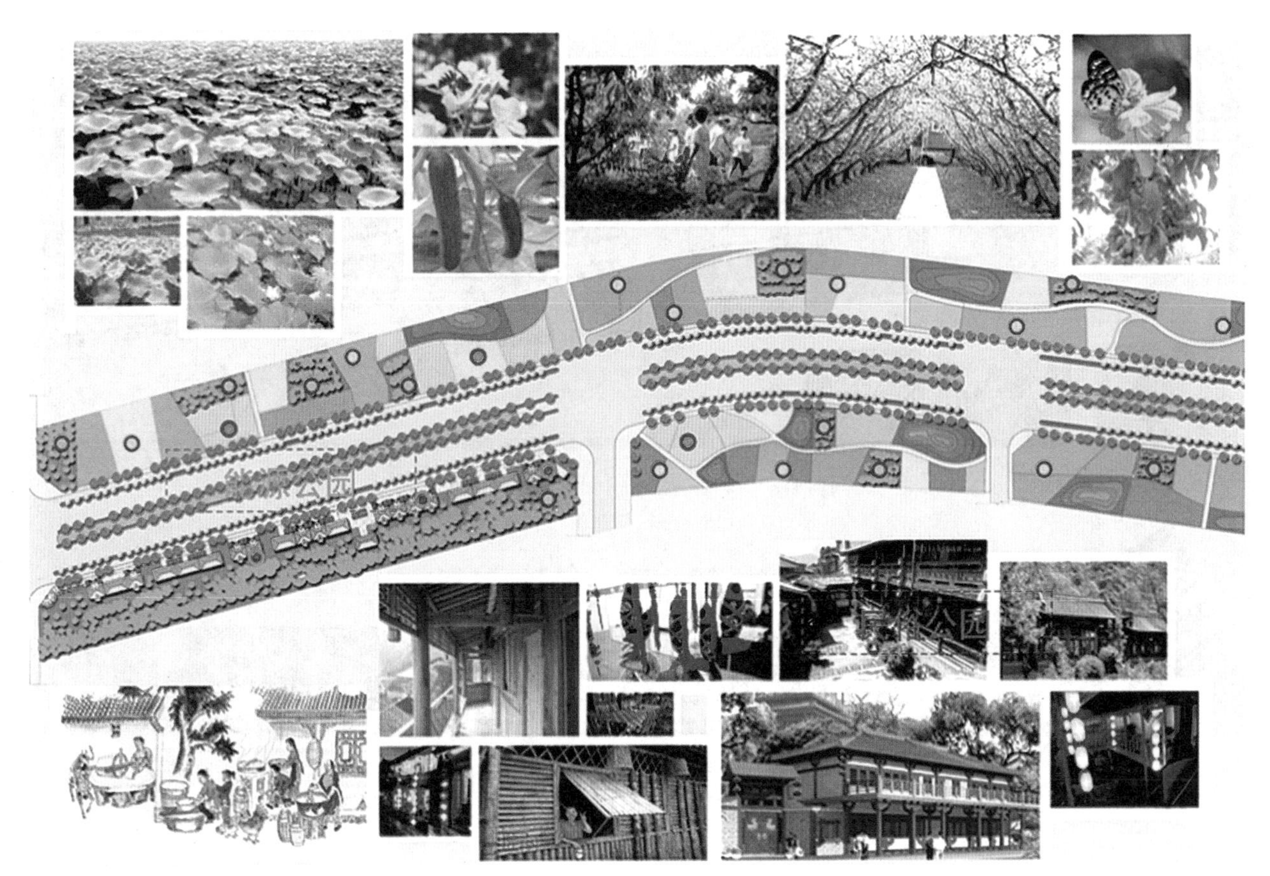

图6-2　民俗文化一条街规划设计

利于资源，并将限制因素变为优势特点。

可耕花园是兴平市农业特色的集中展示区。在设计中融入了生产性植被，结合经济林、兴平特色蔬菜种植等为绿色品牌进行宣传。餐饮建筑坐落在种植床周边，方便将农产品直接转化为美食，这样设计充分发挥了兴平的农业特色优势，形成高端绿色餐饮品牌，并利用食俗文化一条街打造了城市绿氧板块的标志（图6-2）。

能源公园的设计是考虑到在现场勘察中，拆迁房屋及各类管线产生了不少建筑废弃物，然而建筑垃圾又拥有固定性好，易造型等特点，因此可以就地将其人工堆砌塑形，后覆土种植，既增加景观趣味性又节省运输费用。

太阳能板的使用为市民提供洁净的能源，其光伏效应不仅能用在路灯的照明上，其转换的电能同样能用于住宅用电。两方面的考虑兼顾经济与生态效益（图6-3）。

民俗公园的新建，其目的在于为市民提供节日庆典的活动场地。大部分市民对先人流传下来的民俗文化有浓厚的兴趣和强烈的认同感与趋向性，提供一个这样的场地，寓教于乐，对保留可贵的精神文化遗产有重要的意义（图6-4）。

②活力商业空间——今日兴平

商务区定位为兴平市东段中心商业空间的启动地区，建设一系列现代化建筑，配合汉武大道周边建筑，成为兴平市未来新的地标建筑群（图6-5、图6-6）。

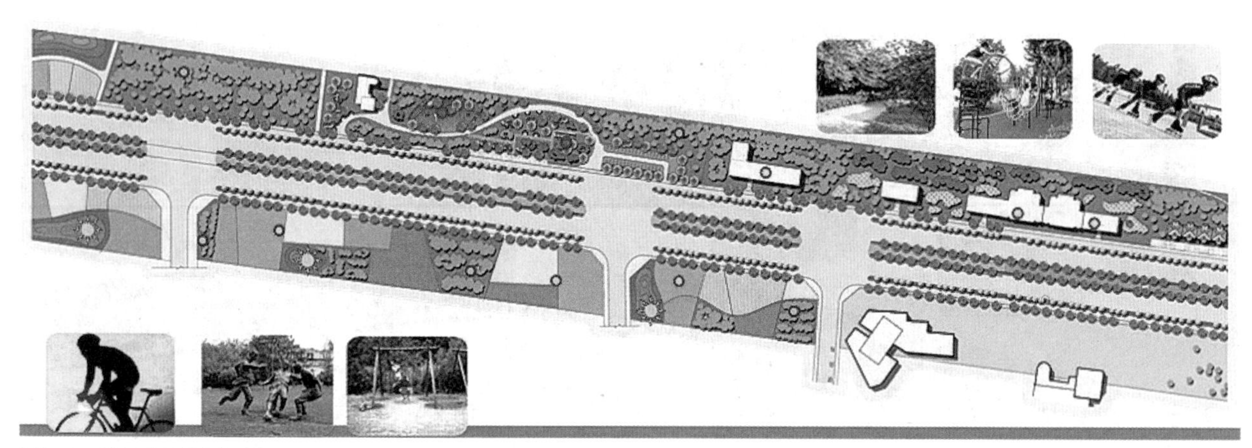
图6-3　能源公园规划设计

图6-4　民俗公园平面图

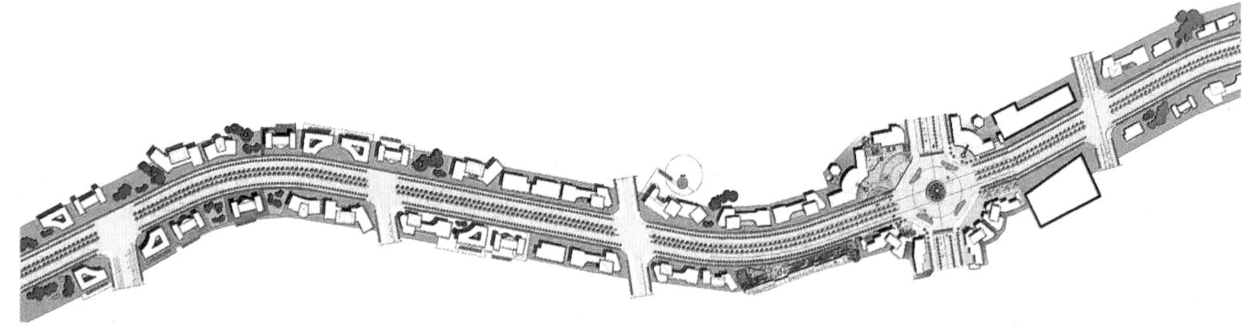
图6-5　活力商业空间——今日兴平

③精神文明窗口——文化传承

兴平入口处拥有象征高洁品格与绿色品牌的“莲”的一组雕塑，并且旁边的跌水景观墙不断给予其滋养。出于对历史的缅怀，我们将典故场景化，做到寓教于乐的目的。深远的历史文化透过这景象，便向游客展现了出来（图6-7、图6-8）。

以上咸兴大道两侧景观规划的各部分详细内容，以充分弘扬兴平市的农业、文化特色，并发挥经济长廊作用为目标，将引导咸兴大道建设实现城市生态景观的延续、绿色交通的实现与文化的传承。

（兴平市咸兴大道景观规划设计——方案设计者：张靖雪、纪振山；指导老师：张炜）

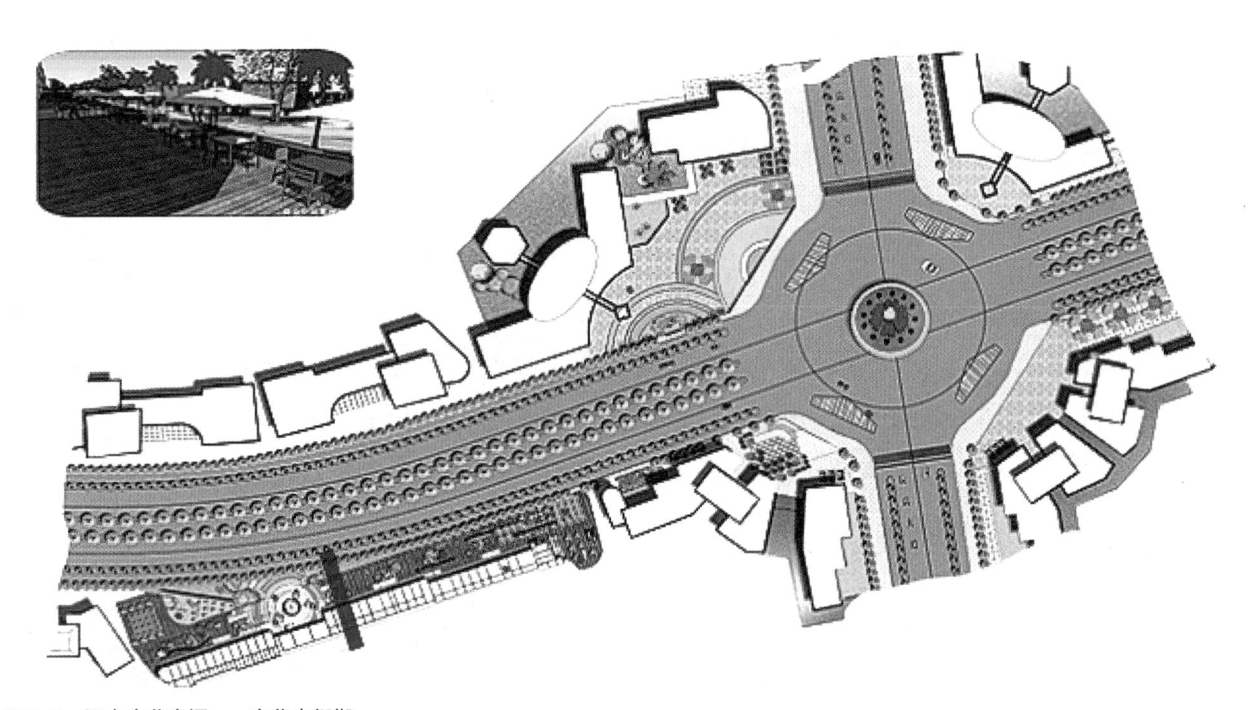

图6-6 活力商业空间——商业步行街

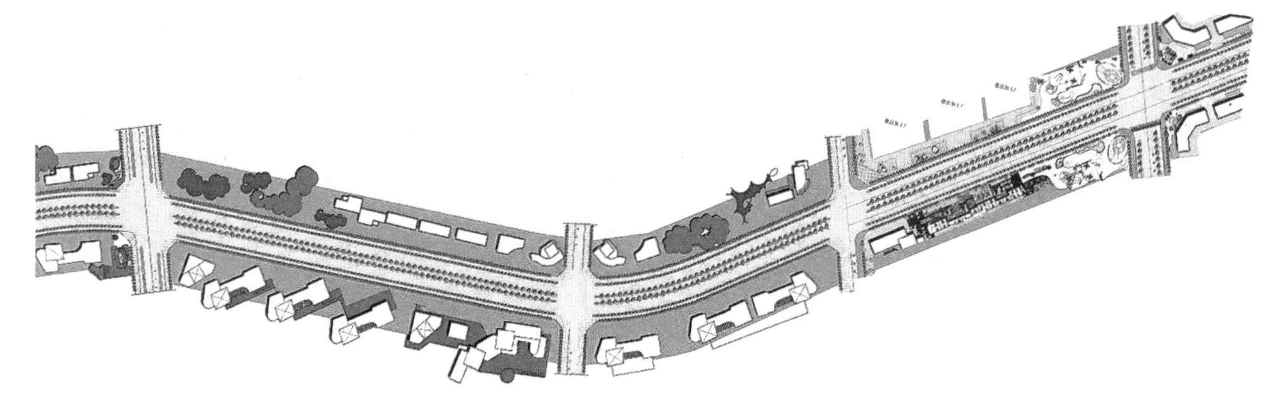

图6-7 精神文明窗口——文化传承

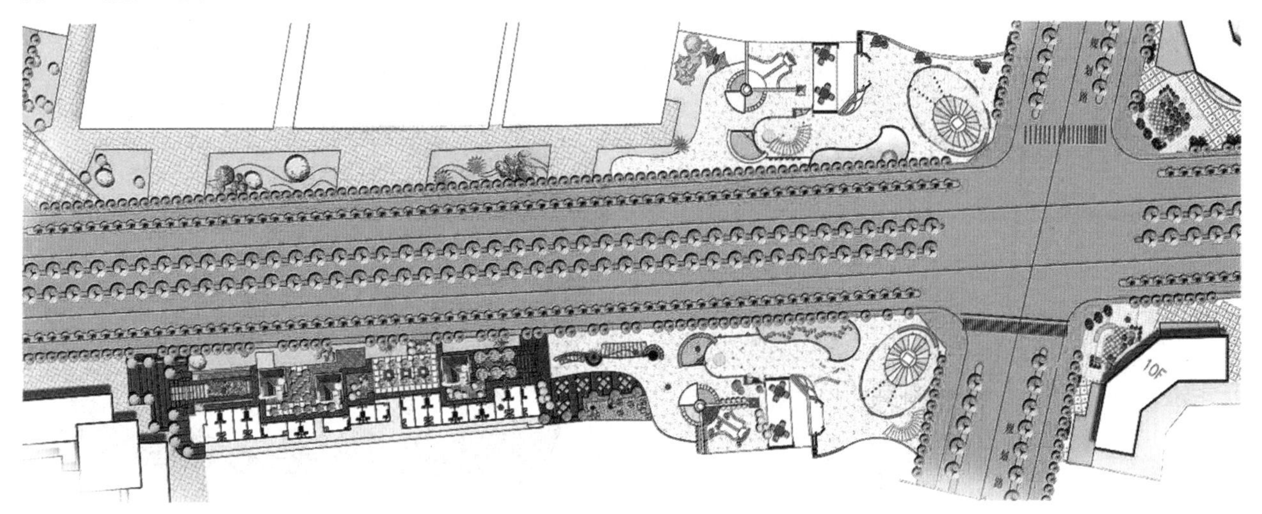

图6-8 文化传承风情街

6.2.2　传统文化景观、滨水景观

案例分析：2011西安市浐灞世界园艺博览会咸阳园景观设计

1.项目背景及概况

2011西安世园会会址位于西安市东北浐灞生态区广运潭生态公园，即浐河和灞河交汇处。浐河和灞河有悠久的历史文化背景，广运潭是唐朝漕运的终点站，繁华盛极一时。会址距市中心7公里，紧靠东三环，与多条交通主干线交汇。根据现状，城市公路将作为世园会交通的主动脉，周边路网结构基本成型。西安市借鉴昆明、沈阳世园会的成功经验，通过世界园艺博览会这个平台，酣畅地表现“天人长安，创意自然”的主题（图6-9）。

西安世园会背景面积约为13平方公里，园区面积约2.3平方公里。咸阳园项目基地位于世博园省内园中，长安花谷的东南方，中国园区的东北向，与长安塔相望，三面环路。规划面积约1295m^2，地块平面呈梯形，地形变化较小，相对高差不到1m（图6-10、图6-11）。

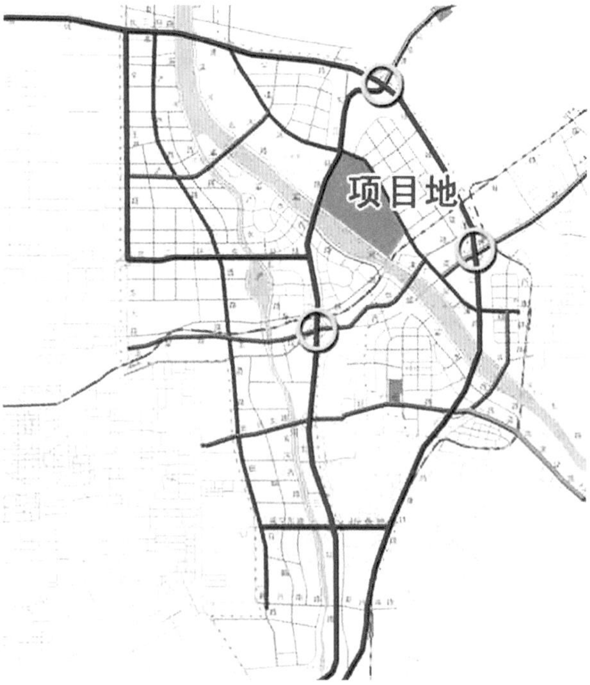

图6-9　2011年西安世园会在浐灞区位置示意

此次世界园艺博览会的主要入口以开阔的花卉植物来表现；团队入口是考虑到团队游客的组织集合要求设置；VIP入口为领导参观展会提供一个特别的通道；后勤入口便于对整个园区的运营管理。整个园区包括长安园、五洲园、科技园、创意园和体验园。

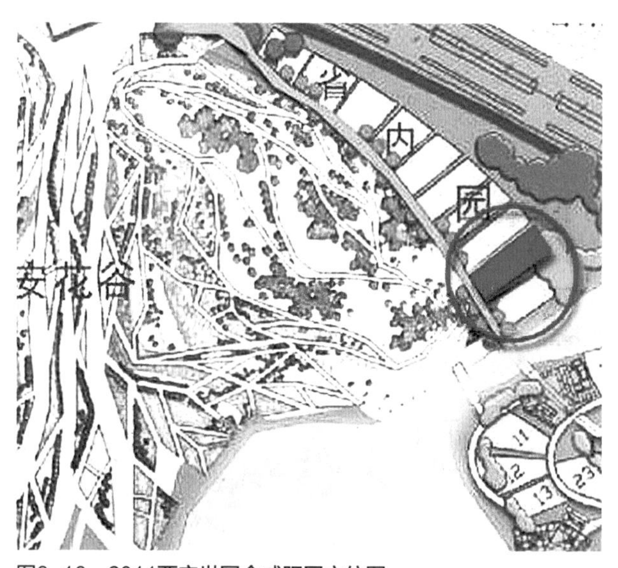

图6-10　2011西安世园会咸阳园方位图

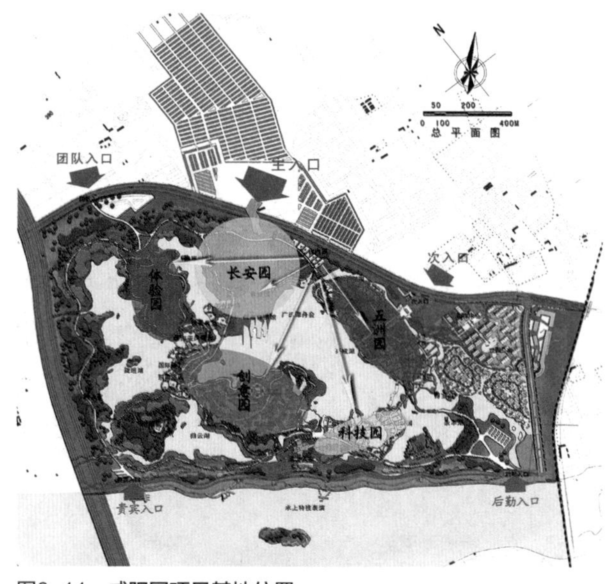

图6-11　咸阳园项目基地位置

2.规划理念

咸阳园设计本着因地制宜、收放有致、以人为本、生态环保，充分展现地域历史文化特色及民俗风情的规划原则。其规划设计的需求，一是基本的功能需求，主要是世园会期间人流的疏散要求。预计，世园会期间每天将有七万人次的高峰人流量，绿地必须为缓解人流压力，特别是在紧急事件发生时，提供便捷、安全的疏散机会。由此，在咸阳园区交通组织的设计中，将关注主要园路的引导浏览作用，保证园路明显、通畅，便于集散。二是景观应该给世人展示什么。客观上讲，2011世园会是西安这座魅力古城的一张很好的城市名片。“天人长安，创意自然”是对自然、生态的解读，对历史文脉的尊崇。

经过对基地现状的研究，综合各种信息，确定该地块功能应满足：

（1）世博园形象要求：省内园是陕西省各城市精神文明的窗口，咸阳又处于极高的历史、政治地位，因此要作为地方特色标志性空间进行展示。

（2）互动空间的延伸：实现游客观光需求，提供园艺展示、休息、驻足等活动。

（3）地域文化的展示：包括地方特色文化的展示、人文情怀、和谐发展、“天人长安，创意自然”主题的表现。

3.规划目标

咸阳园的设计主题确立为“秦人 · 秦风 · 生态咸阳”。将现代设计风格注入中国传统元素，融入诗歌意向。将该园区规划为集自然、文化、休闲、园艺科普为一体的综合性园区。

4.规划方案

咸阳园区的整体设计以秦文化为主线进行展开，提取了咸阳的历史元素——秦始皇塑像、秦砖、瓦当、货币、竹简、长城等，加之现代材料、园艺技术工艺，以轻快的手法加深游人记忆（图6-12、图6-13）。

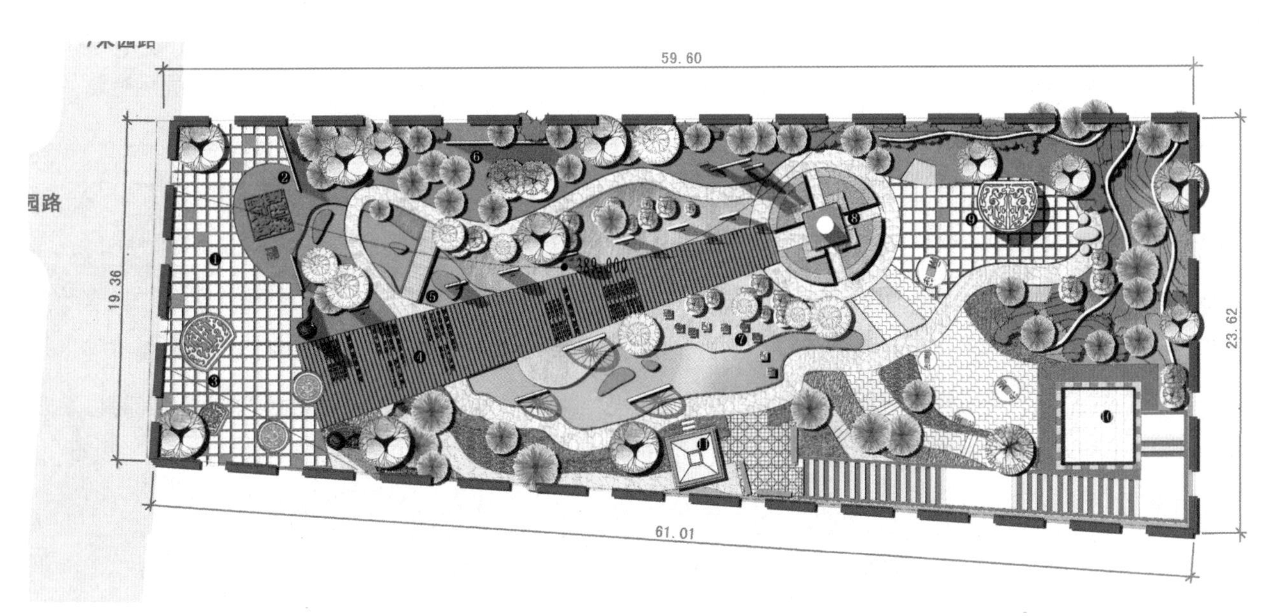

图6-12 咸阳园总平面图

图6-13 咸阳园效果图

5.功能分区

园区分为三大功能区，设计力求将历史文化与园艺相互融合。在尽显咸阳历史文化的同时，将咸阳园艺取得的成就穿插其中，将正统的历史事件用含蓄的方式恰当地表达出来，从而使人在游览过程中心情轻松自然。

（1）入口广场

入口广场区考虑到交通人流量的需求和咸阳的历史文化风貌展示要求，采用开放空间进行表现。入口处竹简的设计，风格特点鲜明，仿佛给人们打开了历史的卷轴，给人以无限的遐想。广场的铺装以秦砖为元素，结合草地形成嵌草砖，增加亲近感。绿化景观以篆书雕刻的印章形式，完全采用绿篱植物修剪制作（图6-14、图6-15）。

（2）园艺展示区

本区位于园区南部，以园艺的展示为主，切合此次园艺博览会“创意自然”的主题。结合交通路线，以花卉的拼合作视野铺垫，为游客提供了一条环境优美的生态漫步带。配合咸阳本土的花草植被，以形成本地居民有归属感、外地居民有认同感的理想空间。花卉构成的景观效果迷人，游人在此休闲、驻足、交流互动，体验丰富多彩的空间。

在植物的种植方面，花卉的选择以4～6月一年生与多年生宿根花卉搭配，树种以少常绿多落叶为主，夏季浓郁遮阴、防暑降温，冬季有景可观。水生植物的搭配形成了色彩绚丽的“现代咸阳”景观（图6-16、图6-17）。

（3）文化展示区

文化展示区由一条景观大道展开，用六国的铸

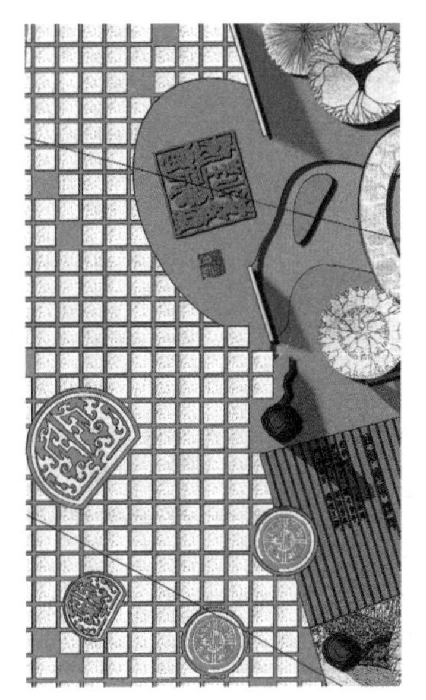

图6-14 入口广场平面图

图6-15 入口广场效果图

图6-16 园艺展示图平面图

图6-17 园艺展示区效果图

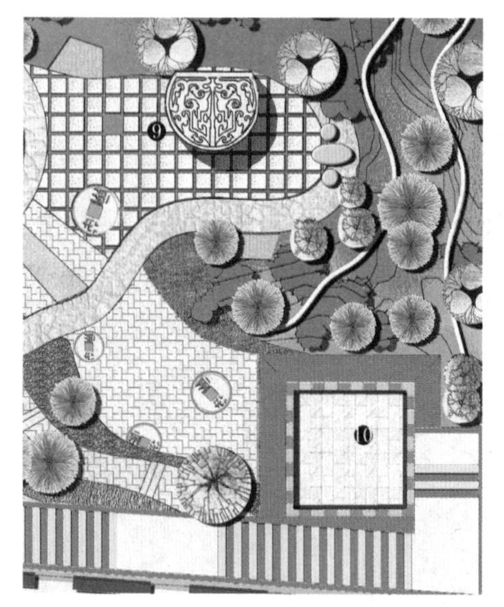

图6-18 文化展示区平面图

图6-19 文化展示区效果图

币以及车轮等文化元素以园艺的形式掩映在道路两侧，来体现秦朝的统一的历史过程。而穿插在其中的水系代表渭河，寓意着渭河孕育着咸阳渊源的历史。道路的尽头是一尊秦始皇雕塑，来体现秦的统一。最终以一栋秦长城建筑来体现咸阳大度以及兼容并蓄的气概，室外则以现代多媒体技术来反映现代信息化的咸阳（图6-18、图6-19）。

6.规划设计分析

（1）空间分析

入口广场为开阔空间，再利用铜铸竹简收束空间、秦直道引导空间，其尽头的秦始皇雕塑控制整体展园空间，运用长城来围合空间，提供观景台俯瞰全园。以城墙为围合背景，整体形成开放—收束—引导过渡—开放的空间划分格局。

（2）交通分析

园区的交通分为两级园路。园区主路采用坡道的形式，以方便各种人群的使用。一级园路是一条景观大道，名为“秦直道”。这条中轴线既是秦人变法图强之路，又展示了咸阳开放、兼容并蓄的气概，同时它还寓意着咸阳的腾飞之路。二级园路为园内的环路，它是园内的主要道路，很好地串联了各大景观节点，使整个游览路线舒适顺畅，同时也避免了人流的拥堵。

（3）景观节点分析

整个园区形成了：“一环、一轴、五节点”的景观格局，即道路交通环、中央景观轴、五个主要景点。五个景观节点分别为：入口铜铸竹简、秦始皇主雕塑、长城景观墙、园艺景观亭、玻璃竹简，使游览路线层次分明并选择多样。五个景观节点从空间结构形成了点线面全面结合，使人在游览过程中充分体会到设计者的立意。

（4）照明设计分析（图6-20）

灯光的选用要符合周边环境的要求，避免光污染。配置高柱灯的同时，配合园区周遭的照明及使用需求，所有灯光设施均为防水型。主要灯具选

图6-20 夜景灯光效果图

型，从节能与经济美观角度考虑，最终选用太阳能系列与LED灯具。

灯光的布置应控制主光源强度，保持最适合的灯光高度。高杆灯起主光源照明作用，柱头灯起辅助作用，烘托气氛，适当控制节能布置过程中灯光的不同时间段的使用。

本方案采用灯具类型：高杆灯，园艺灯，射树灯，梯级灯和藏地灯（图6-21）。

文化展示区主要照明布置：15m灯架结构，3组主要用做建筑的照明；下层沿上层面按照具体形态环形布置灯光；结合水景布置点状射灯，强调高差引起的时空感。为突出历史沧桑感，选用古铜色设施景致，灯光布置采用突出阵形布置，强调秩序感、围合感。

园艺展示区：突出生态的自然美，采用集中式点上照明，以行人道布置灯光，形成幽深感、探究感。

图6-21 灯具类型

（5）公共设施设计分析

公共设施的配置有以下三个特点：

①人性化设计：充分考虑适用人群多样性的需求；

②时代气息：反映当代社会发展特点；

③文化风情：公共设施充分考虑地域和社会的历史文化特征，既要有秦汉元素符号，又有园艺的艺术特征。

（6）铺装设计分析

文化铺装：采用极具秦汉时代特色的文字、符号及图形等铺装样式,通过图案联想的方式来唤起欣赏者的共鸣。

现代铺装：主要由几何形体构成，对比强烈，体现时代感。

生态铺装：以木材为主，利用木材特有的质朴感，让人感觉自然舒适；鹅卵石与砾石结合呈曲线形式，与环境融为一体（图6-22）。

（7）植物配置分析

整个环境的植物配置处于核心地位。植物景观设计本着“适地适树，三季有花，四季常青”的原则，精心打造“生态绿化型园区景观”。设计中充分利用地域性植物与乡土植物，如：国槐、芦苇、咸阳市花紫薇等。

在植物配置上，按上中下三层进行设计规划：上层乔木以少常绿多落叶为主，形成上层界面，以保证夏季绿叶浓郁、冬季有景可观；中层为大型灌木，结合其花果叶干的观赏价值进行相关的艺术处

图6-22 铺装选样

理，体现中层景观的丰富变化；最下层以低矮的球形灌木、地被植物为主。

设计中应注意的问题有：要充分体现历史、观赏、差异性等；景观植物季相的变化和功能上的体现；精心选择植物，以营造特色小景致。

分区植被设计意向为以下几点：

①园艺展示区：种植设计强调自然性，要求层次丰富，花卉的种植体现园艺特色，结合触觉、听觉、味觉感受，利用植物特性营造清新宜人的生态植物带，抓住四季植物的景观变化，体现园林趣味。

②文化展示区：加强人文景观的营造，采用色彩统一的植物，严肃环境中的文化氛围。

③活动空间设计：结合场地布置，形成相对安静的空间体验。

④世园会的展期是从4～10月，其中很长一段时间是处于暑期当中，地面的铺装包括休息的区域，都要时时刻刻地考虑防暑降温。在植物的选择上多考虑4月到10月的花卉，多选取乔木来形成阴影区部分，缓解夏季炎热。园区绿化部分能使植物充分发挥蒸腾作用降低局部气温，调节小气候，从而缓解夏季炎热（图6-23）。总的来说，在植物配置中应体现以下宗旨：师法自然，利用植物景观素

图6-23 植物配置

材改善小气候，丰富环境，使人寄栖心灵，领略返璞归真的意趣。

图6-24～图6-33，为建成的咸阳园。

7.项目总结

2011世界园艺博览会的举办地西安以古老、传统、淳朴、黄土为特色散发着历史文化名城的魅力，又以新兴、现代、时尚、绿色让世界瞩目。

具体照明效果，依据不同景点采用不同灯具和照明方式，主要的照明效果有六大类型：步行道灯光效果：直路以特效地灯的效果标识，曲径采用草坪灯照明，照度要求柔和。桥下灯光效果：结合桥身的设计，作为形象入口，采用特别的照明设计，极具景观性。车行道灯光效果：高杆灯照明，满足较强照度要求，灯具样式选择简约风格者。活动场地灯光效果：选用地埋灯形式，犹如绿地中洒落的点点星光。灯具高度不影响人的活动，且照度柔和自然。水体灯光效果：人流多的地方选用较为光亮的照度，其余水面照度要求昏暗柔和。轴线灯光效果：选择明亮的，具有标识性的灯具（图6-34）。

图6-24　秦始皇雕塑

图6-25　秦直道

图6-26　秦文化城墙

图6-27　玻璃竹简

图6-28　秦汉文化铺装

图6-29　铜柱竹简

图6-30　秦长城

图6-31　秦直道刻有诗文的木质铺地

图6-32　秦始皇雕刻俯瞰

图6-33　城墙夜景

图6-34　咸阳园夜景

07

Practice of Landscape Design

第7章

园林景观设计实践

章节导读

本章以横向广泛、纵向深入的方式涵盖了相关园林景观方案设计及工程施工常识，以列举工程实例的方式对方案设计、施工图设计及施工现场的把控步骤进行了深入浅出的介绍。主要讲解园林景观工程设计中的景观建筑点状空间、带状空间、面状空间的设计。

7.1 点状空间设计

点状空间是公共开放空间体系布局形式中的一种空间形态，其空间场所包括观景点、景点、街头绿地、广场、社区绿地等具有向心形态的外部空间。它为居民日常生活等深层内容在物质空间上的微观体现（图7-1）。从宏观角度讲，某一面状空间场所对于整个周边大环境而言也可以看作一个点状空间。

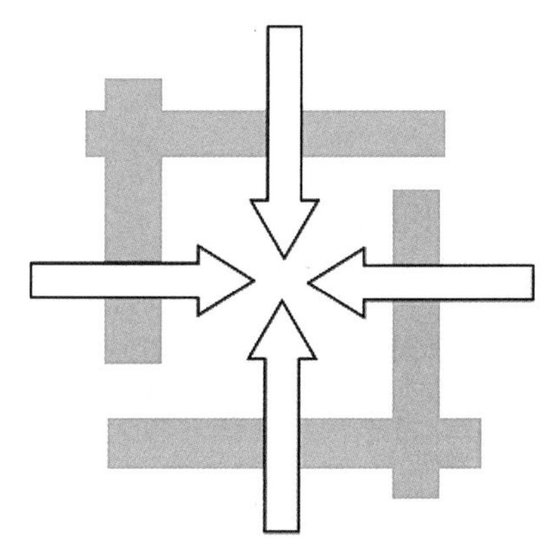

图7-1 点状空间的向心力

在景观节点和标志点处设点状开放空间，使其成为景观序列进程中的停顿点，增强景观序列的节奏感。其以灵活的空间形态渗透到城市各功能空间内部，又保持空间的个体独立性（图7-2）。

7.1.1 设计要求

（1）满足不同人群不同需求

点状空间的设计应考虑市民在空间中活动的

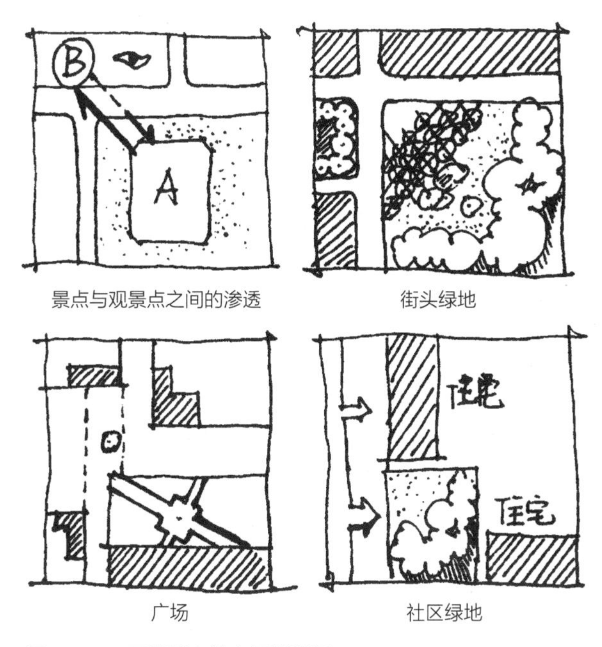

图7-2 不同类型点状空间的渗透

难易程度，包括距离、时间、内容、费用等。点状空间在不同功能的区域内应结合各地段的环境特点，对各种行为倾向提供支持，赋予空间多功能使用的可能性，以提高空间的利用率，通过有效的设计方法使空间具有尽可能多样的空间体验。对于空间的划分可以有多种灵活的方式，如采用标志物、地面高差、铺装材料以及其他景观小品等方式对空间进行暗示。此外，空间环境设计要注意创造出具有多样视角、能够欣赏到各种风景的场所，并注意赋予它不同的形式和不同的功能，使利用者能够有更多的机会自由选择停留的场所和个人喜好的位置和设施。

（2）注重与周边实体空间结合的连续性设计

在具体地段的点状空间设计中，要结合周边的环境特点，与整体环境相协调，进行连续性的空间环境设计，为人们提供连续性的空间体验；并结合实体建筑空间界面，丰富空间层次，使建筑空间与外部空间环境融为一体、内外部空间均成为有效积极的空间，避免点状开放空间成为建设后的残留空地这种消极失落的空间场所。

（3）注重环境的生态设计

对于外部环境的布置更要结合地段的风向、土地植被、当地气候等生态环境进行设计，使开放空间成为人们户外活动的宜人场所。影响户外舒适性的主要因素有阳光、气温和风等。点状开放空间的选址和设计应尽量满足夏季阴凉和冬季日照；设计师应事先进行场地日照分析，帮助决定哪些方法来提高可接受日照量或缓解不利效应。类似于日照阴影的需求变化，人们对风的需求也是依气候和时间变化的；点状空间周边的建筑物布局、道路方向以及植物的行列种植都能影响风的强度和方向。

（4）结合人文景观环境，建立“场所精神”

富有人情味和人性化的空间是因为有文脉的积累和传承，因而赋予了这个场所具有存在感和精神内涵。人知道他身在何处，从而确立自己与环境的关系，获得安全感；认同则与文化有关，它通过认识和把握自己在其中生存的文化，获得归属感。在点状空间设计中，通过结合人文景观布局，将历史人文景观纳入现代生活空间中，成为延续城市文脉、沉淀记忆和寄托精神的场所。

7.1.2　点状空间设计训练——校园公共绿地景观设计

该训练主要使学生学习并掌握设计中常用的交通流线、空间结构、人流及绿化等环境分析方法，能清晰地表达自己的设计构思，培养解决问题的思维和步骤的能力，具备对小尺度室外空间景观环境设计的图纸表达能力。

（1）基地概况

某大学校园宿舍楼之间公共绿地空间，占地面积3000多m^2，地形较平坦，植被丰富。

（2）基地航拍图（图7-3）

（3）基地地形图（图7-4）

7.2　带状空间设计

带状空间是具备线性关系、有着流通及景观产生机制的城市综合系统。在国外有关带状空间的研究有公园道路、绿道、绿色廊道等。带状空间场所包括街道、滨水带、交通道路、视觉走廊及生态走

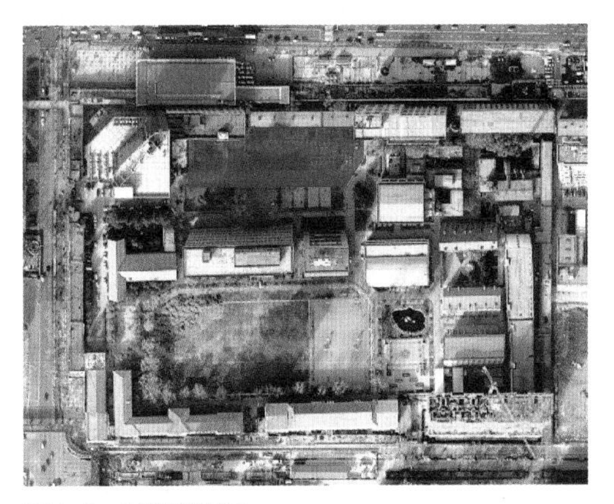
图7-3 基地航拍图

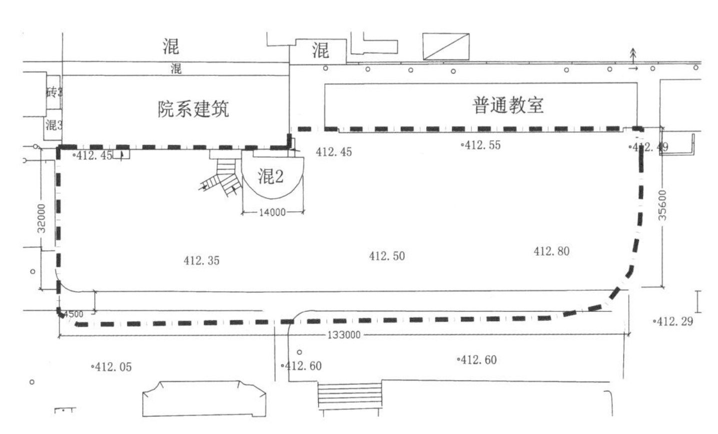

图7-4 基地地形图

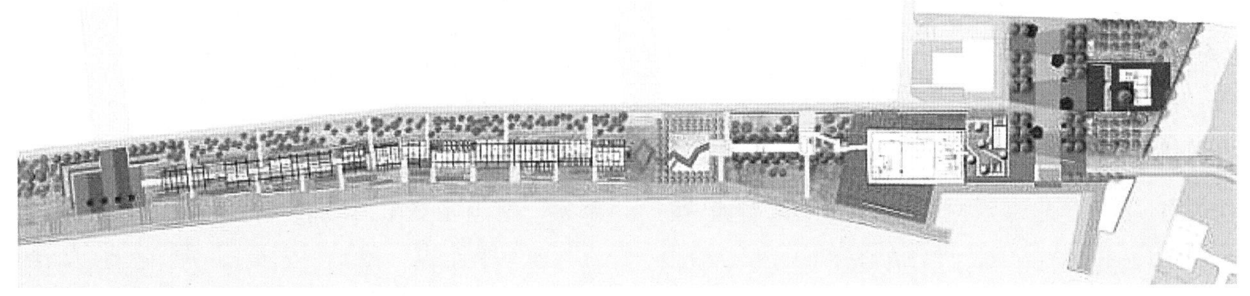
图7-5 带状空间中融入点状空间

廊。街道可细分为步行街和人车混行街；滨水带可细分为江岸、河岸与海岸；交通道路可细分为高速公路、国道省道及一般性道路等（表7-1）。

带状空间分类 表7-1

类型	功能活动类型	景观形态
街道： 步行街 人车混行街	购物、娱乐、休闲、观演 通行、办公	带状狭长空间、围合性强、视域有限、景观人工因素变化丰富多彩
滨水带： 江岸 河岸 海岸	购物、娱乐、休闲、观演 通行、旅游 通行、旅游	带状狭长空间、围合性强、视域宽广、兼具人工因素与自然因素
交通道路： 高速公路 国道省道 一般性道路	交通、景观 交通、景观 交通、景观	带状空间、围合性弱、视域宽广、动态景观特征显著
视觉走廊	风景观赏	带状空间、围合性有强有弱、视域或宽广或有限、有明显景观标志
生态走廊	旅游观光、环境保护	带状空间、围合性弱、视域宽广

带状空间中的某个节点处设置点状空间，为景观整体意象的塑造提供有效的衔接（图7-5）。

7.2.1 设计要求

（1）连通性

在带状空间规划建设中，连通性是关键。单个点状空间很容易被孤立或与自然区域分隔开。带状空间将这些点状空间连接，能阻止这些点状空间的进一步孤立，创造与大环境建成区域的缓冲带。同时，带状空间将公园、居住区、学校、公共设施、历史文化资源等相连通，为人们提供了接近自然的通道，大大提高了可达性和利用度。

（2）交通路网的交叉设计

带状空间作为一种可替代性交通廊道，给人们提供更多选择的交通方式。线性空间能够连接出行地和目的地，沿途具有美丽风景，使步行者和骑车人能够往返于其间。在城市内部的公园与绿色通道之间以及在绿色通道内部可建立连续的、与机动车道完全分离的非机动车道系统，为人们创造一个完全属于自己的、健康的绿色通行网络。对于以休闲健康为主要目的的小径，可以设置绿道与机动车道的交叉路口，并设置清晰的标志，还应设置禁止机动车进入绿道的障碍物。

（3）设计的人文关怀

带状空间的规划应该遵从“人的需求”理论和“场所”精神。在绿道设计中，应为步行者、自行车使用者、残疾人、滑板者等创造了安全、健康的通行环境和通行空间，促进其所连接的社区、市民之间的联系和交往，促进了人群的身心健康。同时，为了满足使用者的需求，应该在绿道的沿线附近配备服务设施，如停车场、休息椅、野餐区、健身设施、垃圾箱、商店和标志系统等。附属设施尽量集中配置在各个不同等级的出入口，以增加使用效率，减少建设成本，维护生态环境。

（4）生态和文化景观特色保护

带状空间的设计应具有生态保护和历史文化资源景观保护的功能。从生态保护方面来说，供给动植物以及人类居住的栖地，并提供物种迁移的通道，并吸收和储存营养物，提高生物的多样性，改善气候等；从历史文化资源保护、文化景观特色保护方面来说，带状空间作为一种低强度的开发，是城市环境中的历史文化资源与城市环境之间的一个缓冲带，能有效地保护和利用这些历史文化资源，有利于城市更新；另一方面，规划设计应避免更大范围内的均质性而导致失去文化景观特色。

7.2.2 带状空间训练——西安市北关正街街道景观设计

运用景观设计学的基本理论、原则和方法对带状空间景观设计进行实践。掌握带状空间景观设计的概念及方法，了解其景观意义，培训构思能力，理解带状公共空间在城市中的作用。对学生完成带状空间环境形成的尺度、功能使用、序列、形态、格局及感知特征进行规划设计能力的培养。

（1）基地概况

西安市北关正街位于城市南北中轴线的北段部分，南起西安市古城墙——北门处，北至龙首路，全长1.9km，属于城市历史文化重要展示和保护协调线。其中：环城北路至第二条规划路作为重点设计地段，长度770m。

（2）区位图（图7-6）

（3）基地地形图1 : 1000（图7-7）

（4）沿街东侧现状立面图（南段）（图7-8）

7.3 面状空间设计

面状空间是由带状空间连接点状空间组合构成的。从宏观角度讲，城市中多个点状空间（指将某一面状空间场所看作城市中的一个点）通过带状空间相连形成面状城市景观，如城市绿地系统景观规划、风景名胜区景观规划、城市重点地段景观规划及综合性公园等；微观上讲，某一点状空间与带状空间的交织形成的面状空间如居住区景观、公园及城市广场景观等（图7-9）。面状空间斑块的完

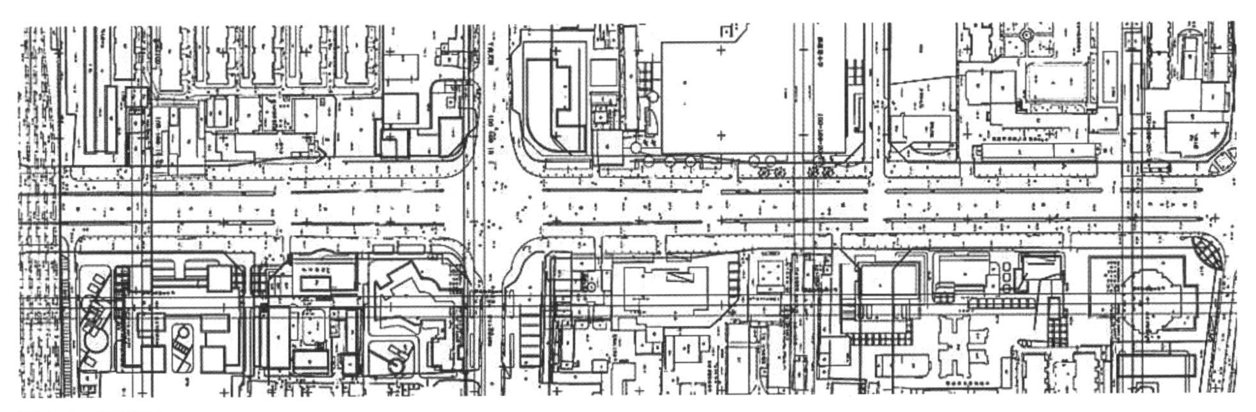

图7-6 区位图

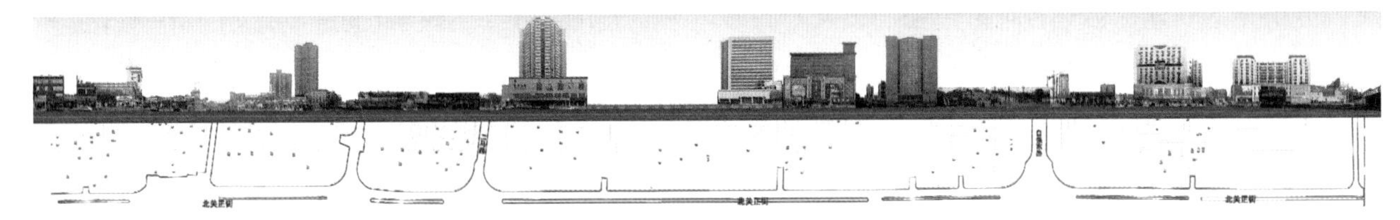

图7-8 沿街东侧现状立面图

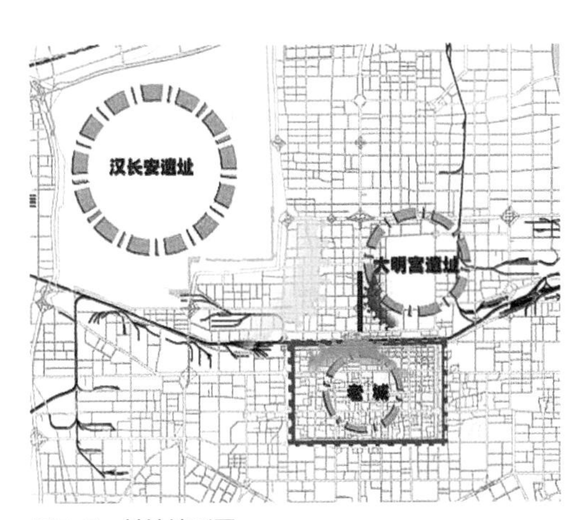

图7-7 基地地形图

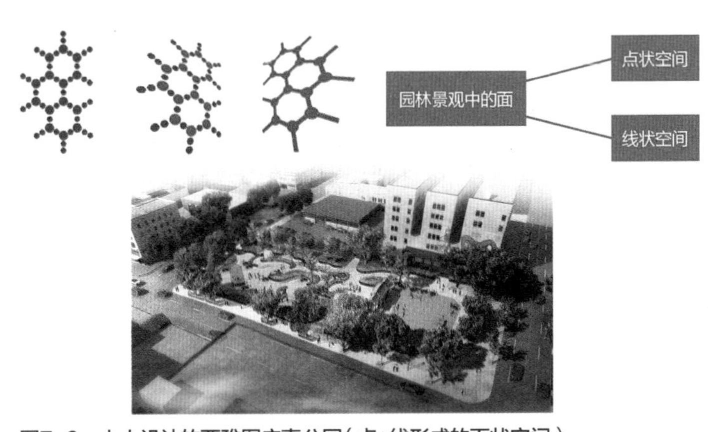

图7-9 土人设计的西雅图庆喜公园（点+线形成的面状空间）

整性对城市景观空间格局有重要影响。

7.3.1 设计要求

（1）满足多样性需求

设计者应该对使用者多样化的需求予以足够的重视。近年来，人们对所居住环境的需求日益多样化，脱离时代、功能单一的园林景观设计已然不能适应当今社会人们的需求，也不能达到城市规划的相关标准。为了满足人们的个性化要求，符合人们的行为习惯，创造优美的视觉环境和合适的尺度空间，需要在设计中实现功能形式多样性的发展。因此，设计者在设计园林景观的过程中，必须要把园林景观规划和建设作为一个重要的设计目标，充分了解并分析基地现状、人文环境等多方条件因素，在明确了园林景观设计必须具有的功能后，再开始规划和设计基地。

（2）人与自然和谐发展

作为设计中的重要思想，人性化理念体现出了人与自然的和谐发展要求，设计人员在开展工作之前需要对社会发展状况、经济状况进行深入的研究，将调查和研究的结果作为今后开展工作的重要参考。在设计中，需要做好以下工作：①保证园林景观的设计特点与周边的环境因素以及建筑物特点相协调，和其他相配套的基础建设相适应，为工程建设提供相对科学、合理、可行性强的发展方向；②在设计中满足人与自然和谐发展的要求，实现生态的合理性要求，对各项生态技术实现综合性的应用。实现园林建设与自然景观的良好融合和协调发展。为人们提供视觉、感官等多方面的享受。

（3）与数字化手段相结合

21世纪的社会是一个科学技术迅猛发展的时代，也是一个数字化的时代，许多的行业也都逐步引入数字化手段，园林景观的规划设计同样可以引入这一手段，以提高设计的科学性、合理性。数字化手段强调运用各种数据进行分析运算，使得空间设计过程中隐含的一些客观规律和秩序通过各种数字信息得以具体化，使得环境认知、建构逻辑、形式与材料、空间组构等这些信息不再凭主观的猜测进行设计，而是可以在理性的分析基础上得以建构，使得设计的各种参数更加的准确合理。通过数字化手段，园林景观的整个空间都可以建立相关的模型，园林景观中的各种植物景观也能够通过建立相关的模型进行预测。

7.3.2　面状空间训练——毕塬公园景观设计

该部分主要培养学生在既定自然与人文条件下对面状景观环境的综合分析、设计的能力。全面把握现场勘探及设计基础资料的收集，学会从功能、行为、形式、环境诸方面综合考虑，培养综合设计素质、空间想象与空间组织能力，促使学生理论和实践融会贯通，提高解决问题的综合能力。

（1）基地概况

毕塬公园位于陕西省咸阳市城区北部，毕塬路与文林路之间，距312国道约1km，属于市级公园，占地238亩，是自北面进入城区的门户地带。

（2）规划用地范围图（图7-10）

（3）基地高程图（图7-11）

7.4　综合空间设计训练

经过三种空间形态既定命题景观设计课程的训练，学生在初步掌握景观设计原理，将其灵活运用到实践的过程中，再结合综合空间的设计训练，来进一步增强学生综合处理问题的能力，全面考虑解决问题的方案（图7-12）。

7.4.1　纪念性空间园林景观设计

纪念性空间园林景观的具体含义有两层，即它既包含物质性景观又包含抽象性景观。其中，物质性景观是指实体景观，如历史遗迹景观、标志性景观等。而抽象性景观可以理解为民俗景观和传说故事等。在物质性或抽象性景观的基础上，它还具有以下含义，能够引发人类群体联想和回忆，具有历史价值或文化遗迹的景观，标志某一事物或为了使后人记住的景观。

纪念性场所空间作为一种相对特殊的外部环境

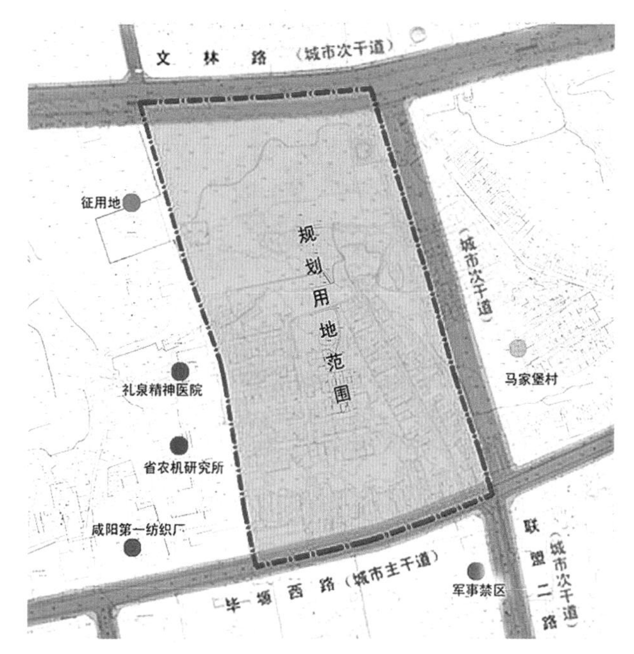

图7-10　规划用地范围图

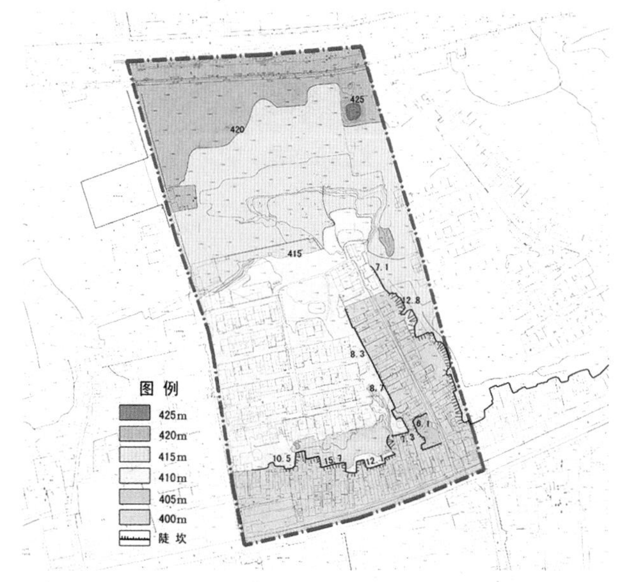

图7-11　基地高程图

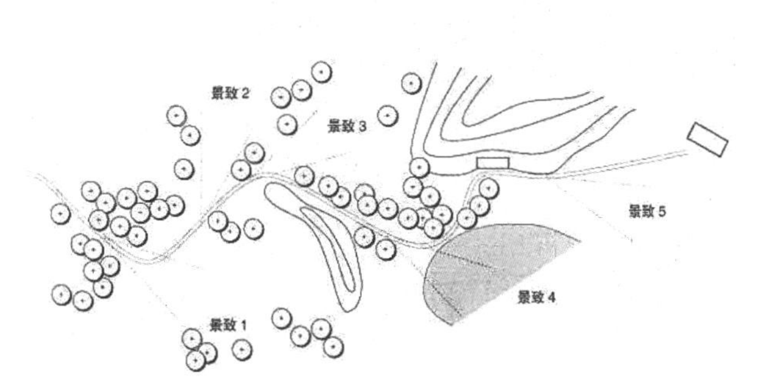

图7-12　景观综合训练方案

空间，其景观设计所应遵循的原则及设计手法具有与其他一般性城市空间设计不同的要求。纪念性场所空间具有鲜明的主题要求，因此营造特定的纪念氛围是设计的第一要务；纪念性场所空间一般位于区位相对重要或周边环境较好的地段，其与城市、自然生态环境的有机和谐共生十分重要；而作为承载人类活动的场所空间，人性化的要求同样不可忽视（图7-13～图7-17）。

图7-13　加拿大国家大屠杀纪念碑广场园林景观设计

图7-14　阿姆斯特丹大屠杀遇难者纪念碑广场园林设计

图7-15　康奈尔大学150周年纪念园园林景观设计

图7-16　美国华盛顿纪念碑森林剧场园林景观设计

图7-18　美国NorthPoint区街道园林景观设计

图7-17　德国马尔堡纪念花园园林景观设计

图7-19　澳大利亚堪培拉宪法大道景观设计

7.4.2　城市街道园林景观设计

道路是城市的框架，是城市中具有重要地位的空间环境，人们对城市最直接感受来自于街道，街道景观构成对城市形象具有很大影响力。作为城市设计中重要的一环，城市街道景观已成为各种人工景观和城市道路之间的“软”连接。城市园林景观设计是为市民提供良好的公共活动空间而存在的，涉及城市生活中所有与市民生活密切相关的公共场所，优秀的街道景观是时代性、地域文化性、自然环境性的综合反映。为了保证街道景观的质量，设计城市街道景观应当遵循几点原则：以人为本、尊重、继承和保护历史、整体性、可持续发展（图7-18～图7-22）。

图7-20　曼谷城市人行道园林景观设计

图7-21　澳大利亚Morgan Court街道园林景观设计

7.4.3 城市综合性公园景观设计

城市综合性公园是城市绿地系统的重要组成部分，其设计应符合城市绿地系统规划中确定的性质及规模，尽量结合城市的有利地形、河湖水系、方便的交通、生活居住用地，具有社会、经济和环境等多重功能。

综合公园的对象主要是人们的户外活动，各种各样的活动需要相应的空间形式来配合，让人能最大化地接近自然。公园中不同人群根据自身的需要能便捷地寻求各自不同的活动空间。

传统封闭式的公园用一道道围栏阻碍了城市开放空间的功能和交通的连续性。近年来我国开放式公园的建设数量越来越大。作为设计者，我们在鼓励开放式公园的前提下，更为重要的是要去考虑公园形态与城市空间的真正融合。因此,当公园以开放的姿态回归城市时,其规划建设应首先在视景、游憩、生态和文化等方面融入城市。

公园内功能分区不能生硬地划分,尤其是对于面积较小的公园,分区比较困难时,要从活动内容上作整体合理的安排。面积较大的公园规划设计时,功能分区比较重要,主要是使各类活动方便开展，互不干扰,尽可能按照自然环境和现状特点布置分区，应因地制宜地划分各功能区。

公园是文化传承的一个重要载体。在文化的承载形式上,现代城市公园对文化传统的表达主要体现为对传统形式的借鉴与继承,借助于传统的形式与内容去寻找新的含义或形成新的视觉形象,既可以使设计内容与历史文化联系起来,又可以结合当代人的审美情趣，使设计具有现代感（图7-23～图7-27）。

图7-22 美国马萨诸塞州波士顿纳舒厄街道园林景观设计

图7-23 科威特宪法公园园林景观设计

图7-24 深圳龙光玖龙台社区公园园林景观设计

图7-25 麓湖竹隐园园林景观设计

图7-26 北京大兴生态文明教育公园园林景观设计

图7-27　福建漳州碧湖市民生态公园园林景观设计

图7-28　广东梅州琴江老河道滨水景观设计

图7-29　深圳OCT海湾滨水景观设计

图7-30　德国河岸Lahnaue Gießen滨水景观设计

7.4.4　城市滨水景观设计

滨水景观属于线状景观，是景观设计中一种独特的存在，具有条件限制、复杂、有挑战性且极具美学观赏价值很高的设计。它按照水体的差异进行规划和艺术设计，城市滨水景观是城市中一个特殊的空间地域，他将水域和陆域完美的结合在一起，增强城市的形象、经济和识别较强的历史文化性。城市滨水景观用水和现代建筑所隐藏的自然与人文的和谐统一关系，提升城市形象，促进经济发展，达到城市可持续发展的效果。

城市滨水景观就是将城市中阡陌纵横的线性水域空间和广阔的陆地艺术性的结合在一起，形成现代发展与生态系统的共生状态。滨水区包含了历史文化的延边发展是一种特殊的地理环境，有着异于城市其他区域的艺术特点。同时在打造特有的历史文化自然的滨水景观的时候，越来越多的设计开始注重综合性，在有限的地域发挥出尽可能多的功能作用。作为城市滨水景观其具有生态系统性、开放共享性、样式多元性、历史文化性、多样功能性四个艺术特点（图7-28～图7-32）。

图7-31　美国丹佛汇流公园滨水景观设计

7.4.5　校园景观设计

校园景观设计应该坚持以人为本的设计原则，除了给人以视觉享受以外，还要提供良好的活动空间和人际交往空间。在学校，老师与学生是主要的

图7-32 加拿大安大略省亚瑟王子码头滨水景观设计

图7-33 九州产业大学校园景观设计

人群，所以要充分的掌握其的时间行为规律。例如，在进餐时段，食堂附近的道路应该尽量宽些或者在绿地中设置捷径等。

在学校，学生了解学校的历史文化是义不容辞的，而看书听人了解未免过于呆板生硬。校园景观应义务担当这个责任，利用景观规划体现校园的文化，学生将在休闲中获悉校园的历史与文化。而进入校园的外来人士，学生，居民等将可以了解学校的情况，也将成为学校的一大亮点。

生态原则即要体现可持续发展。一个良好的校园环境是一所优秀学校必不可少的，而且生态设计融入校园景观，带人们从人造的绿色环境走向自然的生态环境，最终以达到生态效果为目的的校园景观是一个学校亮点的所在。利用当地现有的资源，进行巧妙的利用回收，创造生态和谐校园，为校园留下更多的发展空间（图7-33～图7-37）。

图7-34 美国太平洋中心校园景观设计

图7-35 巴塞罗那UPC校园北入口区景观设计

图7-36 美国艺术学院感官艺术花园景观设计

图7-37 巴黎校园起伏屋顶景观设计

08

Brief Introduction of Landscape Engineering Design

第8章

园林景观工程设计简述

章节导读

本章是在园林工程制图的基础上，结合环境设计专业的培养目标和教学特点，以培养学生的读图和绘图能力为目标编写进行教学。系统地阐述了一套完整的园林景观工程施工图所包含的内容、绘图要求和技巧。本章主要内容包括施工总图设计、园路施工图、园林建筑施工图、假山施工图、种植施工图、园林给水排水施工图和园林景观照明施工图等几个学习项目，突出理论练习和实践操作练习。

8.1 概述

8.1.1 园林景观工程设计

园林景观工程是指在一定的场地内，改造、利用自然山水地貌或者人为地创设景观环境，并结合以植物的栽植和建筑小品设施的布置，构成一个供大众休闲、游憩、生活的景观环境的全过程，传统上也称之为造园。主要内容包括地形土方工程、石景工程、道路铺装工程、水景工程、给排水工程、植栽工程及景观照明工程等。景观园林工程的特点是以工程技术为手段，以艺术美学理论为指导，塑造景观环境艺术形象。它包括了园林景观方案设计后的扩初设计和施工设计，以及相关方面的设计。它是进行工程施工、编制施工图预算和施工组织设计的依据，也是进行技术管理的重要技术设计。它的特点是，图纸齐全、表达准确、要求具体。

8.1.2 园林景观工程设计的要求与目的

（1）景观工程设计的深度应满足的要求

① 能够根据工程设计编制施工图预算。

② 能够根据工程设计安排材料、设备订货及非标准材料的加工。

③ 能够根据工程设计中的施工设计进行施工和安装（图8-1）。

④ 能够根据工程设计中的施工图进行工程验收。

图8-1 园林景观工程施工现场

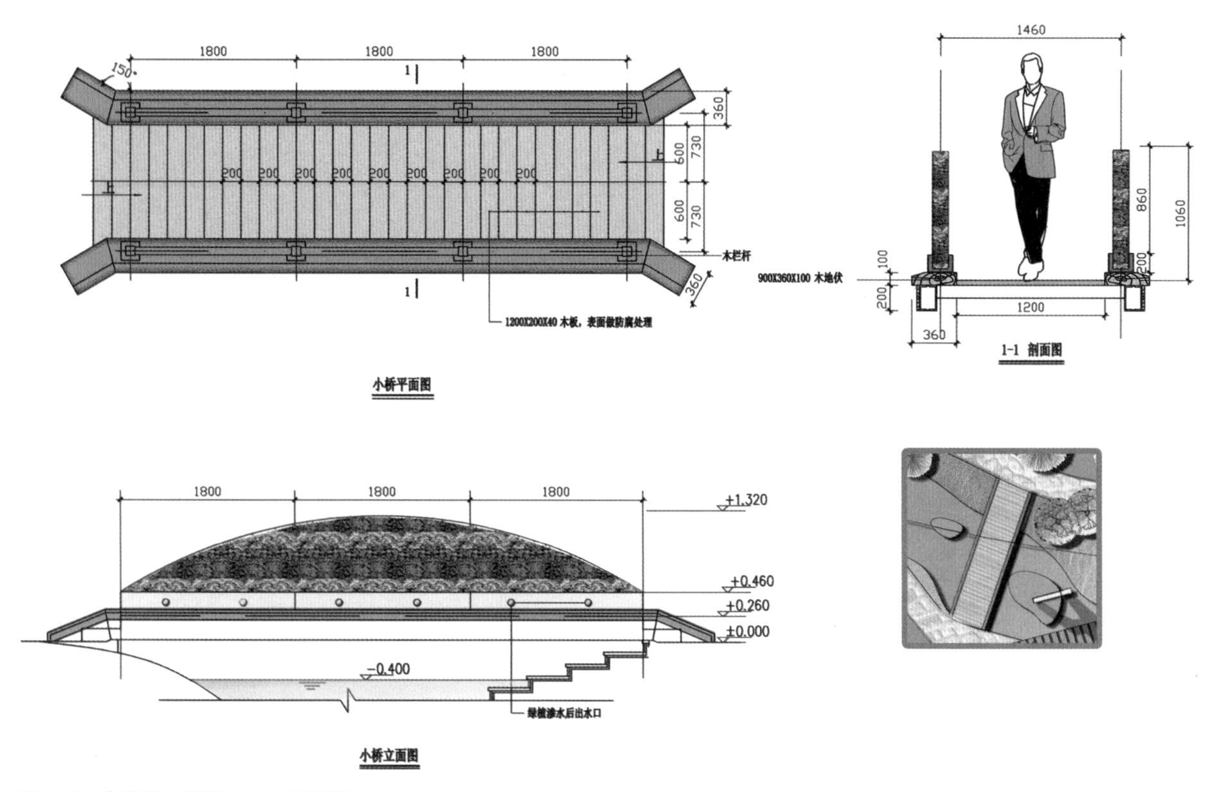

图8-2 海绵城市建设——小区建设

（2）景观工程设计的最终目的

景观工程设计是景观设计的最后阶段。景观工程设计的主要任务是满足施工要求，即在初步设计或技术设计的基础上，综合景观园建、建筑、结构、设备各工种，相互交底，核实校对，深入了解材料供应、施工技术、设备等条件，把满足工程施工的各项具体要求反映在图纸上（图8-2），做到整套图纸齐全、准确无误，使项目工期、成本、质量能够得到更好的控制。

8.2 园林景观工程设计的流程

8.2.1 扩初设计

扩初设计是介于方案和施工图之间的过程，是初步设计的延伸，它是在专家和甲方认可的方案基础上进行的深化设计，扩初设计包括的内容有：设计说明、总平面设计图（功能标注）、分区平面设计图、竖向设计图（包括给排水意向图）、表达竖向变化的剖立面图、分区详细竖向设计及给排水平面图、表达设计的剖立面图、地面铺装总平面、分区铺装平面设计图（含铺装材料图片及铺装方式索引）、绿化配置说明书、绿化布置图、植物参考图片、重点地区的放大详图、景观小品的平立剖面图及节点大样、灯光喷泉喷灌系统定位及效果设计图、室外园林景观装修材料说明及样本、背景音乐系统布置图、设计师认为能表达设计的其他图纸。

8.2.2 扩初设计的设计方法

方案评审会结束后，设计方会收到专家组的评审意见。设计负责人必须认真阅读，对每条意见都应该有一个明确答复。对于特别有意义的专家意见，要积极听取，立即落实到方案修改稿中。

在扩初文本中，应该有更详细、更深入的总体规划平面、总体竖向设计平面及总体绿化设计平面及建筑小品的平、立、剖面（标注主要尺寸）。在地形特别复杂的地段，应该绘制详细的剖面图。在剖面图中，必须标明几个主要空间地面的标高（路面标高、地坪标高、室内地坪标高）、湖面标高（水面标高、池底标高）。

扩初设计评审会上，专家们的意见不会像方案评审会那样分散，而是比较集中，也更有针对性。根据这些意见，我们要介绍扩初文本中修改过的内容和措施。一般情况下，经过方案设计评审会和扩初设计评审会后，总体规划平面和具体设计内容都能顺利通过评审，这就为施工图设计打下了良好的基础。总的说，扩初设计越详细，施工图设计越省力。

8.2.3　园林景观施工图的设计

随着整个景观行业的不断成熟和发展，对景观设计特别是景观施工图设计提出了更高、更新的要求，施工图设计的重要性也与日俱增。要把施工图设计工作真正变成是一项设计工作，是方案及扩初设计之后的一种延续性设计、深化性设计，不是单纯的画图（标尺寸、配结构、定材料、加管线、配植物等），而是需要设计师发挥施工图设计的优势，从细节、成本、安全、进度、美观、质量等等方面考虑，积极完美的对方案设计进行再创造。

园林景观施工图所涉及的内容主要有（目录按照专业编排）：①景观专业：景观设计说明、总平面图、竖向图、放线图（平面定位图）、铺装图、基础设施布置图、节点详图、大样详图；②建筑专业（园林景观建筑）：建筑设计说明；室内装饰一览表；建筑构做法一览表；建筑定位图；平面图；立面图；剖面图；楼梯；部分平面；建筑详图；门窗表；门窗图；③结构专业：结构设计说明、基础图、结构构件详图等；④绿化专业：绿化设计说明；苗木表；乔木种植图；灌木种植图；地被种植图；⑤给排水专业：绿化灌溉施工说明、绿化灌溉平面布置图；⑥电气专业：电气设计说明、配电箱系统图、景观灯控制二次线图、电气平面布置图。

8.2.4　园林景观施工图预算编制

施工图预算是以扩初设计中的概算为基础的，该预算内容包括:绿化工程，园路、园桥和假山工程，园林景观工程三个部分。每个分部工程里又分多个分项工程。定额中给出了每个分项工程的人工、材料和机械台班消耗量标准，以及人工、材料、机械台班和综合费用、人工费附加的单位估价表。

根据大部分设计师设计项目所得经验，施工图预算与最终工程决算往往有较大出入。其中的原因各种各样，影响较大的是：施工过程中工程项目的增减，工程建设周期的调整，工程范围内地质情况的变化、材料选用的变化等。

8.2.5　景观施工图的交底

甲方拿到施工设计图纸后，会联系监理方，施工方对施工图进行看图和读图。看图属于总体上的把握，读图属于对具体设计节点、详图的理解。

之后，由甲方牵头，组织设计方、监理方、施工方进行施工图设计交底会。在交底会上，甲方、监理方、施工方等提出看图后发现的各专业方面的问题，各专业设计人员将对口进行答疑。一般情况下，甲方的问题多涉及总体上的协调、衔接；监理方、施工方的问题常涉及设计节点、大样的具体实施。双方侧重点不同。由于上述三方皆是有备而来，并且提出的有些问题往往是施工中关键节点，因而设计方在交底会前要充分准备，会上要尽量结合设计图纸当场答复，现场不能回答的，回去考虑后尽快作出答复。

8.2.6 景观设计者的施工配合

在工程建设过程中，设计人员的现场施工配合又是必不可少的。然而，设计者的施工配合工作往往会被人们所忽略。其实，这一环节对设计者、对工程项目本身恰恰是相当重要的。

甲方对工程项目质量的精益求精，对施工周期的一再缩短，都要求设计者在工程项目施工过程中，经常踏勘工地，解决施工现场暴露出来的设计问题、设计与施工相配合的问题（图8-3）。如有些重大工程项目，整个建设周期就已经相当紧迫，甲方普遍采用“边设计边施工”的方法。针对这种工程，设计者更要勤下工地，结合现场客观地形、地质、地表情况，作出最合理、最迅捷的设计。

8.3 施工图图纸内容及要求

一套完整的景观施工图要包括以下图纸内容：总图部分有封面、图纸目录、设计说明、总平面图、铺装总平面图、种植总平面图、总平面放线图、竖向设计总平面图等。分部施工图有，图纸目录、设计说明、建筑（构筑物）施工图、景观小品施工图、铺装施工图、灯具布置图、照明设计图等。除此之外，还有结构工程、电气工程和给水排水工程。该部分设计一般都由相关专业人员进行协助设计，景观设计人员并不需要进行该部分的设计工作。

下面以2011西安世界园艺博览会中咸阳园的施工设计图为例，详细叙述工程施工图的图纸内容及要求。

（1）总图部分（图纸编号：Z-xx，如Z-09）

由于总图部分是对设计的整体进行阐述说明，内容相对较多，因此图纸内容采用A1或A0图幅，同套图纸图幅统一。图纸内容：

① 封面：工程名称、工程地点、工程编号、设计阶段、设计时间、设计公司名称（图8-4）。

图8-3 景观设计师与施工配合

图8-4 封面

图纸目录表

序号	分项	图号	图名	图幅
001	设计说明总图	DS-01	景观施工设计说明	A2
002		DS-02	图纸目录表	A2
003		DS-03	总平面图（平面配置图）	A2+
004	定位索引标高设计	TD-01	索引总平面图	A2+
005		TD-02	标高总平面图	A2+
006		TD-03	定位放样总平面图	A2+
007		TD-04	坐标定位总平面图	A2+
008		TD-05	网格定位总平面图	A2+
009		TD-06	乔木配置总平面图	A2+
010		TD-07	灌木配置总平面图	A2+
011		TD-08	植物配置说明	A2
012		TD-09	照明配置总平面图一	A2+
013		TD-10	照明配置总平面图二	A2+
014		TD-11	照明设计说明	A2
015		TD-12	排水总平面图	A2+
016	铺装设计	PD-01	铺装一平面大样图	A2+
018		PD-02	铺装二平面大样图	A2
018		PD-03	铺装三平面大样图	A2+
019		PD-04	铺装四平面大样图	A2
020		PD-05	铺装五平面大样图	A2
021		PD-06	铺装六平面大样图	A2
022		PD-07	仿古砖铺装大样图	A3
023		PD-08	雕像基座大样图	A3
024		PD-09	特色园路剖面大样图	A3
025		PD-10	铜钱铺装大样图	A3
026	小品设计	OD-01	树池坐凳大样图	A3
027		OD-02	凉亭顶平面大样图	A3
028		OD-03	凉亭立面大样图	A3
029		OD-04	凉亭平面大样图	A3
030		OD-05	凉亭基础大样图	A3
031		OD-06	镀铜竹筒1 大样图	A3
032		OD-07	镀铜竹筒2 大样图	A3
033		OD-08	玻璃竹筒大样图	A3
034		OD-09	溪流池剖面大样图	A3
035		OD-10	印章汀步石大样图	A3
036		OD-11	竹筒2 立面大样图 入口标志牌立面大样图	A3
037		OD-12	秦统一绿篱1，2 大样图	A3
038		OD-13	秦统一绿篱3，4 大样图	A3
039		OD-14	秦统一绿篱5，6 大样图	A3
040		OD-15	特色坐凳大样图	A3
041		OD-16	秦兵器立面大样图	A3
042		OD-17	青砖片墙大样图	A3
043		OD-18	青砖片墙剖面图	A3
044		OD-19	木拱桥大样图	A3
045		OD-20	木拱桥结构大样图	A3
046				
047				

图8-5 图纸目录

景观施工设计说明：

一、工程概况

1、工程名称：2011西安世界园艺博览会 陕西展区-咸阳园

2、工程地点：西安浐灞生态区

3、建设单位：

4、工程规模：景观占地面积1288.34m²

二、设计依据

1、西安市建设用地世园会用地红线图

2、甲方提供的相关图纸

3、经甲方确认的景观方案调整施工设计

4、《建筑设计防火规范》GBJ16-87（2001年版）；

5、现行有关设计规范和规划条例

三、主要分项工程和材料选用：

1、铺装工程：

(1)、路面铺装具体做法详见景观施工图。
铺装应结合道路基层进行设计施工，每4m设一道缩缝，缝宽5~10mm，用聚氯乙烯胶泥填缝；每40m设一道胀缝，缝宽20~30mm，用油浸板及聚氯乙烯胶泥填缝。

(2)、未作说明路面基础均为150厚C15垫层+250厚3:7灰土垫层，底部素土夯实。

(3)、所有铺装石材由厂家订制加工。

(4)、铺装坡度均以原建筑坡度为准，缩缝纵横间距为5m，胀缝纵横间距为40m，缝宽10~20mm，用聚氯乙烯胶泥填缝。

2、水体工程：

(1)、所有与水体接触均加设SBS防水涂膜；C30 S6抗渗钢筋混凝土；接口处留对管填实，并于转角处加设一道911防水涂膜附加层，转角处圆弧半径为50mm，防水卷层必须高出水体。

(2)、所有水体工程池底均按原建筑坡度坡向排水口。

(3)、所有水体工程排水口、进水口、集水坑的位置详参原建筑水系统图。

(4)、人工开挖地段，底部应作道砼土层或者原土夯实处理。

3、景观小品工程：

(1)、各景观小品详见各单项景观施工图。

(2)、各景观小品均须由设计师和甲方确定其材料、样式、色彩后方可施工。

4、土石方工程：

(1)、本工程绿化部分，绿化覆土大部分不小于300mm厚，因景微地形及高大种植物种植区覆土厚度详见总平面竖向设计及相关技术措施。

(2)、所有的种植区均须在防水层上面或防根层上面铺设一层滤水层。

5、竹木工程：

(1)、所有外露木材均须采用高级防腐木，需经过防腐处理后及表面刨光方可使用；木材均须经过防潮去人工干燥，防腐处理程度由甲方确定。

(2)、所有外露木材均应涂E-51或酚A环氧树脂涂两道打底，聚氨酯两道罩面。

(3)、所有木材连接件均应采用不锈钢，木螺钉或具有耐腐蚀性的螺钉；所有金属配件、基础螺栓、螺母均须具有耐腐蚀性。

(4)、所有木材与木材、木材与基座等连接部位应定期检查维护，木材应定期涂刷表面保护剂。

(5)、木质铺装留10mm通缝。

6、管道工程：

(1)、各专业管线详见各专业相关施工图。

7、电气照明工程：

(1)、电气照明详见电气相关施工图。

8、绿化工程：

(1)、景观绿化详见绿化施工图，种植区与硬质相接处标高，低于硬质铺装标高50mm。

(2)、高大植物种植区或根系发达植物种植区应在防水层或防护混凝土上加铺一层聚氯乙烯塑料垫，厚0.3mm，做防根层，且应铺至围护部分，同时在防水层与围护结构间留出间隙，或使种植土高度低于防水层不少于150mm。

9、其他：

1、铺装材料应按设计挑选规格、品种、颜色一致、无裂痕、无缺边、无掉角及局部污染变色，缝子均采用同近色水泥勾缝平直均匀，其中石材留缝铺装。

2、钢材构防护：

a、除锈采用钢刷清除构件表面的毛刺铁锈、油污及附着在构件表面的杂物。

b、油漆采用磷铜醇酸防锈漆打底，醇酸漆二度（表面调底漆）。

c、除锈后涂明件，所有外露铁件之间均电焊连接，刷铁红环氧底漆二道，环氧防腐漆二道，面喷黑色金属漆。

3、装饰部分包括材料、色彩均须提供样本做试样，由建设方与设计单位共同确定后方能大面积施工，施工部门应考虑或要物供货期提前供料，确保施工进度。

4、本工程使用的组合木结构材料游离甲醛释放量不应大于0+.12mg/m3，所有木质材料不得使用沥青类防腐处理剂，所使用的混凝土外加剂氨的释放量不得大于0+.01%。

5、本工程其他设备专业预埋件、预留孔洞位置、尺寸，详见各专业相关图纸。

6、本工程所采用的建筑制品及建筑材料应有国家或地方有关部门颁发的生产许可证及质量检验证明，材料的品种、规格性能等应符合国家或行业相关质量标准，装修材料的材质、质感、色彩等应与设计人员协商决定。

7、未尽事宜详见国家现行的有关设计以及施工验收规范。

8、所有砖砌体均为标准砖砌；所有水泥砂浆结合层用M5水泥砂浆。

9、所有压顶未有特殊说明均采用Ø12不锈钢固定件连接。

图8-6 施工设计说明

② 图纸目录：本套施工图的总图纸纲目（图8-5）。

③ 设计说明：工程概况、设计依据、设计要求、设计构思、设计内容简介、设计特色、各类材料选用、绿化设计等（图8-6）。

④ 总平面图：详细标注方案的道路、建筑、水体、花坛、小品、雕塑、设备、植物等在平面中的位置及与其他部分的关系。标注主要经济技术指标及地区风玫瑰图。图纸比例：1∶2000、1∶1500、1∶1000、1∶500或1∶800、1∶600（图8-7）。

⑤ 索引总平面图：如果项目平面面积较大，则应该在总平面中（隐藏种植设计），根据图纸内容的需要用特粗虚线将平面分成相对独立的若干区域，并对各区域进行编号。图纸比例：1∶2000、1∶1500、1∶1000、1∶500或1∶800、1∶600（注：分区平面仅当总平面不能详细表达图纸细部内容时才设置）。

⑥ 总平面放线图：详细标注总平面中（隐藏种植设计），各类建筑、构筑物、广场、道路、平台、水体、主题雕塑等的主要定位控制点及相应尺寸标注。图纸比例：1∶2000、1∶1500、1∶1000、1∶500或1∶800、1∶600（图8-8）。

⑦ 定位放样总平面图：详细标注总平面中各类建筑、构筑物、广场、道路、平台、水体、主题雕塑等的主要尺寸。图纸比例为：1∶2000、1∶1500、1∶1000、1∶500或1∶800、1∶600（图8-9）。

⑧ 坐标定位总平面图：详细标注总平面中各类建筑、构筑物、广场、道路、平台、水体、主题雕塑等的主要相应的坐标。图纸比例为：1∶2000、1∶1500、1∶1000、1∶500或1∶800、1∶600（图8-10）。

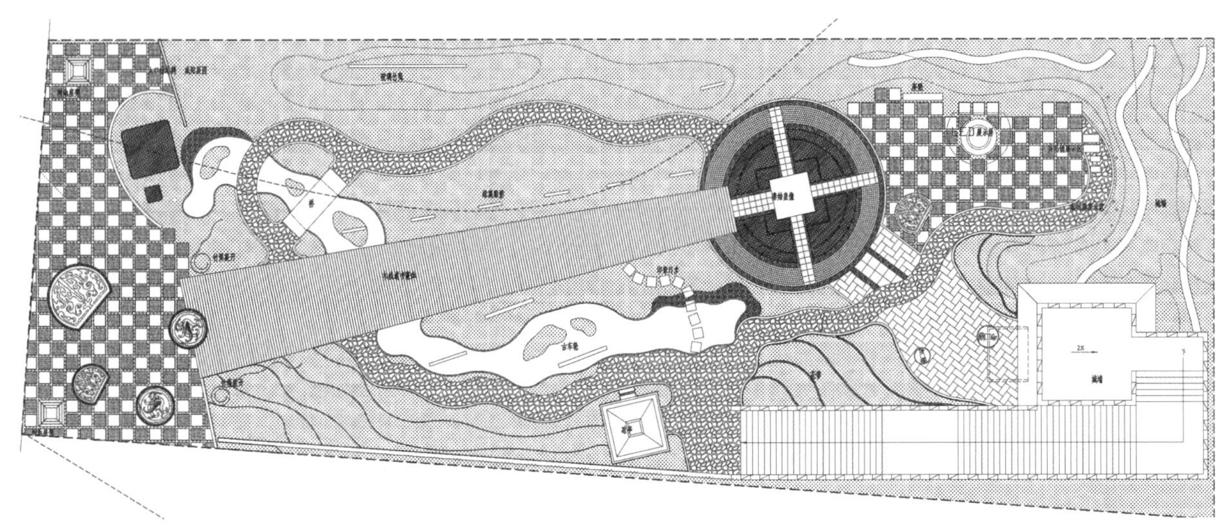

图8-7　总平面图

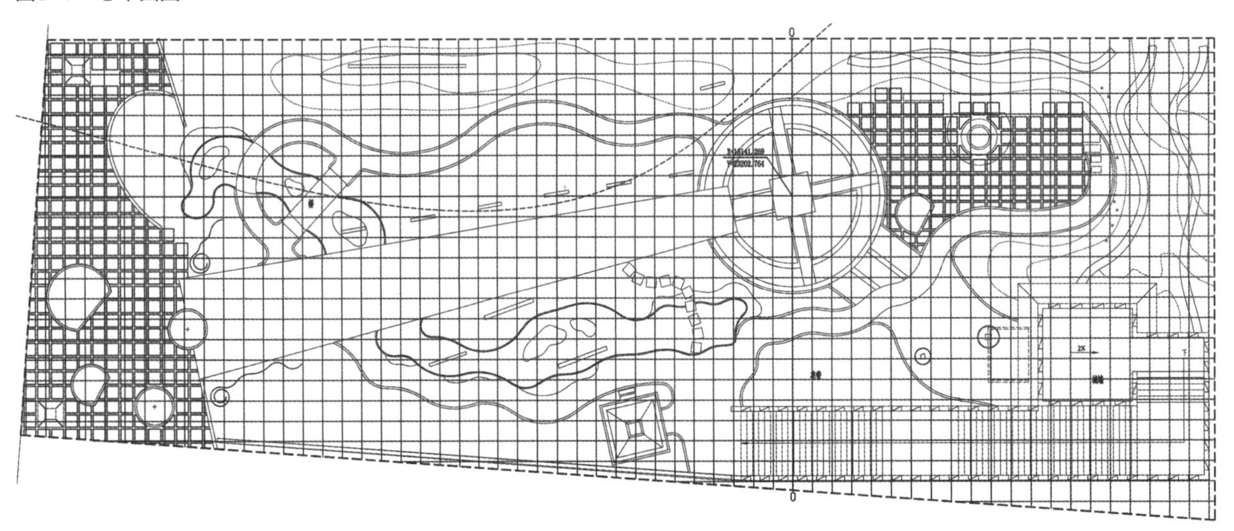

图8-8　总平面放线图

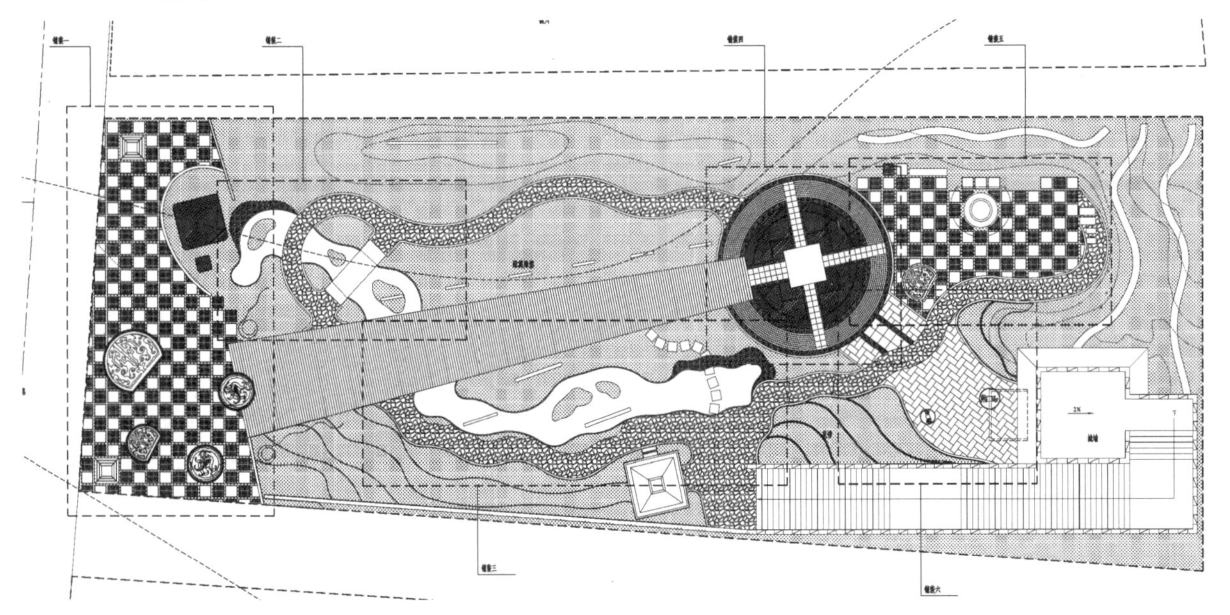

图8-9　定位放样总平面图

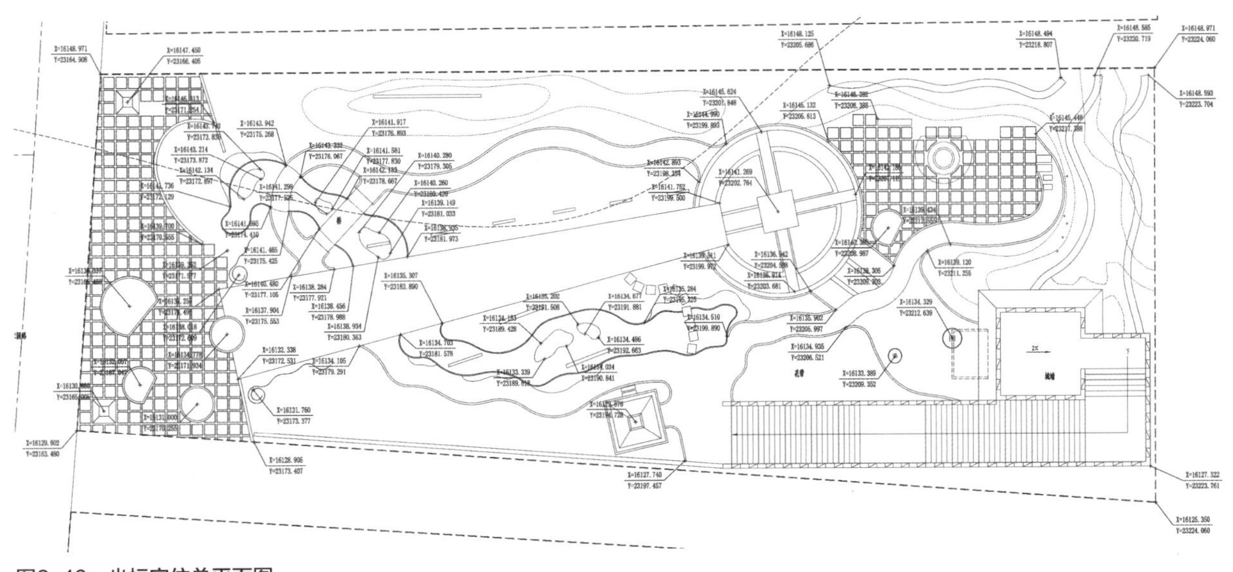

图8-10 坐标定位总平面图

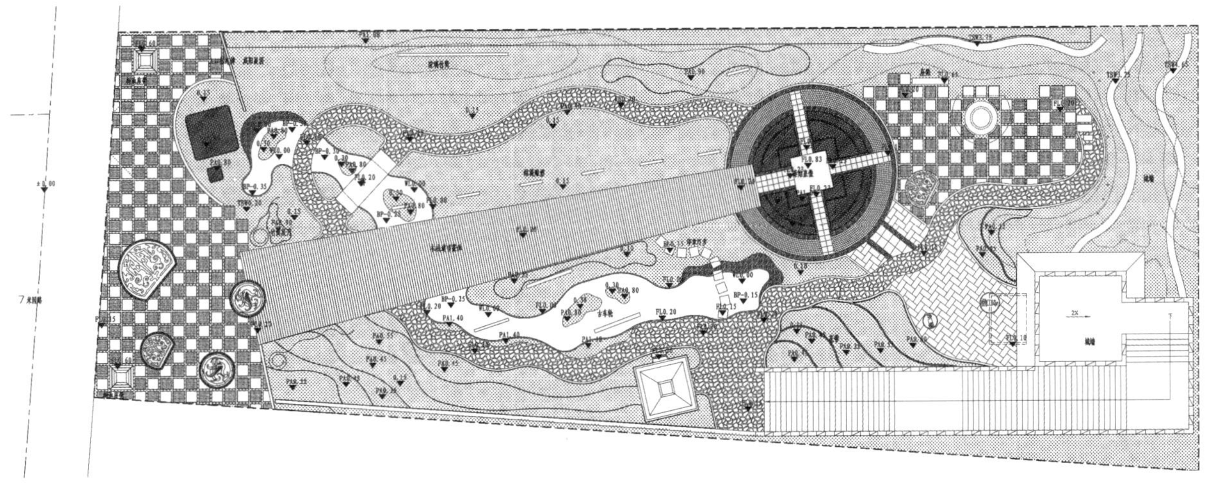

图8-11 竖向设计总平面图

⑨ 竖向设计总平面图：在总平面图中（隐藏种植设计）详细标注各主要高程控制点的标高，各区域内的排水坡向及坡度大小、区域内高程控制点的标高及雨水收集口位置，建筑、构筑物的散水标高、室内地坪标高或顶标高，绘制微地形、等高线及最高点标高、台阶各坡道的方向（标高用绝对坐标系统标注或相对坐标系统标注，在相对坐标系统中标出0标高的绝对坐标值）。图纸比例为：1：2000、1：1500、1：1000、1：500或1：800、1：600（图8-11）。

⑩ 种植平面图：在总平面中详细标注各类植物的种植点、品种名、规格、数量，植物配植的简要说明，苗木统计表。图纸比例：1：2000、1：1500、1：1000、1：500或1：800、1：600（图8-12）。

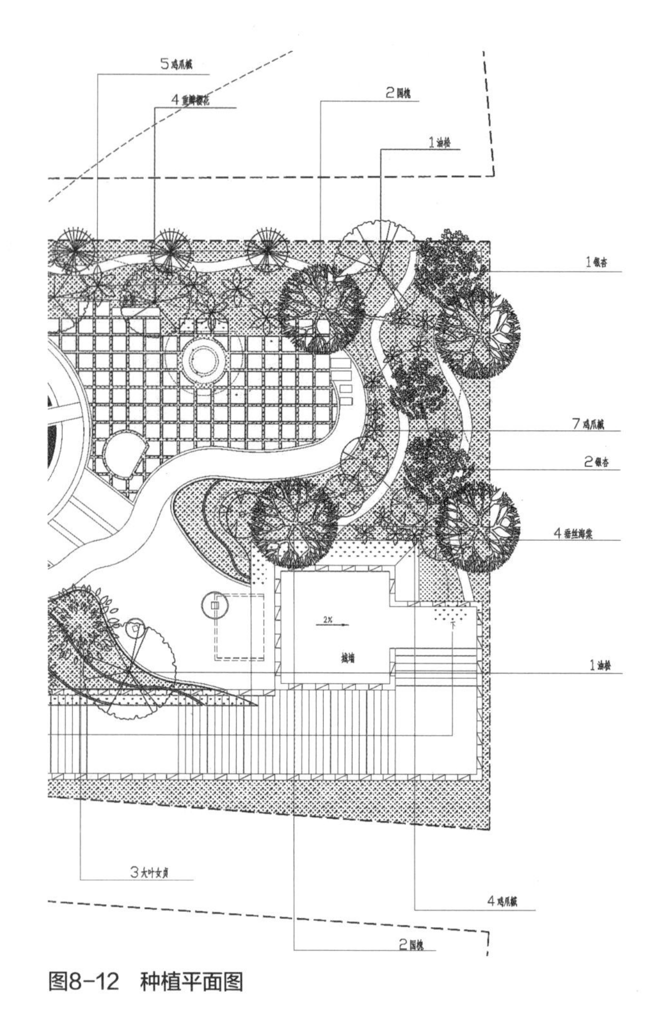

图8-12　种植平面图

(2)分部施工图部分

分部施工图包括：建筑构筑物施工图、地面铺装施工图、景观小品施工图、地形假山施工图、种植施工图、水景及灌溉系统施工图。为方便施工过程中翻阅图纸的方便，本部分图纸均选用A3图幅。图纸内容：

① 建筑构筑物施工图（图纸编号：J-xx）

建筑（构筑物）平面图、立面图、施工详图及基础平面图：详细绘制建筑（构筑物）的底层平面图（含指北针）及各楼层平面图。详细标出墙体、柱子、门窗、楼梯、栏杆、装饰物等的平面位置及详细尺寸，绘制门窗、栏杆、装饰物的立面形式、位置，标注洞口、地面标高及相应尺寸标注，各部分详图，以及建筑（构筑物）的基础形式和平面布置。图纸比例：1∶50、1∶100、1∶150、1∶200、1∶300（图8-13）。

② 铺装施工图（图纸编：P-xx）

铺装分区平面图：详细绘制各分区平面内的硬质铺装花纹，详细标注各铺装花纹的材料、材质、规格及重点位置平面索引。图纸比例：1∶100、1∶150、1∶200、1∶250、1∶300、1∶500（图8-14）。

局部铺装平面图：铺装分区平面图中索引到的重点平面铺装图，详细标注铺装放样尺寸、材料材质规格等。图纸比例：1∶100、1∶150、1∶200、1∶250、1∶300（图8-15）。

铺装大样图：详细绘制铺装花纹的大样图，标注详细尺寸及所用材料的材质、规格。图纸比例：1∶10、1∶15、1∶20、1∶25、1∶30、1∶50（图8-16）。

铺装详图：室外各类铺装材料的详细剖面工程做法图、台阶做法详图、坡道做法详图等。图纸比　例：1∶5、1∶10、1∶15、1∶20、1∶25、1∶30（图8-17）。

③景观小品施工图（图纸编号：X-xx）

雕塑平面图：雕塑平面造型及尺寸表现图。图纸比例：1∶5、1∶10、1∶15、1∶20、1∶25、1∶30、1∶50（图8-18）。

雕塑立面图：雕塑立面表现图（立面形式、装饰花纹、材料标注、详细尺寸）。图纸比例：1∶5、1∶10、1∶15、1∶20、1∶25、1∶30、1∶50（图8-19）。

其他景观小品平面图：景观小品的平面形式、

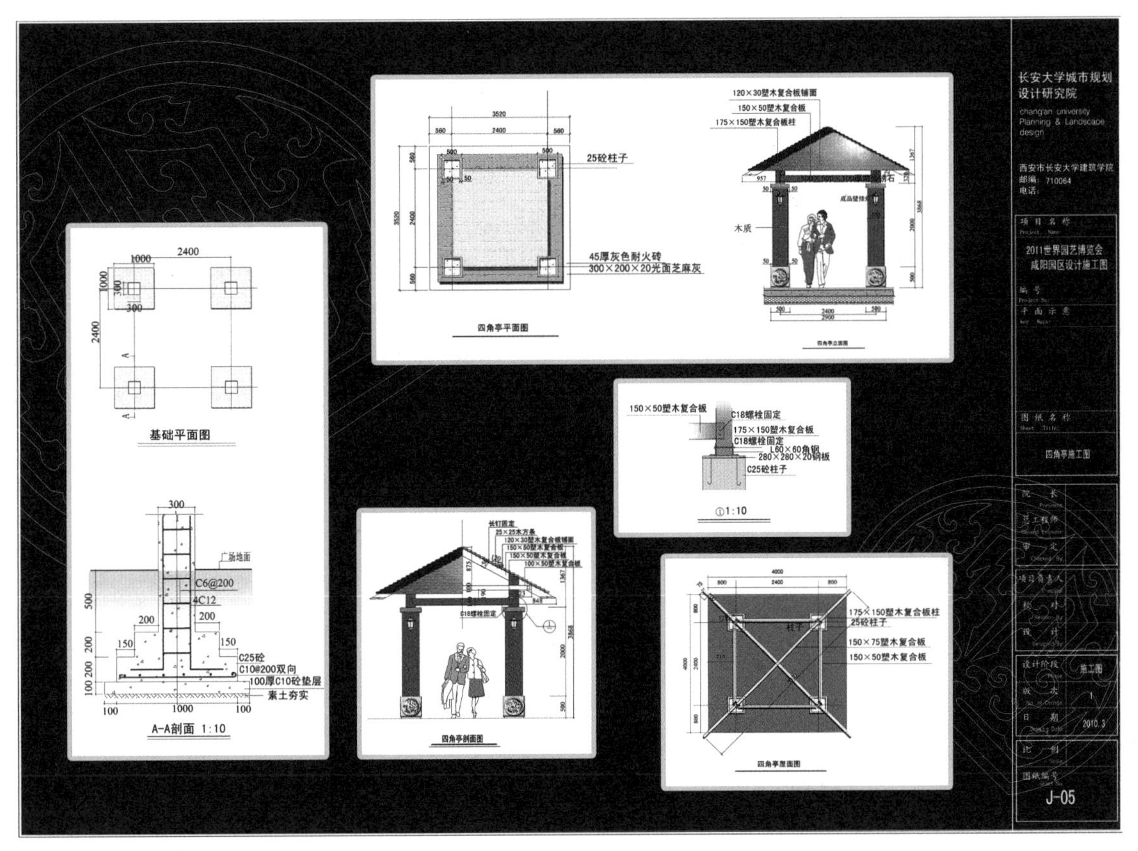

图8-13　构筑物施工图

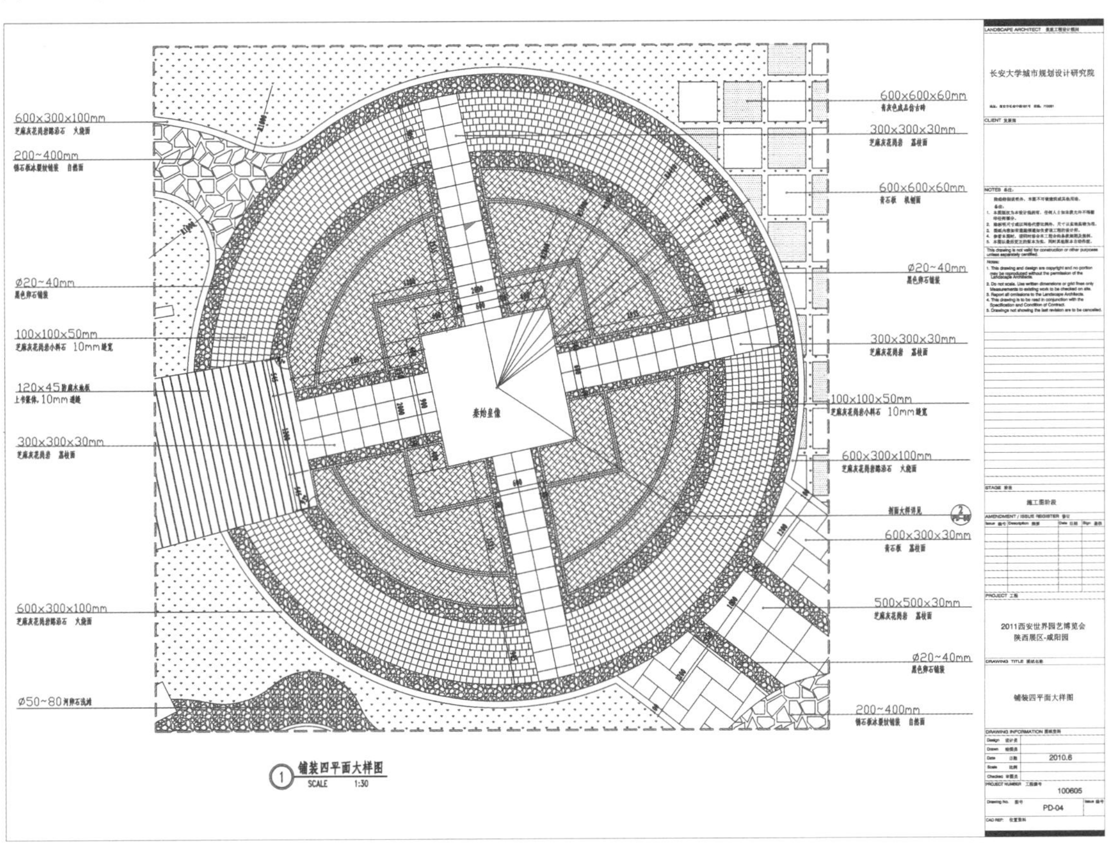

图8-14　铺装分区平面图

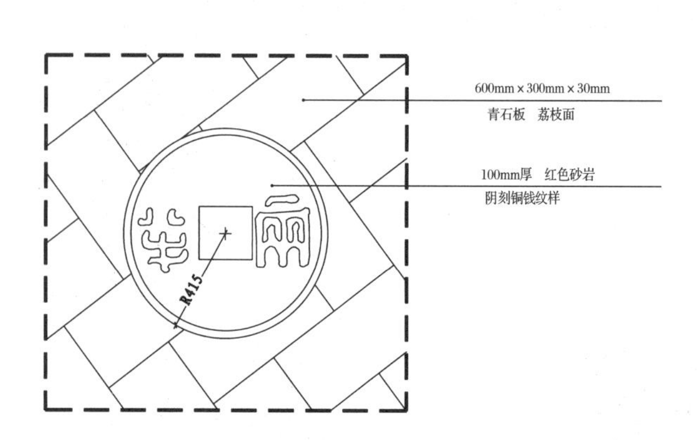

图8-15　局部铺装平面图

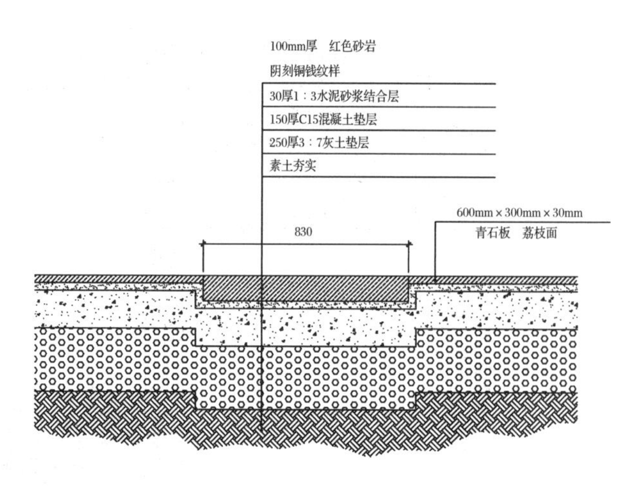

图8-16　铺装大样图

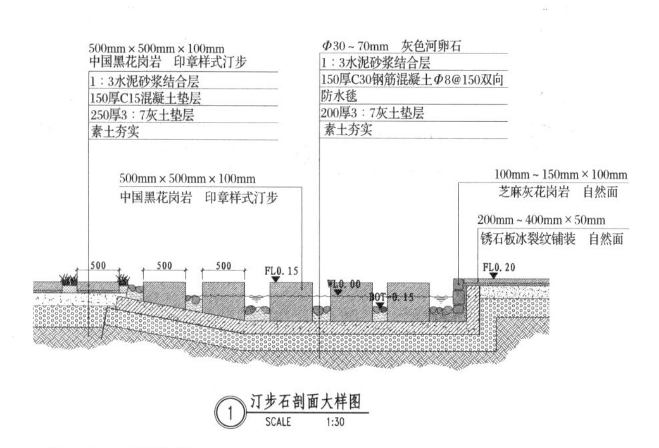

图8-17　铺装详图

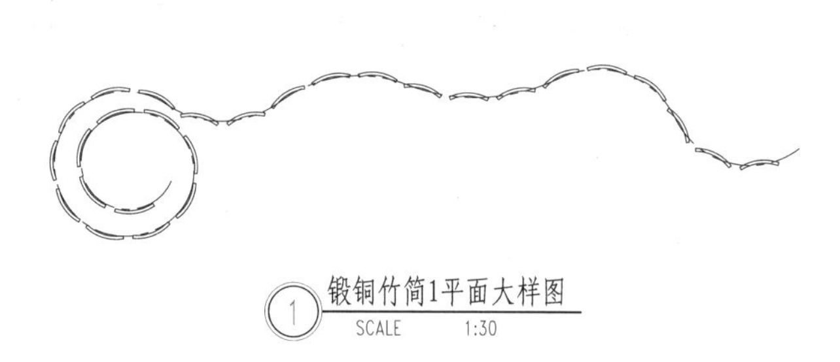

图8-18　雕塑平面图

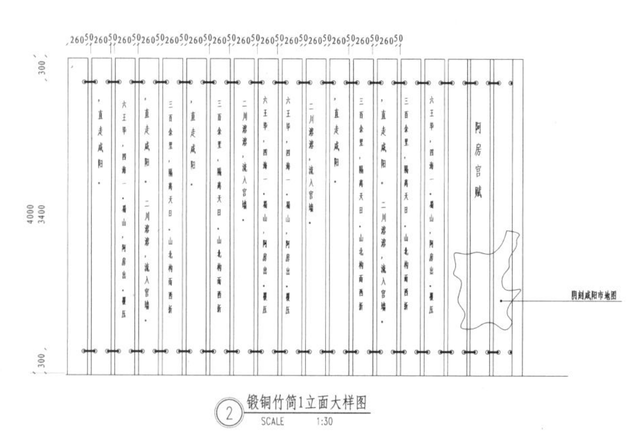

图8-19　雕塑立面图

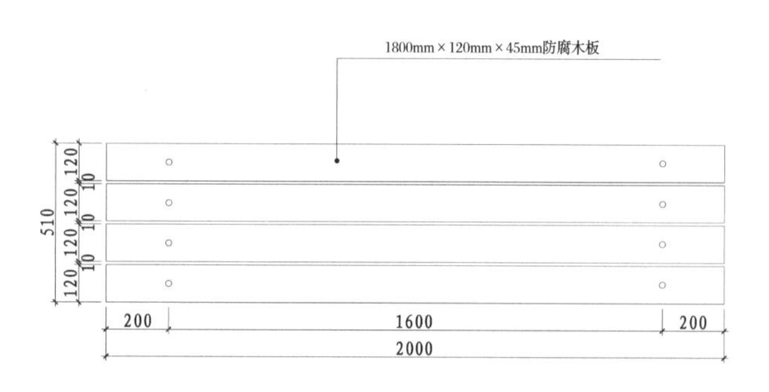

图8-20　小品平面图

详细尺寸、材料标注。图纸比例：1：50、1：25、1：20、1：10或1：30、1：15、1：5（图8-20）。

其他景观小品立面图：景观小品的主要立面、立面材料、详细尺寸。图纸比例：1：50、1：25、1：20、1：10或1：30、1：15、1：5（图8-21）。

其他景观小品做法详图：局部索引详图、基座做法详图。图纸比例：1：25、1：20、1：10或1：30、1：15、1：5（图8-22）。

（2011西安市浐灞世界园艺博览会咸阳园景观施工设计——设计者：白骅；张靖雪；孙明阳；高蕾）

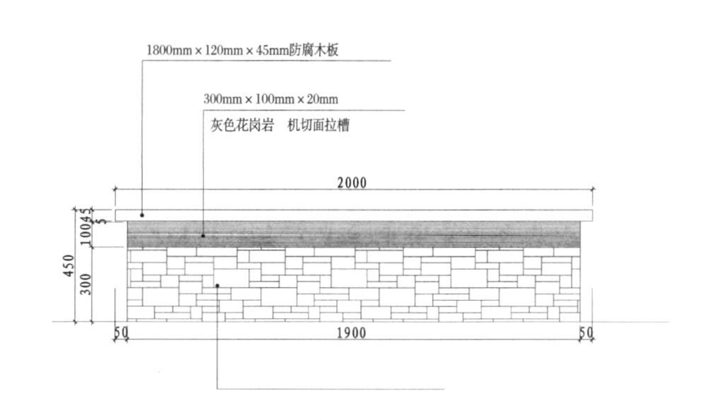

图8-21 小品立面图

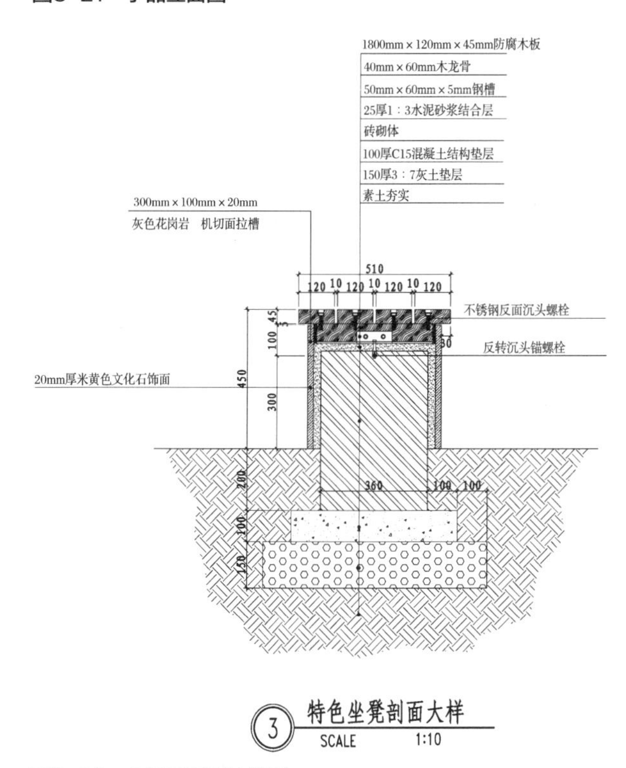

图8-22 小品景观做法详图

8.4 园林景观工程施工图制图规范

8.4.1 编制依据

（1）《总图制图标准》GB/T 50103—2010

为了统一总图制图规则，保证制图质量，提高制图效率，做到图面清晰、简明，符合设计、施工、存档的要求，适应工程建设的需要，制定本标准。

本标准适用于下列制图方式绘制的图样：计算机制图；手工制图。

本标准适用于总图专业的下列工程制图：

① 新建、改建、扩建工程各阶段的总图制图（场地园林景观制图）；

② 原有工程的总平面实测图；

③ 总图的通用图、标准图；

④ 新建、改建、扩建工程各阶段场地园林景观设计制图。

（2）《建筑制图标准》GB/T 50104—2010

为了使建筑专业、室内设计专业制图规则，保证制图质量，提高制图效率，做到图面清晰、简明、符合设计、施工、存档、的要求，适应工程建设的需要，制定本标准。

本标准适用于下列制图方式绘制的图样：手工制图；计算机制图。

本标准适用于建筑专业和室内设计专业的下列工程制图：

① 新建、改建、扩建工程的各阶段设计图、竣工图；

② 原有建筑物、构筑图等的实测图；

③ 通用设计图、标准设计图。

（3）《景观工程施工图设计规范》

本规范依据《总图制图标准》《建筑制图标准》等编制。

8.4.2　制图规范

（1）图纸幅面（简称图幅）（表8-1）

国家标准工程图图纸幅面及图框尺寸（单位：mm）表8-1

幅面代号 / 尺寸代号	A0	A1	A2	A3	A4
B*L	841*1189	594*841	420*594	297*420	210*297
C	10			5	
A	25				

加长图幅为标准图框根据图纸内容需要在长向（L边）加长L/4的整数倍，A4图一般无加长图幅。

考虑到施工过程中翻阅图纸的方便，除总图部分采用A2～A0图幅（视图纸内容需要，同套图纸统一）外，其他详图图纸采用A3图幅。根据图纸量可分册装订。

（2）图纸标题栏（简称图标）

① 图标内容

公司名称：为中文公司名称。

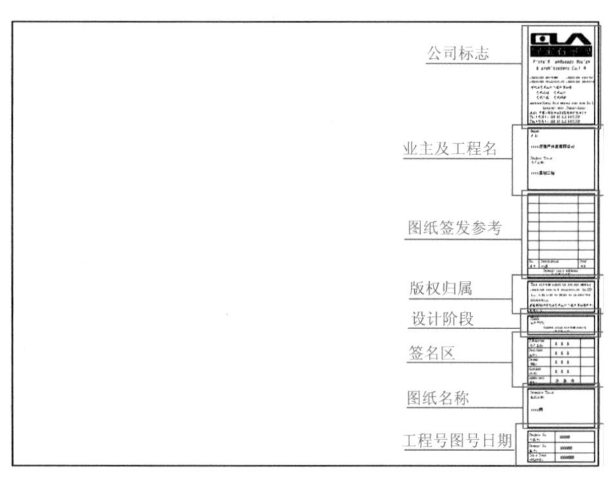

图8-23　标准图例实例

业主、工程名称：填写业主名称和工程名称。

图纸签发参考：填写图纸签发的序号、说明、日期。

版权：中英文注明的版式归属权。

设计阶段：填写本套图纸所在的设计阶段。

签名区：包括项目主持：由项目设计主持人签字；设计：由本张图的设计者签字；制图：由本张图的绘制者签字；校核：由本张图纸的校对者签字；审核：由本张图的审核者签字。

② 标准图标示例（图8-23）

（3）绘图比例

选定图幅后，根据本张图纸要表达的内容选定绘图比例（表8-2）。

绘图比例　表8-2

常用比例	1∶1、1∶2、1∶5、1∶10、1∶20、1∶50、1∶100、1∶200、1∶500、1∶1000、1∶2000、1∶5000、1∶10000、1∶20000、1∶50000、1∶100000、1∶200000
可用比例	1∶3、1∶15、1∶25、1∶30、1∶40、1∶60、1∶150、1∶250、1∶300、1∶400、1∶600、1∶1500、1∶2500、1∶3000、1∶4000、1∶6000、1∶15000、1∶30000

（4）图形线

根据图纸内容及其复杂程度要选用合适的线型及线宽来区分图纸内容的主次。

为统一整套图纸的风格，对图中所使用的线宽及线型作出了详细的规定：特粗线：0.70mm；粗线：0.50mm；中线：0.25mm；细线：0.18mm。

（5）字体

图纸上需书写的文字、数字、符号等，均应笔画清晰、字体端正、排列整齐。图及说明的汉字、拉丁字母、阿拉伯数字和罗马数字应采用楷体_GB2312，其高度（h）与宽度（w）的关系应符合：$w/h=1$。

文字字高选择：

① 尺寸标注数字、标注文字、图内文字选用字高为3.5mm；

② 说明文字、比例标注选用字高为4.8mm；

③ 图名标注文字选用字高为6mm，比例标注选用字高为4.8mm；

④ 图标栏内须填写的部分均选用字高为2.5mm。

（6）符号标注

① 风玫瑰图

在总平面图中应画出工程所在地的风玫瑰图，用以指定方向及指明地区主导风向。地区风玫瑰图查阅相关资料或由设计委托方提供。

② 指北针

在总图部分的其他平面图上应画出指北针，所指方向应与总平面图中风玫瑰的指北针方向一致。

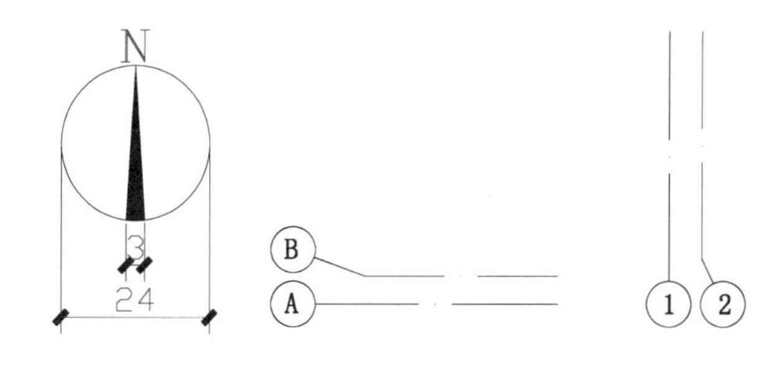

图8-24 指北针示例 图8-25 定位轴线示例

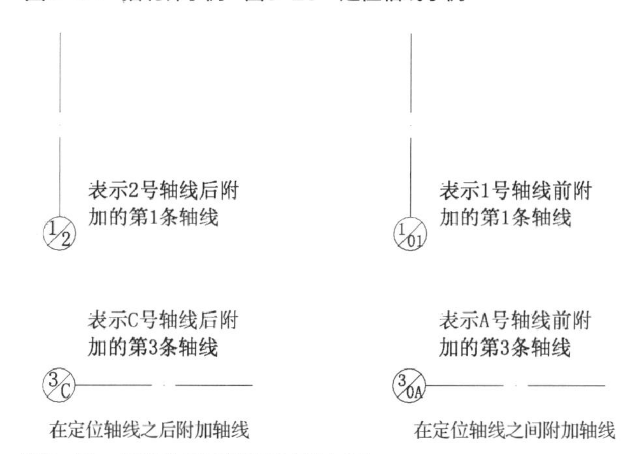

图8-26 附加轴线及其编号方法示例

指北针用细实线绘制，圆的直径为24mm，指针尾宽为3mm，在指针尖端处注“N”字，字高5mm（图8-24）。

③ 定位轴线及编号

平面图中定位轴线，用来确定各部分的位置。定位轴线用细点画线表示，其编号标注在轴线端部用细实线绘制的圆内。圆的直径为8mm，圆心在定位轴线的延长线或延长线的折线上。平面图上定位轴线的编号应标注在图样的下方与左侧，横向编号用阿拉伯数字按从左至右顺序编号，竖向编号用大写拉丁字母（除I、O、Z外）按从下至上顺序编号（图8-25）。

在标注次要位置时，可用在两根轴线之间的附

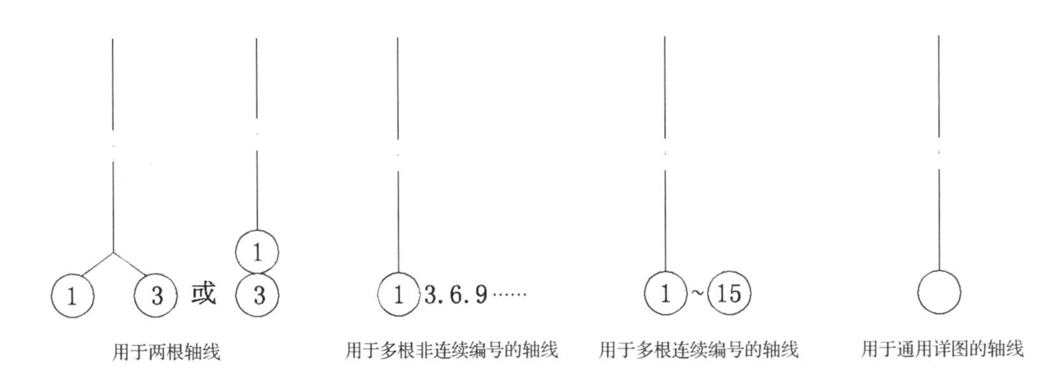

图8-27　一个详图适用于几根定位轴线时的轴线编号方式

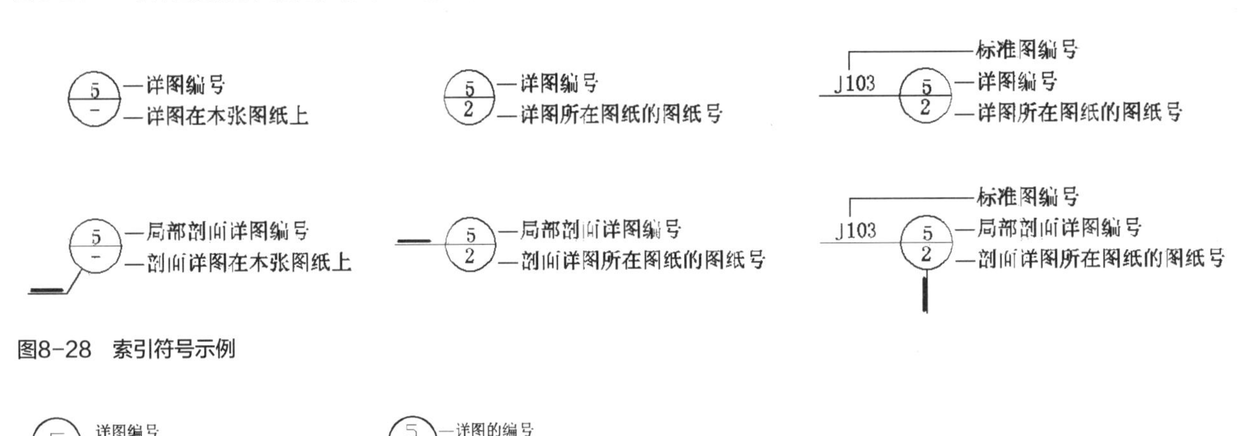

图8-28　索引符号示例

5
详图编号
（详图与被索引图在同一张图纸上）
5
3
—详图的编号
—被索引图纸的图纸号

图8-29　详图符号示例

加轴线。附加轴线及其编号方法见图8-26。

在详图中，一个详图适用于几根定位轴线时的轴线编号方式详见图8-27。

④ 索引符号及详图符号

对图中需要另画详图表达的局部构造或构件，在图中的相应部位应以索引符号索引。索引符号用来索引详图，而索引出的详图应画出详图符号来表示详图的位置和编号，并用索引符号和详图符号相互之间的对应关系，建立详图与被索引的图样之间的联系，以便相互对照查阅。

索引符号的圆及水平直径线均以细实线绘制，圆的直径应为10mm，索引符号的引出线应指在要索引的位置上。引出的是剖面详图时，用粗实线段表示剖切位置，引出线所在的一侧应为剖视方向。圆内编号的含义为：上行为详图编号，下行为详图所在图纸的图号（图8-28）。

详图符号以粗实线绘制直径为14mm的圆。当详图与被索引的图样不在同一张图纸内时，可用细实线在详图符号内画一水平直径。圆内编号的含义为：上行为详图编号，下行为被索引图纸的图号（图8-29）。

（7）尺寸标注

① 基本规定

尺寸界线

尺寸界线用细实线绘制，应与被注长度垂直。

一端应离开图样轮廓线不小于2mm，另一端宜超出尺寸线2～3mm。必要时，图样轮廓线也可用作尺寸界线。

尺寸线

尺寸线用细实线绘制，应与被注长度平行，且不宜超出尺寸界线。尺寸线不能用其他图线替代，一般也不得与其他图线重合或画在其延长线上。

尺寸起止符

尺寸起止符应用中实线的斜短画线绘制，其倾斜方向应与尺寸界线成顺时针45 °角，长度宜为2～3mm。半径、直径、角度与弧长的尺寸起止符号宜用箭头表示。

尺寸数字

图上尺寸应以尺寸数字为准。图样上的尺寸单位除标高及在总平面图中的单位为米（m）外，都必须以毫米（mm）为单位。尺寸数字应依据其读数方向写在尺寸线的上方中部。如没有足够的注写位置，最外边的尺寸数字可在尺寸界线外侧注写，中间相邻的尺寸数字可错开注写，也可引出注写。尺寸数字不能被任何图线穿过。不可避免时，应将图线断开。

② 尺寸的排列与布置

尺寸宜标注在图样轮廓线以外，不宜与图线、文字及符号相交。但在需要时也可标注在图样轮廓线以内。尺寸界线一般就与尺寸线垂直。

互相平行的尺寸线，应从被注的图样轮廓线由近向远整齐排列。小尺寸应离轮廓线较近，大尺寸离轮廓线较远，图样外轮廓线以外最多不超过3道尺寸线。

图样轮廓线以外的尺寸线，距图样最外轮廓线之间的距离，不宜小于10mm，平行排列的尺寸线的间距宜为7～10mm，并应保持一致。总尺寸的尺寸界线应靠近所指部位，中间的分尺寸的尺寸界线可稍短，但其长度应相等。

③ 标高

标高是标注建筑物高度的另一种尺寸形式。其标注方式应满足下列规定：

个体建筑物图样上的标高符号以细实线绘制。

总平面图上的标高符号应涂黑表示。

标高数字以米（m）为单位，注到小数点以后第三位；在总平面图中，可注定到小数点后二位。零点标高应注写成±0.000；正数标高不注“+”，负数标高应注“-”。标高符号的尖端应指至被注的高度处，尖端可向上，也可向下。

在图样的同一位置需表示几个不同标高时，标高数字可按图8-30所示的形式注写。

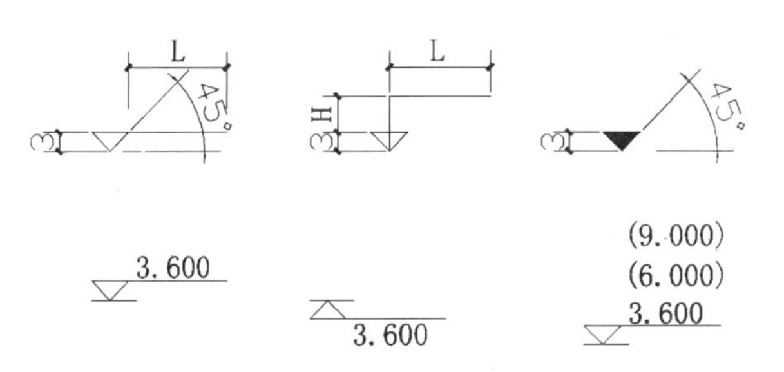

图8-30 标高符号及其画法规定示例

09

Landscape Design Based on the Concept of "Sponge City"

第9章

“海绵城市”理念下的景观设计

章节导读

本章介绍了“海绵城市”的定义及内涵，指出其实质上为生态文明建设背景下运用低影响开发理念，基于城市水文循环重塑城市、人、水关系的新型城市。本章探讨了“海绵城市”景观设计应遵守的5项基本原则，进而介绍了在景观设计中空间营造的理念及空间中序列布局的方法，最后介绍了基于“海绵城市”理念的7种典型的景观设计实例。

9.1 “海绵城市”的定义及内涵

“海绵城市”是一种形象的比喻，是指城市能够像海绵一样，在适应环境变化和应对自然灾害等方面具有良好的“弹性”，下雨时吸水、蓄水、渗水、净水，需要时将蓄存的水“释放”并加以利用。其内涵强调的是能吸收、能渗透、能涵养、能净化以及能释放，让城市如同生态“海绵”般舒畅地“呼吸吐纳”，实现雨水在城市中的自然迁移。因此它是生态文明建设背景下，运用低影响开发理念，基于城市水文循环，重塑城市、人、水关系的新型城市（图9-1）。

图9-1 “海绵城市”示意图

9.2 “海绵城市”与景观设计的关系

在大力推广“海绵城市”建设的道路上，景观设计扮演了极为重要的角色，与传统景观设施相比较，在“海绵城市”背景之下的各类景观设施起到了除审美功能之外的更为复杂且集多重生态作用于一身的功能，因此应从多维的视角出发进行复合型设计，这也是“海绵城市”建设背景下景观设计的新趋势与新需求。

基于海绵城市理念的设计，能够科学划定城

市的蓝线、绿线等开发边界和保护区域，通过河、湖、池塘等水系和绿地、花园、可渗透路面等城市配套设施，有效地打造“海绵体”，从而保护城市重要的生态资源，较大限度地保护原有河流、湖泊、湿地、坑塘、沟渠等；能够在传统粗放城市建设模式下，综合运用物理、生物和生态相关技术手段，逐步修复受到破坏的水文循环特征和生态功能，对城市生态空间起到维持作用。

“海绵城市”建设技术的六大要素包含了景观生态和雨洪管理于一体的综合生态技术要素，其中“渗、滞、蓄、净、用、排”诸要素分别涵盖了“海绵城市”具体实施阶段各个类型设施与相关技术的内容，包含了许多与景观环境契合的落点，比如下沉式绿地、透水式铺装、雨水湿地、植草沟、植被缓冲带、绿色屋顶等，在这些具体的技术措施中景观设计可以深度融入，作为“抓手”进行精细化设计，将这类“模板式”的建设技术成果转变成技术与艺术并重且各具特色的精细化景观，使“海绵城市”理念在风景园林规划设计中的应用更为科学、合理、经济,通过最直接,简单有效的方法,得到最大的“社会—经济—自然”生态效益。

9.3 “海绵城市”理念下景观设计的基本原则

（1）尊重自然原则

自然是“海绵城市”建立的基础，景观设计应充分尊重自然的基本规律，特别是利用水的自然属性因势利导地进行景观营造，将地表水、地下水、隐性水、显性水都纳入考虑，与自然的绿化植物、地形、土壤、环境、气候等因素结合实现有机的营造。

（2）结合文化原则

“海绵城市”景观设计的背景是“城市”，必须融入人文环境，因此文化是“海绵城市”景观的神韵所在，这里提出的文化是生态自然文化与人、哲、艺、道文化的相行并重，应将两者做到适度的结合。在景观元素的营造分级上，精神内涵与装饰的层级要素应远远大于功能型的层级要素，不要让“海绵城市”建设仅仅局限在绿色雨洪调蓄的市政设施目标上，而更应该向打造优美宜人的“环境艺术绿地”目标前进。

（3）多样化原则

多样化原则是针对当今往往出现的“千城一面”的建设背景提出的，“海绵城市”景观在塑造过程中应实现因地制宜的设计，体现出不同区域具有不同的“多样化”特色，而如果“模式化”地建设，则无法充分发挥“海绵城市”的优点，只能使有关景观设施又变成另一类的市政设施而已。

（4）适度设计原则

适度设计是相对于自然环境、艺术人文与技术有可能出现的失衡而言的，设计时对于原本海绵基质条件较好的环境不应做过多的人工修饰与技术的介入，而应保持最自然稳定的环境；而对于已经过度地进行了技术化改造的景观环境可适当融入人文环境艺术以达到两者的平衡。

（5）精细化原则

在“海绵城市”景观的具体设计时，应充分注重六大技术要素中所包含的景观环境设施，并以此作为切入点进行创新，在创新的过程中应实现细致的构思与工艺的进步，将“模板式”的技术转变成技术与艺术并重且各具特色的精细化景观。

9.4 “海绵城市”景观设计中的空间营造

9.4.1 景观空间的营造

“海绵城市”建设中，雨水管理等市政设施往往以“软质景观”的形式呈现在开放、可视的景观空间中，应用于城市中从“区域”到“场地”的不同尺度环境，因此在改变城市景观形态的同时，也向景观设计提出了新的要求。“海绵城市”的市政设施不仅应采用自然材料或再生材料、选取当地植被及运用可再生能源等以达到节材、节能的目的，而且可以将自然的象征意义带入公众意识中，把景观空间与文化内涵充分融合，通过场地、场所、场景构建，将传统元素或地域文化植入景观，弥补现代景观容易缺失的主题感、历史文化感、集体记忆及认同感，将人与环境视作一个系统，使人工环境、自然环境和公众感知相互关联。

众所周知，景观设计中重点考虑的是“人的体验”，并且可通过“空间设计”来表达此种体验且服务于环境功能，故应创造宜人的景观空间，既能满足审美体验又能服务于环境功能。美学中的统一、均衡、韵律、色彩、质感等应符合人的视觉、活动和心理需求的合理尺度比例关系，此可作为创建景观空间的策略依据。例如将地形、地貌、植被、水体、构筑物等自然或人工微观元素的形体、线条、尺度、材料、色彩、质地，通过协调、对比的设计手法，设计空间围合、空间联系，使其适应功能用途，形成视觉层次丰富的立体空间，以及开敞或封闭、活跃或静态的空间。因此，景观空间是集合技术、社会、经济、生物需求，并融合材质、形状、色彩、容量，以及空间的心理效应的综合产物，需要以“系统”的观点来进行构建。

举例来说，居住区、公园、广场等处的雨水基础设施可以设计为地下水补给和雨水收集再利用的生产场地。如果艺术化地设计雨水网络，将建筑屋顶和地表径流收集的雨水用于景观浇灌，还可以配合采用生物系统及机械设备等更高级别的净水设施，使集水用做水景使用、建筑中水系统等非饮用水质要求的用水。公园可以在边缘区设计植草沟、过滤带、植被树池、雨水花园、透水铺装等，对周边建筑、街道、场地边缘雨水加以处理；内部场地可以设计成硬质或者软质的水景，如建造渗水池、袖珍湿地、人工水池等景观设施。街道可设计为公共街道花园，在满足机动车、步行、自行车通行及地面停车的功能基础上，通过最小化不透水铺装使用，结合有引流作用的路缘石，结合生物洼地的作用，形成道路雨水网络，进行雨水分流排泄。停车场可结合透水铺装、生物洼地、雨水花园等设施，形成生态停车场。因此通过对雨水基础设施的空间单元要素加以整合，可使城市雨水景观集生态和美学于一体，在维护自然生态服务的同时，给人带来舒适、愉悦的审美体验和生动形象的节水教育，改变人们的环境认知和行为，实现城市景观生态、文化的可持续发展。

9.4.2 景观空间中的序列布局

在景观空间中的序列布局上，道路、边界、节点、构筑物等有形、无形元素由路径连接，构成了人的空间体验、场地印象。例如，雨水景观可以结合点、线、面的设置，引导人们按所设计的“开始”“高潮”的秩序进行运动、感知；设置吸引人注意的入口或者路径，保证其可达性和可识别性；建立雨水收集池作为景点或者焦点。可结合含有植被和水的下沉、高起、垂直、曲线、自然、几何等尺度与形态不同的水池，建立视觉趣味点。通过落水管、沟渠、引水槽、生物洼地等形成轴线，引起人们对雨水流径线路的注意。通过水平和竖直面的设计，如设立水池、跌水等，增加视觉趣味性。另外，可通过步道、桥梁、挑台，设置运动路线、休息平台等，创造人与水景的最适关系，满足人们沿水景停留休息赏景、探索穿过河流至对岸的本能亲水要求。

9.5 基于“海绵城市”理念的景观设计举例

9.5.1 透水铺装的构造与应用

图9-2 透水铺装实例

透水铺装是“海绵城市”景观设计中最常用的硬装材料，也是营造整体绿地景观氛围不可或缺的部分，铺装的使用决定着整体景观的品质与形式美感，不同铺装形式甚至可以改变整体景观空间的氛围。铺装材料多用于景观设计中的广场、道路、游步道等景观界面中，特别是在广场景观设计时其主要的界面环境塑造就来源于地面铺装，且所占面积比例较大，对人的吸引和刺激人群的感受也主要是通过铺装来实现。其构造主要由透水沥青面层、透水基层、透水垫层、反滤隔离层、路基等组成。在透水基层处设置排水管防止暴雨时期多余水量无法外排，在对于铺装中的线性渠道设计上就可使用多种表现手法来体现其形式的美学。在“海绵城市”建设中，透水性铺装作为对雨水径流的源头控制，理应得到更大的重视与投入。

街道景观是城市景观的重要组成部分，因此，通过透水铺装和断面设计优化街道景观是保证成功建设“海绵城市”的重要方法。比如，在道路两侧的人行道铺设透水式铺装，具有透气、彩石透水和重量轻的特点，也可称透水混凝土（图9-2）。在街道景观优化方面运用透水砖—透水找平层—透水垫层—基层或是多孔沥青—滤层—蓄水层—原土壤等结构。在两侧绿化带和中分带采取低标高树池方式，实现滞留储存地面雨水，缓解城市地下水位急剧下降问题。同时，着重考虑道路横断面设计，优化道路与绿化以及周边绿地的竖向关系，优化道路横坡坡向，有组织地汇流与转输道路径流雨水，将雨水截污处理后，引入绿地内在断面设计中。将车行道由中央向两侧倾斜1.5%～2%，通过斜坡使雨水通过重力排放进入雨水口，而绿化带的建造标高则要高于车行道，充分发挥绿化的蓄水能力。

透水铺装按照材料不同可分为透水砖铺装、透水水泥混凝土、透水沥青混凝土、嵌草砖、嵌砂砖、胶筑透水石等，园林中砾石铺装或透水自然石块铺装也应算作透水铺装一种。通常，水体在透水材料中的下渗过程，使得悬浮物过滤并截留，在对雨水进行预处理的同时，也渗透补给了地下水。主要利用城区大量的地面（停车场、步行道、广场）

有效促进雨水滞留，增加雨水渗透，减低暴雨径流的流速、流量、延长滞留时间，缓减排水系统压力。以铺装的“透水沥青”道路为例，不仅透水，还有蓄水、排水、降温、降噪、防水膜、防眩光等功能。

9.5.2 雨水湿地景观设计

雨水湿地是将雨水进行沉淀、过滤、净化、调蓄的湿地系统，同时兼具生态景观功能，通过物理、植物及微生物共同作用达到净化雨水的目标。一般由进水口、前置塘、沼泽区、出水池、溢流出水口、护坡及驳岸、维护通道等构成。雨水湿地适用于具有一定空间条件城市道路、城市绿地、滨水带等区域。

雨水湿地是城市中雨水的汇集和储存之地，不仅能够美化城市，为人们提供良好的绿色的休闲环境，还能够保护环境，储水防洪，保持生物多样性，维持生态平衡。可通过较大程度地保留自然地形、地质、水文、植物打造湿地景观，尽可能保留原有城市海绵体，并大力修复已被损坏的海绵体。

作为一个典型实例，江南湿地公园位于重庆“江南园林”展区一处三面环山，湿地水环境怡人的地块，具体位置坐落于与东入口相邻的山谷地带，面积约27400m^2，充分体现“江南园林”宜人的水乡氛围和淡雅柔美的景致。开阔的水面，水生植物放坡形成的生态驳岸，设计中将木栈道伸入水面上，很大程度上满足了人亲水性。木质栈道的形态给人以柔和的感觉，让人们在见惯了水泥嶙峋的城市后能充分体会“自然”。因为湿地其本身的功能除了净化水资源外还在于让人们亲近“自然”的功能。在植物种植上，高低搭配，在木平台的地方多设计有各种水生植物，通过水生植物来转换人的视觉空间感受，营造一种走出木平台就豁然开朗的视觉感受，同时让见惯了钢筋混凝土的人们体验一下野趣的味道（图9-3、图9-4）。

图9-3 重庆园博园江南湿地公园1

图9-4 重庆园博园江南湿地公园2

9.5.3 下沉式绿地的设计

在“海绵城市”中，下沉式绿地作为一种形式最简单的雨水蓄渗设施，应用范围较广，可以在道路、广场、停车场等周围设置。下沉式绿地又称为低势绿地、下凹式绿地，其典型结构为绿地高程低于周围硬化地面高程 5～25cm左右，雨水溢流口设在绿地中或绿地和硬化地面交界处，雨水口高程高于绿地高程且低于硬化地面高程（图9-5）。

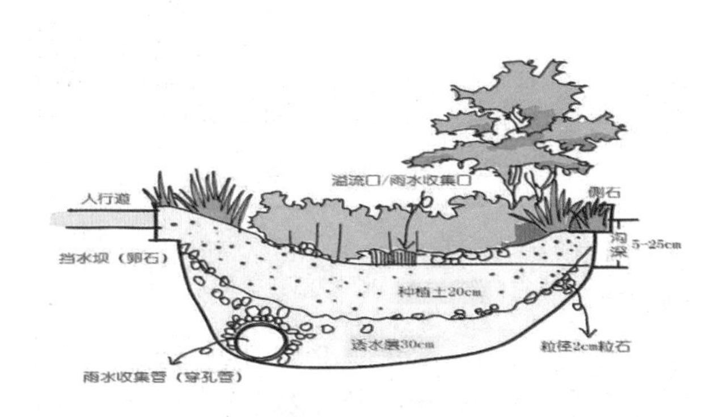

图9-5　下沉式绿地示意图

图9-6　下沉式绿地实例1

图9-7　下沉式绿地实例2

在设计绿地下沉边缘时也可以采用多种丰富的造型样式增添景观观赏细节，提高绿地品质，如在处理较深的下沉绿地时可以采用迭级的设计手法形成丰富的地面层次与景观艺术效果。对于绿地内部的溢流口的设计时可以更加注重细节的精致程度，将溢流口作为一个具有趣味性的景观小品来设计比简单地设置一个暴露在外的溢流口设施更为打动人，可以将溢流口设置成景观装置或具有观赏价值人文气息的细节景观。对下沉式绿地进行设计的时候，植物采用多种植物群组搭配的种植方式，而且在植物品种选择时，优先保证植物的耐涝性（图9-6、图9-7）。

9.5.4　植草沟的设计

植草沟是“海绵城市”景观设计的代表性内容之一，是一种浅窄、线性延展的、配置丰富景观植物的下凹式景观空间，沟底部可以为坡底或平底，具有倾斜的横向边坡和缓和的纵向坡度。呈阶梯状凹陷地设置于城市道路两侧。其自身所展现的就是“自然之美”，而且 将植草沟建设在道路两旁可以作为城市的排水管道，通过植草沟进入储水池的水质比直接进入排水管道的水质效果要好。“海绵城市”除转输型植草沟外，还包括渗透型的干式植草沟及常有水的湿式植草沟，可分别提高径流总量和径流污染控制效果。

植草沟内植物的选择首先需具备耐涝的属性，植草沟内长期处于潮湿或储蓄水体的状态，要求植物具有较强的适应性；其次是植物需满足耐旱的属性，特别在北方城市，“海绵城市”的建设目标不仅仅是实现自然排水，更是有蓄水的要求，加之土壤含水层本身较深，所以要求植草沟内植物在干旱期具备顽强的生命力；其三是植物需要有较稳固的根基和发达的植物根系，这样能够抵抗长期的水体冲刷，达到稳固土基的作用；其四所选植物应具备净化作用，植草沟内所汇聚雨水具有较多的杂质和污染物，这对植物的抗污性和净化性提出了较高的要求；最后所选植物应当满足本土化植物景观的搭配需求，在本土植物内筛选结合，实现最大化的因地

图9-8 植草沟实例

图9-9 海绵城市的雨水花园设计效果图

制宜，组合搭配宜人的植物组团，形成强调空间边界、柔化空间界限、减轻地界的冷硬感，实现空间的亲切宜人。如果所载植物满足上述五点要求，能够具有良好的维护，其所形成的景观就是集功能和艺术一体的生态之美（图9-8）。

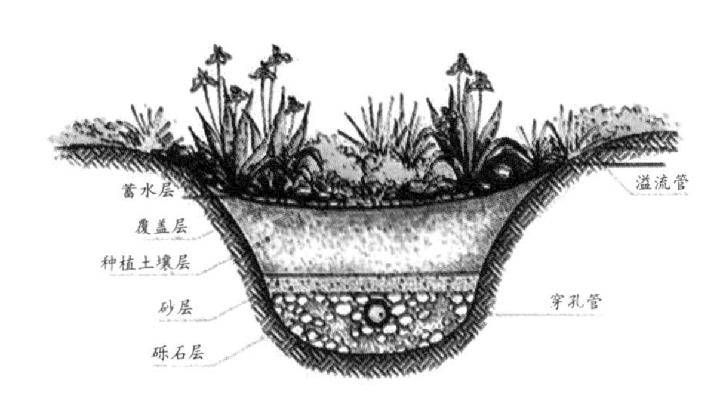

图9-10 雨水花园结构示意图

9.5.5 雨水花园设计

雨水花园景观是自然形成或人工挖掘的绿地景观空间，通过植物和沙土作用，使雨水得到净化并入土壤。也可在雨水进入景观水体之前设置前置塘、植被缓冲带等预处理设施。雨水花园运用景观化处理手段，使植物与材料成为花园主角，与城市景观相融合，让雨水设施重新焕发生机与活力。除了具有实实在在的雨水调蓄功能外，更有着充满艺术气息的观赏价值，使之成为解决城市雨洪问题、构建“海绵城市”的基本单元（图9-9）。

雨水花园具有良好的生态可循环性，而且其对于场地的要求也十分单一，所以，在对居住小区的景观进行改造设计过程中，也可对雨水花园进行设计。它对传统的绿地结构进行了改变，向其中增加了蓄水层和覆盖层，整个雨水花园由雨水储水区、覆盖层、种植土层、人工填料和砾石层构成。对蓄水层进行设计的过程中，使其能够对于雨水污染物加以过滤，并且沉淀雨水，从而使得小区中的雨水能够有短暂的蓄水空间。而设计覆盖层则主要是为了使得土壤的渗漏率得以提高，从而使得径流雨水对于土壤的冲刷能够得到有效减缓，使得土壤的湿度能够得到有效的保持，也为微生物的生长提供良好的环境。种植土层有效地满足了植物对于水的需求，而人工填料层则是保证雨水在下渗到一定程度之后土壤仍然不会形成内涝，砾石层则主要是用以埋设水管，使得雨水花园能够和其他的水系或者是蓄水系统相连，从而保证小区雨水资源的可循环利用。因此，雨水花园进行打造时，采用了如图所示的雨水花园结构（图9-10）。

9.5.6 居住小区屋顶生态景观设计

由于居住小区中房屋的密度较大，而小区的绿化面积又往往显得不足，仅仅对于地面进行改造已经不能够满足小区景观改造设计的需求。“海绵城市”的景观设计可将屋顶排水管系统连入地下蓄水池，从而实现对城市水资源的循环利用，同时发挥其对城市水资源的区域调控作用。屋顶植被主要为小乔木、灌木、藤本、地被草坪等，修筑蓄水池，使之与生态屋顶草毯形成乔—灌—草以及多种水景的景观配置，通过一段时期的生长形成稳定的生物群落，实现雨养型屋顶绿化。所以，可对建筑屋顶的空间进行充分利用，设计一些合适的景观设施或者是小品；同时，在小区屋顶生态景观打造的过程中，首先应考虑到其生态效益及安全效益。依据建筑物屋顶的承载能力，在建筑物屋顶上修建一些雨水储水设备，对雨水进行收集，可以用来浇灌植物。同时，还可在建筑物屋顶修建一些景观温室，通过对太阳能的利用来对温室进行调控，从而在屋顶种植出一些植物或者是蔬菜。另外，还可通过对植物的利用进行屋顶景观的打造，在屋顶种植桂花、月季等植物，从而使得屋顶的景观能够更加丰富。绿色屋顶底层有轻质土层、防根系穿透层、排水层以及防水层等多层结构保护，同时能保护建筑表层，而多样植物搭配的绿色植被层可以吸收建筑热量，缓解城市“热岛效应”。另外，通过对屋顶生态景观进行打造，可使整个小区的景观在空间上更加有立体感，也可使小区的绿化面积得到一定程度的增加。

作为全国首批海绵城市建设试点之一，西咸新区沣西新城加强科学研究，不断创新实践，初步形成了可在西北地区推行的屋顶绿化新典范。沣西新城西部云谷绿色屋顶建设中通过使用“环保多孔岩”“宝绿素”等轻质、保水能力强的特殊介质材料，大大提升了对屋面雨水的截留、缓冲和净化作用，雨水滞蓄能力显著提高，植物长势效果大大优于传统绿化。与此同时，设置集水桶充分收集电梯间屋顶雨水，实现了雨水收集回用。在总部经济园绿色屋顶中，采用田园土、松针土、腐殖土、珍珠岩等本土化材料不同配比应用，实验研究寻找最为经济，植物长势效果最好的介质材料；应用农业岩棉消纳吸收屋面雨水；精心选配佛甲草、景天、细叶芒、马蔺等植物品种，耐旱耐涝、适应性强。基本解决了荷载、营养、净化、浇灌等问题。绿化后的屋顶，就像一个小公园，是大家休闲放松的好去处（图9-11、图9-12）。

图9-11 沣西新城西部云谷绿色屋顶1

图9-12 沣西新城西部云谷绿色屋顶2

9.5.7 植被缓冲带的设计

植被缓冲带为坡度较缓的植被区，利用植被拦截及土壤下渗作用减缓地表径流流速，并去除径流中的部分污染物。植被缓冲带的坡度一般为2%~6%，宽度不宜小于2m。植被缓冲带适用于居民区、公园、商业区或厂区、湖滨带，也可以设于城市道路两侧等不透水面周边，可作为生物滞留设施等低影响开发设施的预处理设施，也可作为城市水系的滨水绿化带，但坡度较大（大于6%）时其雨水净化效果较差。其建设与维护费用低；可以有效拦截和减少悬浮固体颗粒和有机污染物植被能保护土壤在大暴雨时不被冲刷，减少水土流失；易与不透水区域或其他处置措施自然连接，有较好的景观效果（图9-13）。

在设计中要考虑选址、规模、植被种类配置及管理维护4个要素。在进行植被缓冲带布局时，应尽量选择阳光充足的地方，以便地面在两次降雨间隔期内可以干透；选址一般在坡地的下坡位置，与径流流向垂直布置；对于长坡，可以沿等高线多设置几道缓冲带，以削减水流的能量；应重视乡土植物品种的使用，对于外来植物品种的引进要非常慎重，以确保生态系统的稳定。适当的维护，如清理沉积物、修补损坏植被是保持缓冲区功能的重要保障，实例见图9-14、图9-15。

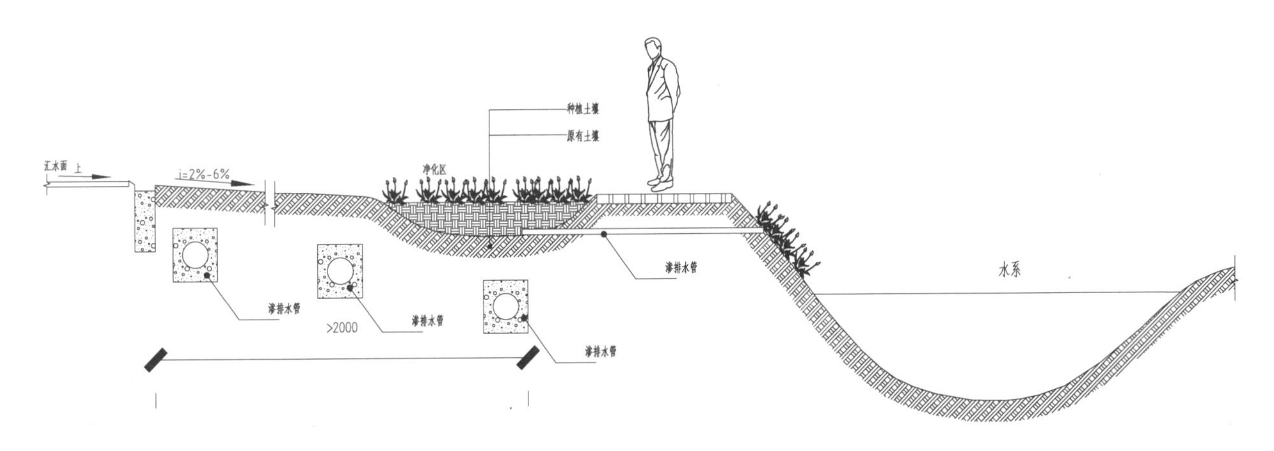

图9-13 植被缓冲带典型构造示意图

图9-14 武汉青山区武丰闸湿地公园的植被缓冲带

图9-15 浙江金华燕尾洲公园的植被缓冲带

参考文献

[1] 刘丽雅.居住区景观设计[M].重庆：重庆大学出版社，2017.

[2] 丁绍刚.风景园林概论[M]. 北京：中国建筑工业出版社，2008.

[3] 戴天兴.城市环境生态学[M].北京：中国建材工业出版社，2002.

[4] 骆中钊.新型城镇园林景观设计[M].北京：化学工业出版社，2017.

[5] 曾明颖.园林植物与造景[M].重庆：重庆大学出版社，2018.

[6] 刘洋.园林景观设计[M].北京：化学工业出版社，2019.

[7] 张青萍.园林建筑设计[M].南京：南京东南大学出版社，2017.

[8] 杨期和.园林生态学 [M].广东：暨南大学出版社，2015.

[9] 蒋春.公园绿地人性化景观设计[M].江苏：江苏凤凰科学技术出版社，2016.

[10] 周武忠.庭园设计艺术[M].江苏：东南大学出版社，2011.

[11] 理想 · 宅.城市景观细部设计实例.居住区景观设计[M].北京：化学工业出版社，2015.

[12] 毛颖.城市景观细部设计实例.休憩空间景观设计[M].北京：化学工业出版社，2015.

[13] 刘滨谊.现代景观规划设计[M].南京：东南大学出版社，2017.

[14] 江芳.园林景观规划设计[M].北京：北京理工大学出版社，2017.

[15] 张颖璐.园林景观构造[M].南京：东南大学出版社，2019.

[16] 杨国梁.园林景观设计与城市规划的有效结合[J].现代园艺，2019（09）.

[17] 张晓琳.风景园林设计中人性化设计理念的应用[J].城市住宅，2019（09）.

[18] 朱建宁.传统园林与现代景观设计[J].中国园林，2005（11）.

[19] 郭永久.园林景观设计中的地域文化解析[J].安徽农业科学，2012（04）.

[20] 俞孔坚. 定位当代景观设计学：生存的艺术[M]. 北京：中国建筑工业出版社，2006.

[21] (美)诺曼K · 布思.风景园林设计要素[M].北京：中国林业出版社，1989.

[22] 吴为廉.景观与景园建筑工程规划设计[M].北京：中国建筑工业出版社，2005.

[23] (美)麦克哈格.设计结合自然[M].天津：天津大学出版社，2006.

[24] (丹麦)扬 · 盖尔.交往与空间[M].北京：中国建筑工业出版社，2012.

[25] 金柏苓.园林景观设计详细图解[M].北京：中国建筑工业出版社，2001.

[26] 鲁敏，李英杰.城市生态绿地系统建设[M].北京：中国林业出版社，2005.

[27] 彭一刚.中国古典园林分析[M].北京：中国建筑工业出版社，1986.

[28] 沈守云.现代景观设计思潮[M].武汉：华中科技大学出版社，2009.

[29] 吴家骅.环境设计史纲[M].重庆：重庆大学出版社，2002.

[30] 梁旻.环境设计概论[M].上海：上海人民美术出版社，2007.

[31] 陈玲玲.景观设计[M].北京：北京大学出版社，2012.

[32] 余斌.基于地域文化的园林景观小品设计研究[D].福州：福建农林大学，2013.

[33] 王姣姣.人、景观、生态[D].保定：河北农业大学，2006.

[34] 徐郡婕.潍坊市景观性小品地域性特征研究[D].济南：山东大学，2014.

[35] 张艳芳.中国传统图形在现代环境小品设计中的研究[D].武汉：武汉理工大学，2008.

[36] 王理阅.基于地域文化的景观小品设计研究[D].南京：南京林业大学，2012.

[37] 黄开明."海绵城市"理念下的园林景观设计探索[J].绿色环保建材，2018（10）.

[38] 杨曦、张志端、许立旋、周金玲.海绵城市理念在景观园林工程中的应用研究[J].城市建设理论研究(电子版)，2018（18）.

[39] 王鸣谦.海绵城市建设背景下景观空间营造手法初探[J].科技创新导报，2018（24）.

[40] 王雷.园林工程在发展海绵城市中的应用[J].基层建设，2016（28）.

[41] 薛小杰、贾果.海绵城市建设中透水铺装技术的发展应用[J].智能建筑与智慧城市，2018（07）.

[42] 张钢.雨水花园设计研究[D].北京：北京林业大学，2010.

[43] 刘菲、龚航.海绵城市背景下雨水花园景观营造探究[J].现代园艺，2017（18）.

[44] 张成宇.基于"海绵城市"理念的下沉式绿地优化设计分析[J].居舍，2018（10）.

[45] 傅大宝、姜红.海绵城市理念下植草沟的设计方法研究[J].中国给水排水，2017（20）.

[46] 赵芳.谈谈海绵城市理念下的园林景观设计方法[J].建筑学研究前沿，2017（29）.

图书在版编目（CIP）数据

园林景观设计 / 张炜，范玥，刘启泓主编．—北京：中国建筑工业出版社，2020.8
高等学校风景园林与环境设计专业推荐教材
ISBN 978-7-112-25102-5

Ⅰ．①园… Ⅱ．①张… ②范… ③刘… Ⅲ．①园林设计－景观设计－高等学校－教材 Ⅳ．① TU986.2

中国版本图书馆 CIP 数据核字（2020）第 075812 号

责任编辑：杨 琪
责任校对：党 蕾

本书有配套课件，可加QQ群529508678下载。

高等学校风景园林与环境设计专业推荐教材

园林景观设计

张 炜 范 玥 刘启泓 主编

*

中国建筑工业出版社出版、发行（北京海淀三里河路9号）
各地新华书店、建筑书店经销
北京方舟正佳图文设计有限公司制版
天津图文方嘉印刷有限公司印刷

*

开本：787毫米×1092毫米 1/16 印张：15½ 字数：367千字
2020年8月第一版 2020年8月第一次印刷
定价：99.00元（赠课件）
ISBN 978-7-112-25102-5
(35897)

A E A L

E A L E

L A A A

E A E L

LAEA

EAAL

ALAA

LEAE